滨水空间

产城融合发展

理论与实践

李俊杰　陈波◎主编

中国电力出版社

CHINA ELECTRIC POWER PRESS

内 容 提 要

产城融合是顺应时代发展潮流的城市发展理念，本书基于产城融合理念，从空间的广度和时间的纵深两个维度对城市的滨水空间规划进行了研究，聚焦浙江省生态文明建设走在前列的两座城市——"国家生态园林城市"——杭州和"中国生态第一市"——丽水，以杭州运河、西湖与钱塘江，丽水丽阳溪、好溪、瓯江水系等滨水空间规划设计建设实践为案例，探索城市滨水空间产城融合发展模式与发展策略，共同打造"江""河""湖"三大类型的水城融合"双城记"。

本书既可作为大专院校园林、风景园林、景观设计、环境艺术设计、城乡规划等专业的教材，也可作为园林景观相关专业学生与教师的培训材料，还可作为关注产城融合发展、关注城市滨水空间规划设计的科研人员、设计人员、施工人员及相关爱好者的推荐读物。

图书在版编目（CIP）数据

滨水空间产城融合发展理论与实践 / 李俊杰，陈波主编 . —北京：
中国电力出版社，2022.12
ISBN 978-7-5198-7318-9

Ⅰ . ①滨…　Ⅱ . ①李…　②陈…　Ⅲ . ①园林设计－景观设计－研究　Ⅳ . ① TU986.2

中国版本图书馆 CIP 数据核字（2022）第 240140 号

出版发行：中国电力出版社
地　　址：北京市东城区北京站西街 19 号（邮政编码 100005）
网　　址：http://www.cepp.sgcc.com.cn
责任编辑：曹　巍　（010-63412609）
责任校对：黄　蓓　王海南
装帧设计：张俊霞
责任印制：杨晓东

印　　刷：三河市航远印刷有限公司
版　　次：2022 年 12 月第一版
印　　次：2022 年 12 月北京第一次印刷
开　　本：787 毫米 ×1092 毫米　16 开本
印　　张：19
字　　数：490 千字
定　　价：128.00 元

编辑委员会

浙派林园

己亥初夏 施奠东

中国风景园林学会终身成就奖获得者、《中国大百科全书》第三版风景园林卷主编、杭州市园林文物局原局长、浙江省浙派园林文旅研究中心首席顾问　施奠东

产城融出合雙城记

辛

杭州湖畔油画雕塑研究院院长，美术教育学者，绘画、诗词创作家　刘延玖

序

人水和谐与城水相依的创新力作

党的二十大报告中提出："中国式现代化是人与自然和谐共生的现代化。"无论是生产方式现代化还是消费方式现代化，无论是农业现代化还是工业现代化，无论是乡村现代化还是城市现代化，都要走人与自然和谐共生之路。

"生态兴，则文明兴。"城市作为现代化进程的重要标志和空间载体，是可持续发展的重要战场。但是，产城分离、新旧城建设不协调、开放空间缺失、生活配套不完善、城市历史文化节点被破坏等城市问题亦日渐凸显。随着产业转型、消费升级以及人民对于美好生活的向往，城市有机更新和产城融合发展是城市高质量发展的必然选择。城市现代化与城市绿色化的有机融合亟需理论创新和学术成果支撑。

产业与城市是现代化发展的两大元素。产业是城市发展的基础，城市是产业发展的载体。产业与城市都能反映出"人"的社会属性在经济活动中的生产与生活的一体两面，而生态为人的生存、发展提供了必要条件。因此，产与城必然是紧密联系、相辅相成的。寓产于城、以城促产的融合渗透发展，产城融合是两者内在发展需求的必然导向。应该说产城融合、三生共融是城市更新面临的重要议题之一。

逐水而居是人类从古至今生存与发展的基本规律。城市因水而生，也深刻地被水塑造。山环水抱、城水相依、临水而居更是成为人们的栖居理想。我国滨水空间存在的主要挑战是产业上动能不足、环境上生态退化、设计上千篇一律、功能上定位单一等。随着生态文明建设如火如荼地开展，城市滨水空间有着极大的发展潜力。和其他城市要素相比，滨水空间对于解决城市空间的匮乏、促进城市功能的多元、提高城市环境的质量有着十分积极的作用。把握好滨水空间的生态经济发展，就是守住城市可持续发展这一战场的主阵地。

因此，基于产城融合的滨水空间规划是实现城市生产、生活、生态可持续发展的重要途径。李俊杰、陈波等同志审时度势，基于多年来在产城融合、水环境治理、浙派园林等方面积累的丰富经验与成果，以浙江省两座生态文明建设走在前列的样板城市——杭州与丽水为例，对杭州市钱塘江、运河、西湖的滨水空间发展历史、价值特征等进行了详细分析，从而提出了滨水空间产城融合发展模式与策略；同时介绍了丽水市不同尺度的滨水空间规划实践案例，谱写了一篇气势磅礴的"产城融合双城记"。

通读全书，我深深地为作者们的责任心和使命感所感染，并为他们精心编撰的著作得以付梓而倍感欣慰。我认为，本书具有如下特点：第一，本书将"产城融合""浙派园林"等前沿理念引入城市滨水空间的规划设计之中，选题新颖、视角独特；第二，本书构建了"城水相依"的理论框架，力图破解与重构"城江""城河"与"城湖"这三大"城水关系"，逻辑清晰、条理分明；第三，本书聚焦城市滨水空间的"生产""生活"与"生态"，从而实现人水和谐、产城融合的目标，内容丰富、详实有据。

本书是华东勘测设计研究院生态环境规划设计团队与浙江理工大学建筑工程学院浙派园林研究团队的一次紧密合作，产学研联合，使得本书既有理论价值，又有现实意义。本书理论联系实际，既有丰富的理论研究，又结合多年的生产实践案例，对今后相关工作的开展具有较大的借鉴参考价值。相信本书的出版，一定会为中国城市的可持续发展注入强劲的动力！

是为序。

沈满洪
国家"万人计划"哲学社会科学领军人才、
中国生态经济学学会副理事长、
浙江农林大学生态文明研究院院长

前　言

　　人类的生存与发展离不开水。首先，人类需要通过饮用水以及从水体中捕获食物来保障生命的正常运转；其次，水体还为人以及货物的流通提供基底；再次，水循环还通过改变周边环境及滨水空间（滨水生态系统）来间接地影响人类的健康和活动；最后，人与水的互动记录和传承了大量的人类文明，人类在滨水区域的聚集不断推动人类社会的更新。

　　随着工业革命和城市化的不断推进，人类生产生活更多地集中在城市。水与城市的关系变得日益密切和复杂。城市聚集着大量的人口和各色产业，水不仅是城市生存的基础，更是城市发展的见证。此外，城市的河流水系以及湖库对于营造良好的生态生活环境，以及建设区域生态、拓展产业发展甚至打造城市形象具有不可替代的作用。

　　随着社会经济的迅速发展，高强度的人类开发活动对城市水生态环境造成很大压力。一些水生态系统由于缺乏合理的利用和保护，已经遭到破坏，甚至开始退化，并严重影响其周边地区人类生产生活和社会经济的发展。在此背景下，近年来，城市滨水空间治理的重要性及必要性逐渐凸显。

　　杭州与丽水同作为典型的江南水乡城市，水是贯通这两座城市的过去与将来的精神脉络，杭州与丽水的城市建设必须考虑到城市的滨水空间建设。在快速的城市化进程中，城区面积扩大，许多原本处于郊区的滨水空间被纳入城市内部，随之而来的是水资源的优化配置、水生态的改善等问题。同时，滨水空间与居民的生产、生活关系更加紧密，滨水空间的功能需求更加复杂，因而，杭州与丽水的城市滨水空间规划面临诸多亟须解决的问题。

　　近几年，对城市滨水空间的研究一直是理论研究的热点，从滨水空间的生态保护、涉水产业发展方面，强调了城市建设中需要兼顾水环境的承载力，提出了治理水环境的多项措施。同时，从滨水空间的生活入手，对滨水景观优化、滨水建筑改造以及滨水空间与外部的交通处理等问题进行了诸多研究，为滨水空间规划提供了很多可借鉴的经验。

　　在城市产业发展的高速期，产城融合是顺应时代发展潮流的城市发展理念。

本书将基于产城融合理念，从空间的广度和时间的纵深两个维度对城市的滨水空间规划进行研究，聚焦浙江省两座生态文明建设走在前列的城市——"国家生态园林城市"——杭州和"中国生态第一市"——丽水，以杭州运河、西湖与钱塘江，丽水丽阳溪、好溪、瓯江水系等滨水空间规划设计建设实践为案例，探索城市滨水空间产城融合发展模式与发展策略，共同打造"江""河""湖"三大类型的水城融合"双城记"。

本书逻辑框架图

"山与水"和"城与水"和谐相依,水是一个城市灵性栖息的地方,也是规划设计师内心深处最美的风景。城市视角下,水是穿城而过的港湾;城乡融合视角下,水是生物发展连接的廊道;全流域统筹视角下,水是人与自然和谐相处的载体。书中杭州的案例与丽水的实践差别很大,有的是反映生态文明当下的作品,有的则要还原千年历史的真貌。要想实现这种时间与空间的巨大跨越,不同视角下"城与水"关系的塑造,规划设计师就要对尺度与情感有所把握,纵情山水,肆意自然;同时更应该海纳百川,胸怀天下,成为真正的生态景观的践行者和美丽家园的守护者。

应该指出的是,杭州与丽水两座城市的滨水空间产城融合既有类似,又有差别:杭州作为国家历史文化名城,江河湖等水系景观都深受历史文化的影响,更多地体现了"文明"特色;而丽水作为"中国生态第一市",江河水系景观则强调在保护的基础上可持续利用,更多地体现了"生态"特色。因此,本书围绕"生态"和"文明"两个切入点,探讨了新时代生态文明建设下的城市水系可持续发展问题,既有滨水空间产城融合的相关理论探讨,又有相关单位历年承担的规划设计和工程项目案例,以及多位作者在研究与实践中的思考。本书最后一章"丽水瓯江国家河川公园实践"是全书理论应用于实践的集大成者,瓯江国家河川公园以"国家公园 + 绿色发展 + 乡村振兴 + 美丽河湖"为空间形态,加强顶层设计,打好统筹全域水利牌,助力丽水大花园建设,支撑丽水绿色发展。

本书是多位作者通力合作的成果,整体构思与学术框架搭建由李俊杰与陈波完成,逻辑梳理和完善由岳青华完成,全书由陈波与屈泽龙负责统稿。中国电建集团华东勘测设计研究院有限公司与浙江理工大学建筑工程学院风景园林系相关人员参与了本书的调研、撰写等工作。中国电力出版社曹巍编辑为本书的编辑与出版提供了大力支持。在此,对上述人员一并表示衷心的感谢!

本书既可作为大专院校风景园林、城乡规划、环境艺术设计、水环境治理等相关专业的教材,也可作为相关专业学生与教师的培训材料,还可作为关注产城融合与滨水空间开发的科研人员、设计人员、施工人员及其他爱好者的推荐读物。

由于学识和时间的限制,书中难免会有不足甚至错漏之处,恳请各位专家、读者批评指正。

编者

2022 年 12 月

目　录

第 1 章

滨水空间产城融合发展的背景与内涵

党的十九大报告明确提出："推动新型工业化、信息化、城镇化、农业现代化同步发展，主动参与和推动经济全球化进程，发展更高层次的开放型经济，不断壮大我国经济实力和综合国力""建设以城市群为主体的大中小城市和小城镇协调发展的城镇格局"。由此可见，城市协调发展已成为时代最强音，特别是作为水陆交错带的城市滨水空间，其传统发展中低能产业聚集，"空城"和"空转"等在产城融合发展过程中固有的问题急需实现突破。这就需要一种更高层级的产业与城市协同发展新模式，促进城市规划与产业发展相互匹配，协调发展，以此为城市发展增添无穷动力。

1.1 滨水空间产城融合发展的时代背景

1.1.1 政策与理念

（1）"两山"理念

2005 年 8 月 15 日，时任浙江省委书记习近平同志在安吉县余村首次提出"绿水青山就是金山银山"的科学论断和发展理念（以下简称"两山"理念）。"两山"理念是我们党关于生态文明建设的根本理念。

"两山"理念是指我们既要绿水青山，也要金山银山，宁要绿水青山，不要金山银山，而且绿水青山就是金山银山。"两山"理念生动反映了社会经济发展与生态环境保护的辩证统一关系。绿水青山比喻人类持久永续发展所需依靠的优质生态环境，它是自然本身具有的生态价值、生态效益。金山银山指人类社会以物质生产为基础的一切社会物质生活条件，它是人类开发利用自然资源过程中产生的经济价值、经济效益。绿水青山和金山银山之间有矛盾，但又是辩证统一的。

"两山"理念丰富、发展了马克思主义的生产力理论。"两山"理念改变了人们对生产力的内涵及构成要素的传统认识，是对马克思主义生产力理论的创新与发展，为新时代社会主义生态文明建设奠定了坚实而科学的理论基础，提供了实现发展的根本遵循。

践行"两山"理念是时代的要求。践行"两山"理念，有利于提高生产主体的审美意识，挖掘生产课题的本体之美，完善生产工具的绿色之美；有利于顺应人民群众对良好生态环境的期待，积极推进绿色可持续发展；有利于通过对生态美的维护来促进生产美的实现，形成绿色低碳、循环发展的新方式，让中华大地的天更蓝、山更绿、水更清，环境更优美。

（2）生态文明建设

面对资源约束趋紧、环境污染严重、生态系统退化的严峻形势，必须树立尊重自然、顺应自然、保护自然的生态文明理念，走可持续发展道路。2012年，党的十八大将生态文明建设写入党章，上升成为全党的意志；纳入中国特色社会主义事业"五位一体"总体布局，提出了努力建设美丽中国，实现中华民族永续发展的目标。十八大报告强调"努力建设美丽中国，实现中华民族永续发展"，"从源头上扭转生态环境恶化趋势，为人民创造良好的生产生活环境，为全球生态安全作出贡献"，"更加自觉地珍爱自然，更加积极地保护生态，努力走向社会主义生态文明新时代"。2013年，党的十八届三中全会明确了生态文明体制改革的主要任务；2014年，党的十八届四中全会明确了生态文明法治建设任务；2015年，党的十八届五中全会提出创新、协调、绿色、开放、共享的五大发展理念，明确了绿色发展的主要任务。

生态文明建设就是"把生态文明建设放在突出地位，融入经济建设、政治建设、文化建设、社会建设各方面和全过程"，由此，生态文明建设不但要做好其本身的生态建设、环境保护、资源节约等，更重要的是要放在突出地位，融入经济建设、政治建设、文化建设、社会建设各方面和全过程。这意味着生态文明建设不但与经济建设、政治建设、文化建设、社会建设相并列，从而形成五大建设，而且要在经济建设、政治建设、文化建设、社会建设过程中融入生态文明理念、观点和方法。

生态文明建设的重要目标——"全面建成小康社会和全面深化改革开放的目标"中指出："资源节约型、环境友好型社会建设取得重大进展。主体功能区布局基本形成，资源循环利用体系初步建立。单位国内生产总值能源消耗和二氧化碳排放大幅下降，主要污染物排放总量显著减少。森林覆盖率提高，生态系统稳定性增强，人居环境明显改善。"党的十八大报告第八部分强调："形成节约资源和保护环境的空间格局、产业结构、生产方式及生活方式。"

（3）水生态文明建设

生态文明建设是一个庞大的系统工程，涉及生态环境中的空气、水、土、生物、人类等生物和自然要素。因此，有针对性地对"水"这一涉及人类生存最根本利益的核心要素，构建一种生态文明的亚体系，在生态文明建设的过程中提出"水生态文明"建设，是非常有必要并且有长远意义的。

2013 年 1 月 4 日，水利部印发了《关于加快推进水生态文明建设的工作意见》（水资源〔2013〕1 号），正式将"水生态文明"这个概念通过官方文件明确下来。之后，这个概念开始受到学术界的关注，学者们对水生态文明的理念和应用展开了诸多研究，包括水生态文明的相关理论问题、乡村治理、城市水环境治理、河流治理、湖泊水环境治理等方面的理论和实践。

2020 年 12 月 26 日，十三届全国人大常委会第二十四次会议表决通过《中华人民共和国长江保护法》，这是我国第一部立足流域综合治理的法律，为实施流域综合治理提供了法律依据。2021 年 10 月 8 日，中共中央、国务院印发了《黄河流域生态保护和高质量发展规划纲要》，确定了我国共同抓好大保护，协同推进大治理，着力加强生态保护治理，保障黄河长治久安，促进全流域高质量发展，改善人民群众生活，保护、传承、弘扬黄河文化，实现让黄河成为造福人民的幸福河的目标。长江保护立法、黄河高质量发展规划将我国水生态文明建设推向了更高层次，标志着我国水生态文明思想日趋完善。

（4）"山水林田湖草"生命共同体

2013 年 11 月，习近平总书记在《关于〈中共中央关于全面深化改革若干重大问题的决定〉的说明》中指出："我们要认识到，山水林田湖是一个生命共同体，人的命脉在田，田的命脉在水，水的命脉在山，山的命脉在土，土的命脉在树。用途管制和生态修复必须遵循自然规律，如果种树的只管种树、治水的只管治水、护田的单纯护田，很容易顾此失彼，最终造成生态的系统性破坏。"2017 年 7 月，中央全面深化改革领导小组第三十七次会议通过的《建立国家公园体制总体方案》中，将"草"纳入山水林田湖生命共同体之中，使"生命共同体"的内涵更加广泛、完整。这次会议强调："坚持生态保护第一、国家代表性、全民公益性的国家公园理念，坚持山水林田湖草是一个生命共同体。"2017 年 10 月，党的十九大报告中指出"统筹山水林田湖草系统治理，实行最严格的生态环境保护制度"，同时强调"人与自然是生命共同体，人类必须尊重自然、顺应自然、保护自然。我们要建设的现代化是人与自然和谐共生的现代化"。可见，山水林田湖草把生态文明建设与广大人民的民生问题紧密联系在了一起。所以，生命共同体不仅仅体现在"山水林田湖草"。

1.1.2 战略与行动

（1）公园城市

2018 年 2 月 11 日，习近平总书记赴四川视察，在天府新区调研时首次提出"公园城市"的全新理念和城市发展新范式。习近平总书记指出，"天府新区是'一带一路'建设和长江经济带发展的重要节点，一定要规划好建设好，特别是要突出公园城市特点，把生态价值考虑进去，努力打造新的增长极，建设内陆开放经济高地"。

公园城市是和城市公园相对应的概念，公园城市是覆盖全城市的大系统，城市是从公园中长出来的一组一组的建筑，形成系统式绿地，而不是孤岛式公园。公园城市以生态文明为引领，推动城市实现"两山"实践重要探索，同时考虑生态价值与人文价值，构建人与自然和谐发展新格局，是美丽中国目标中城市发展的至高境界。公园城市的探索，也给未来新型城市形态提供了一种可能的发展模式。

与生态城市、花园城市、绿色城市等不同，公园城市将城乡绿地系统和公园体系、公园化的城乡生态格局和风貌作为城乡发展建设的基础性、前置性配置要素，把"市民—公园—城市"三者关系的优化和谐作为创造美好生活的重要内容。通过提供更多优质生态产品来满足人民日益增长的优美生态环境需要，是一种新型城乡人居环境建设理念和理想城市建构模式。

实际上，公园城市建设不仅是城市发展的需求，更是美丽中国背景下经济社会环境发展的需求，同时也是"美丽中国"中"美丽"的重要组成部分。

（2）"三生"融合发展

"三生"即生活、生产和生态，这一说法最初可追溯到 2012 年党的十八大报告中："要按照人口资源环境相均衡、经济社会生态效益相统一的原则，控制开发强度，调整空间结构，促进生产空间集约高效、生活空间宜居适度、生态空间山清水秀。"2013 年，十八届三中全会进一步提出："建立空间规划体系，划定生产、生活、生态空间开发管制界限，落实用途管制。"可见，"三生"理念最初提出的目的是解决国土空间规划，统筹生产、生活和生态用地空间，将三者协调发展提高到国家发展战略的新高度。

党的十九大提出"乡村振兴战略"，为解决"三农"问题，提出对乡村的"三生"空间进行规划设计。2018 年，中共中央、国务院印发的《乡村振兴战略规划（2018—2022 年）》中提出："坚持人口资源环境相均衡、经济社会生态效益相统一，打造集约高效生产空间，营造宜居适度生活空间，保护山清水秀生态空间，延续人和自然有机融合的乡村空间关系。"2021 年，《中华人民共和国国民经济和社会发展第十四个五年规划和 2035 年远景目标纲要》中提出："把乡村建设摆在社会主义现代化建设的重要位置，优化生产生活生态空间，持续改善村容村貌和人居环境，建设美丽宜居乡村。"

生产空间、生活空间、生态空间是人类实践存在的基本形式，构成了人类生活世界的总体面貌。随着实践活动的推进，人们逐步形成了生产、生活、生态空间秩序的共时性要求，即生产空间集约高效、生活空间宜居适度、生态空间山清水秀。与此相适应，形成了生产、生活、生态空间秩序的历时性要求，这主要表现为"生产发展、生活富裕、生态良好"的可持续发展战略。可见，"三生"理念与可持续发展理念一脉相承。可持续发展理念中环境、经济、社会可持续应具备的功能与生态、生产、生活的内涵也是相对应的，与"可持续发展"思想内涵是一致的。

（3）新型城镇化

新型城镇化，是以城乡统筹、城乡一体、产业互动、节约集约、生态宜居、和谐发展为基本特征的城镇化，是大中小城市、小城镇、新型农村社区协调发展、互促共进的城镇化。中国新型城镇化研究主要兴起于 2009 年，可划分为初始起步阶段（2012 年及以前）、爆发增长阶段（2013—2016 年）和稳步深化阶段（2017 年至今）3 个阶段。

2014 年 12 月 29 日，国家新型城镇化综合试点名单正式公布。2019 年 3 月 5 日，国务院总理李克强在发布的 2019 年国务院政府工作报告中提出，促进区域协调发展，提高新型城镇化质量。2019 年 4 月 8 日，国家发改委发布了《2019 年新型城镇化建设重点任务》，提出了深化户籍制度改革、促进大中小城市协调发展等任务。这对于优化我国城镇化布局和形态，进而推动新型城镇化高质量发展具有重大的积极意义。2020 年 5 月 22 日，国务院总理李克强在 2020 年国务院政府工作报告中提出，加强新型城镇化建设，大力提升县城公共设施和服务能力，以适应农民日益增加的到县城就业安家需求。深入推进新型城镇化，发挥中心城市和城市群综合带动作用，培育产业、增加就业。坚持房子是用来住的、不是用来炒的定位，因城施策，促进房地产市场平稳健康发展。完善便民设施，让城市更宜业宜居。

新型城镇化的核心在于不以牺牲农业和粮食、生态和环境为代价，着眼农民，涵盖农村，实现城乡基础设施一体化和公共服务均等化，促进经济社会发展，实现共同富裕。

（4）高质量发展

高质量发展是 2017 年中国共产党第十九次全国代表大会首次提出的新表述，表明中国经济由高速增长阶段转向高质量发展阶段。党的十九大报告中提出的"建立健全绿色低碳循环发展的经济体系"为新时代下高质量发展指明了方向，同时也提出了一个极为重要的时代课题。2021 年，恰逢"两个一百年"奋斗目标历史交汇之时。特殊时刻的两会，习近平总书记接连强调"高质量发展"，意义重大。3 月 5 日，国务院总理李克强作政府工作报告时表示，2021 年预期目标设定为国内生产总值增长 6% 以上，考虑到经济运行恢复情况，有利于引导各方面集中精力推进改革创新、推动高质量发展。2021 年 3 月 30 日，中共中央政治局召开会议，审议《关于新时代推动中部地区高质量发展的指导意见》。9 月 14 日，国务院批复国家发展改革委、财政部、自然资源部关于推进资源型地区高质量发展"十四五"的实施方案。

中国特色社会主义进入新时代，我国经济发展也进入了新时代。推动高质量发展，既是保持经济持续健康发展的必然要求，也是适应我国社会主要矛盾变化和全面建成小康社会、全面建设社会主义现代化国家的必然要求，更是遵循经济发展规律的必然要求。

（5）幸福河湖

河湖是最重要的地表水体，是最重要的水资源、水环境、水生态和水空间形态，关系百姓生活、地区发展、国家安全、国际关系。习近平总书记在黄河流域生态保护和高质量发展座谈会上要求"让黄河成为造福人民的幸福河"。幸福河湖，成为未来河湖治理的主要方向。幸福河湖，是新时代的一个新概念、新理念、新方向、新目标和新要求。

所谓幸福河湖，是指能够维持河流湖泊自身健康，支撑流域和区域经济社会高质量发展，体现人水和谐，让流域内人民具有高度安全感、获得感与满意度的河流湖泊。幸福河湖是体现"江河安澜、人民安宁"的安澜之河，是体现"供水可靠、生活富裕"的富民之河，是体现"水清岸绿、宜居宜赏"的宜居之河，是体现"鱼翔浅底、万物共生"的生态健康之河，是体现"大河文明，精神家园"的文化之河。

建设幸福河湖，就要趋利避害、造福人民。其一，河湖应成为安澜的河湖，应对好、治理好江河湖泊的水患、水灾，尤其不能因洪涝等灾害让百姓流离失所，更不能因洪涝等灾害导致社会动荡乃至发生战争。其二，河湖应成为造福百姓的河湖，应为百姓、为社会提供数量充足、质量可靠的水源，尤其要为百姓提供安全可靠的饮用水水源。其三，河湖应成为美丽的河湖，河湖水要清、岸要绿，鱼翔浅底，鸟语花香。其四，河湖应成为和谐的河湖，不因河湖（水量、水质、水利工程、取水口、排污口、水运等）问题引发国家之间、地区之间、邻里之间的纠纷、争端、冲突，而要让河湖真正成为国际、区际、邻里和谐、和睦、和平的天然纽带。

（6）五水共治

水不仅是生态，是经济，也是民生，还是政治。具体而言，水是生产之基，什么样的生产方式和产业结构，决定了什么样的水体水质，治水就要抓转型；水是生态之要，气净、土净，必然融入水净，治水就要抓生态；水是生命之源，老百姓每天洗脸时要用、口渴时要喝、灌溉时要用，治水就要抓民生。可以说，抓治水就是抓改革、抓发展，意义十分重要，任务迫在眉睫。如何治水，成为浙江新一轮改革发展的重大命题。

2013年底，浙江省委、省政府作出了"五水共治"的决策部署：宁可局部暂时舍弃，每年以牺牲1个百分点的经济增速为代价，也要以治水为突破口，倒逼产业转型升级，决不把污泥浊水带入全面小康。自此，浙江全面吹响了实施"治污水、防洪水、排涝水、保供水、抓节水"的冲锋号，打响了消灭"黑臭河""劣V类水"的攻坚战。

浙江把"五个水"的治理，比喻为五个手指，五指张开则各有分工，既重统筹又抓重点，五指紧握就是一个拳头，以治水为突破口，打好转型升级组合拳。治污水，是排第一位的"大拇指"，从社会反映看，对污水，老百姓感官最直接，深恶痛绝；从实际操作看，治污水，最能带动全局，最能见效；治好污水，老百姓就会竖起大拇指。治污水主要以提升水质为核心，实施清淤、截污、河道综合整治，加强饮用水水源安全保障，狠抓工业重污染行业整治、农业面源污染治理和农村污水整治，全面落实河长制，开展全流域治水。防洪水，主要是推进强库、固堤、扩排等工程建设，强化流域统筹、疏堵并举，制服洪水之虎。排涝水，主要是打通断头河，开辟新河道，着力消除易淹易涝片区。保供水，主要是推进开源、引调、提升等工程，保障饮水之源，提升饮水质量。抓节水，主要是改装器具、减少漏损和收集再生利用，合理利用水资源，着力降低水耗。

2014 年初，浙江省委、省政府正式成立"五水共治"领导小组，由省委书记、省长任组长，6 位副省级领导任副组长，全面统筹协调治水工作。2018 年 6 月，为全面落实中央环保督察整改，巩固提升治水剿劣成果，严防水质反弹，高标准推进"五水共治"，高水平落实"河长制"，以生态文明示范创建行动为抓手，以改善水环境质量为核心，深入推进"污水零直排区"和美丽河湖建设，继续保持水环境综合治理工作全国领先、水环境质量全国领先，省治水办（河长办）印发了《浙江省"五水共治"（河长制）碧水行动实施方案》，提出到 2022 年，实现省控断面达到或优于 Ⅲ 类水质比例达到 85%，全省县级以上饮用水水源水质和跨行政区域河流交接断面水质力争实现 100% 达标，建成美丽河湖 500 条（个）的目标。

1.2　滨水空间产城融合发展的内涵与战略意义

1.2.1　"滨水空间"的内涵

"滨水"是一个很广泛的概念。滨海、滨湖、滨河甚至湿地环境等都可以纳入滨水范畴。在城市中，滨水空间是一个特定的空间地段，由水域、陆域和交界线三部分共同组成。在这里，水体和陆地相辅相成，构成主要的环境因素，成为一个特殊的城市建设用地。

对于滨水空间范围的界定，学术界的说法尚未统一。国内外专家认同度较高的定义是"空间范围包括 200 ~ 300m 的水域空间及与之相邻的城市陆域空间，其对人的诱惑距离为 1 ~ 2km，相当于步行 15 ~ 30min 的距离范围"。由于滨水空间的规模、功能定位和开发性质不同，滨水公共空间对市民的影响也不同。根据毗邻水体的不同可以分为滨河、滨江、滨湖等。如今的滨水空间与公共活动及城市发展互动密切，研究范围已不局限于水域空间。考虑到城市滨水空间能对城市人的活动空间产生影响，因此，许多学者参考 500m 长的街区尺度大小，将研究范围界定扩大到从水际线向内陆 500m（约步行 5min）距离范围的滨水空间。

简而言之，城市滨水空间是城市范围内水域与陆域相交界的一定范围内的空间领域，滨水空间的空间特质，在空间形态上，表现为水系和陆域相辅相成、融为一体；在功能上则是具有多元交混的特性，使得滨水空间能够作为城市重要的公共开放空间。理解城市滨水空间应是多层次、多角度的；在生态自然上，城市滨水空间自然要素的复杂性要求各种"流"应有序地交换和更替，实现人水和谐；在产业经济上，要充分依托滨水空间优质的环境资源和商业价值，挖掘其观光旅游、商务会展、健身疗养的经济价值；在社会交往上，滨水空间往往是人们最愿意前往的场所，以水为媒，丰富市民的休闲娱乐、健身交往等城市活动，减少疏离和冷漠，提高城市活力；在城市形象上，滨水空间是人们形成对一座城市整体感知和空间印象的"窗口"，也是城市形成和发展的基本骨架，其良好的历史文化属性、开放特性也会成为城市的标签。

1.2.2 "产城融合"的内涵

产城融合的概念解释较多，并无统一说法，《国家新型城镇化规划（2014—2020年）》中明确提出"推动产业和城镇融合发展，形成功能各异、相互协调补充的区域发展格局"，即做到"产业与城市融合发展，以城市为基础，承载产业空间和发展产业经济，以产业为保障，驱动城市更新和完善服务配套，进一步提升土地价值，以达到产业、城市、人之间有活力、持续向上发展的模式"。因此，产城融合的内涵包括：空间统筹、功能融合、结构匹配、以人为本四个方面。

（1）空间统筹

空间统筹是从大的空间布局、发展定位来考虑某空间的发展思路，甚至从区域的视角来看待微观的城市功能融合的问题，其发展需要与周边进行互动，而不仅仅是自我的内部更新，应用到某一区域，就是将其看成一个庞大的组织，其内部单元并非独立的，而是相互协调、共同发展的"生命共同体"。合理的空间尺度反映了产城融合的空间范围，而合理的空间范围是合理的产城关系的体现。所谓多尺度措施，可从空间尺度加以考虑。空间尺度是基于空间的视角，尺度是研究客体或过程的空间维度，可用分辨率与范围来描述，它体现了对所研究对象细节了解的水平，由于不同空间尺度上的认知存在差异，即产业空间与城市空间在多大的空间距离下能够同时满足居住与就业的平衡。

（2）功能融合

从不同产业与空间需求的关系来看，不同的产业发展需要不同的产业空间进行匹配，制造业用地需求较大，用地较完整，与居住用地之间存在一定的空间距离；而现代化产业用地对空间用地的需求较灵活，通常与其他功能用地混合在一起。由此看出，随着产业结构的升级，产业空间与城市空间的关系越密切，产城融合的程度越高。同理，制造业与服务业的空间融合有助于产业结构的提升和产业转型，从而促进产城融合；制造业与服务业的功能融合，如生产功能与生活功能的融合，能够优化产业结构，从而达到产城融合的目标。

（3）结构匹配

结构匹配体现在两个方面：一是产城空间关系结构合理；二是产业功能与城市其他功能匹配，尤其是产业功能与居住功能匹配。产城空间关系合理是指产业与城市其他功能在一定空间范围内形成相互协调的关系，其内在是产业空间与城市空间相互影响，空间布局合理。产业功能与居住功能匹配体现在两个方面，一是城市就业岗位能满足居住人群的就业需要；二是就业结构与居民的就业水平相匹配，居民的就业能力与就业需求相吻合。结构匹配是实现产城融合的重要途径。

（4）以人为本

以人为本是产城融合的主要价值导向，只有基于人的需求进行的功能安排、制度设计，才能使城市功能、生活质量和效率得到提高，从而实现真正意义上的产城融合。人本主义的产城融合主要体现为在规划用地上实现居住用地、产业用地和公共服务设施用地比例的平衡；在居住用地的供需关系上实现居住人群与就业人群相匹配。只有回归到产城融合的深层次价值认识上，关注人的真实需求，建立起真正意义上的生产与生活的服务关联，才能实现真正的产城融合。

1.2.3　滨水空间产城融合发展的内涵

滨水空间产城融合发展的内涵包括"价值观念引导""专业多元协同"和"空间有序协同"三个层面，它们构成一个网状的信息系统。

首先，城市滨水空间规划是一个由价值观念引导的过程，城市滨水空间的演变过程是价值观念的物质表现，从最初的崇拜自然到征服自然，再到后来的天人合一、人与自然和谐共生，城市滨水空间在不同的时代都有不同的思想烙印。在一座城市的价值观念发展过程中，不同的滨水空间有不同的形态，甚至是复杂的、无序的，但都是人的动机和自然发展的产物，两者结合便有其内在的关联性。就价值观念而言，基于产城融合的城市滨水空间规划是强调以人为本的城市滨水空间的可持续发展规划。

其次，专业多元协同对城市滨水空间的规划也十分重要。城市滨水空间是一个结构复杂、内涵多样的系统，产城融合要求城市人口、产业和生态三个要素协调发展、互相支撑，是城市形态和功能发展的新趋势。同样，可持续发展理论是涉及经济、社会和自然协调发展的理论，而产城融合正符合这一理论。在滨水空间规划过程中尊重产城融合的发展理念，以"生产—生活—生态"三位一体的整体观为指导，从全局入手，解决水安全、水资源、水环境、水生态、水景观以及水文化等问题，实现滨水空间的环境建设和社会治理。

最后，对滨水空间规划的历史总结，可以为如今的滨水空间建设提供有利借鉴。在城市滨水空间的时空演变中，在城市建设与自然演替相互碰撞与磨合的过程，从实践经验总结的角度，基于产城融合的城市滨水空间规划是遵循城市发展规律，满足人的使用需求，解决城市遗留问题的过程，是从时间轴线上将城市文脉进行延续，对城市功能进行联动整合的过程。

1.2.4　滨水空间产城融合发展的战略意义

首先，"产城融合"理念对滨水空间规划具有重要的理论指导意义。产城融合是以产业提升为驱动，针对就业人口结构调整，将居住、产业等方面的基础服务有机融合，结合城市可持续发展原理，实现城市多元功能复合共生，是基于可持续发展科学、生态科学、人居环境科学而提出的城市发展理念，是城市生产、生态、生活功能的复合型发展理念。如今的城市滨水空间建设，已开始了由"工业文明"向"生态文明"的转型，人们由过去对"功能"的追求转向了对"人本"的追求，继而发展为对"多元"的价值追求。从理论层面而言，"产城融合"与滨水空间发展的追求有高度的契合性，可以提供更为全面有效的理论指导。

其次，从实践层面而言，分析滨水空间的历史演化过程，梳理滨水空间发展与产城发展的相互作用，可得出人们在城市建设过程中把握产城融合的发展理念对城市滨水空间规划具有良好的实践指导意义。城市滨水空间的发展一直与城市建设和发展紧密相关，由过去的分离状态发展为如今的融合状态。如今，滨水空间成为城市的重要区域，承担了经济、社会、环境等多种功能，在这种背景下，也出现了滨水空间超负荷的问题，而这些问题涉及社会、经济、文化、环境等诸多方面。面对如此复杂的问题，必须运用整体综合的方式加以解决，而"产城融合"理念指导下的滨水空间建设是从大局出发，将滨水空间与其周边地块乃至整个城市的建设进行系统性的整合，实现滨水空间与城市其他空间的有效过渡。

1.3 滨水空间产城融合发展的总体思路

1.3.1 滨水空间产城融合发展的基本原则

产城融合是从城市的经济、社会和环境角度出发，实现人类居住和城市产业的协同与可持续发展，既强调了城市与人的协调，也强调了城市的自然延续和历史继承。城市滨水空间作为城市中的重要组成部分，要从历史演进的过程中寻找自身经济、社会和环境各要素共同发展的依据。本节根据城市滨水空间的演进历程，基于产城融合理念，论述了城市滨水空间规划中的生产性、生活性和生态性三个原则。

（1）生产性原则

城市滨水空间承载着城市的生产功能，滨水空间的发展建设也必将服务于城市的生产。城市滨水空间是城市产业发展的前沿阵地，无论从历史的延续角度，还是从当代经济发展角度出发，滨水空间的发展都需要积极倡导生产性原则。在规划过程中，城市滨水空间要满足基本的生产需要，推动滨水空间产业结构优化升级，实现滨水空间的开发利用、节约保护和水害防治协同发展，为城市生产提供原动力。

（2）生活性原则

因城市滨水空间有舒适的环境以及人们具有亲水的天性，城市滨水空间展现了地方人居生活的画面，是城市人文之美的缩影。滨水空间与人居生活紧密联系，在规划过程中要以人为本，满足人居生活需求。同时，滨水空间的发展承载了一座城市发展历程中的人文之美，在规划建设中要架起这座联系城市当代生活和人文回忆的桥梁。

（3）生态性原则

城市滨水空间是陆地和水域的过渡空间，生物多样性丰富，是城市生态系统中各个板块之间的生态廊道，对城市生态建设具有重要意义，因此，在城市滨水空间发展中要积极推进生态建设。所以，当代城市滨水空间规划需要转变观念，倡导生态先行，追求生态、经济和社会的综合效益，通过合理规划提高城市滨水空间的经济转化效率和城市运行效率，实现滨水空间的可持续发展。

1.3.2 滨水空间产城融合发展的体系构建

（1）以价值观念、专业理论、历史实践为指导的理论构建

城市滨水空间发展的历史渊源深厚，涉及人文、经济、环境等多个要素，各要素相互联系。面对复杂的问题，我们需要运用整体思维加以解决，从产城融合的大环境入手进行理论分析，在理论构建过程中，从价值观念、专业理论、历史实践角度对复杂庞大的问题进行梳理总结。

1）就价值观念而言，基于产城融合的城市滨水空间规划是强调以人为本的城市滨水空间的可持续发展规划。

2）就专业理论而言，可持续发展理论是涉及经济、社会和自然协调发展的理论，产城融合正符合可持续的城市发展需求，因此，在城市滨水空间规划过程中要尊重产城融合的发展理念，以可持续发展理论为指导。

3）从历史实践角度，对城市滨水空间的历史演变做系统梳理可知，城市滨水空间规划是遵循城市发展规律，满足人的使用需求，解决城市遗留问题的过程，可延续城市文脉，对城市功能进行联动整合。

（2）生产、生活、生态的横向多方面构建

面对城市滨水空间规划的复杂问题，我们需要做全面的分析，对产城融合和城市滨水空间形成整体的认识，寻找需要解决的关键问题。产城融合理念是关于城市经济、环境、社会可持续发展的理念，而基于产城融合的城市滨水空间规划是解决生产、生活、生态三要素之间矛盾的过程。在构建规划体系的过程中，从原则到策略都将从这三方面入手展开分析。

1）城市滨水空间生产主要包括农业、手工业、旅游业等"一、二、三产业"，需要实现产业内部及其与周边关系的良性发展。

2）城市滨水空间的生活包括旅游休闲生活、工作居住生活在内的精神生活和物质生活，规划过程中需要实现以人为本的核心诉求，营造舒适宜人的人居环境。

3）城市滨水空间的生态包括生物性生态和非生物性生态，而非生物性生态包括产业生态、文化生态等。规划中对生态的考量以实现生态环境可持续发展为前

提，力求实现城市滨水空间的产业结构、社会结构、生态结构的相互匹配。

（3）指导原则、实践分析、多级策略的纵向多层次构建

城市滨水空间是一个结构庞杂的系统，基于产城融合的理念分析和历史总结，在规划研究的过程中需要用层次化的方法。

1）首先以原则为上层指导，就城市滨水空间规划总结出生产、生活、生态三方面的指导原则，实现从理论内涵到指导原则的层次过渡。

2）从指导原则到实践分析层面的第二层次分析，依据三项指导原则，从生产、生活、生态三方面对城市滨水空间特征进行分析，从城市滨水空间的历史实践层面总结优势与劣势。

3）最后分级提出策略，进行第三层次分析，就城市滨水空间的生产、生活、生态三个方面提出一级策略，就各方面内部存在的问题提出二级设计策略，最后落实具体问题的解决。

第 2 章

滨水空间产城融合发展理论与类型

产城融合是指产业与城市融合发展，以城市为基础，承载产业空间和发展产业经济，以产业为保障，驱动城市更新和完善服务配套，以达到产业、城市、人之间有活力、持续向上发展的模式。产城融合是在我国转型升级的背景下相对于产城分离提出的一种发展思路。我国在转型背景下提出的产城融合新战略，要求产业发展与城市功能提升相互协调，实现"以产促城、以城兴产"。在当前信息化时代背景下，我国城市滨水空间的产城融合必须遵循相关科学理论，围绕"城江关系、城河关系、城湖关系"这三大关系做文章，全面推进我国滨水空间的产城融合发展。

2.1 滨水空间产城融合发展相关科学理论

产城融合，字面意思就是产业和城市的协同融合发展。具体来说，就是城市依托自身的区位、政策、交通、生态、人文、产业基础、生活配套等优势，引进与之规划相匹配发展的产业，为产业提供充足的发展空间，推动产业发展。而产业可以利用自身的发展红利，为城市的经济发展、人口增长、人才引进、就业创收、城市更新等方面注入活力。总的来说，就是"以城促产、以产兴城"。可见，产城融合包含城市与产业发展的方方面面，就滨水空间产城融合领域来看，与之相关的基础理论包括"可持续发展理论""生态城市理论""韧性城市理论""城水耦合理论""EOD 理论""浙派园林理论"等。

2.1.1 可持续发展理论

可持续发展理论强调区域人口、经济、环境和资源发展关系的协调性和持续性，是区域发展模式的创新。1987 年，WCED 在《我们共同的未来》中将可持续发展表述为"既满足当代人的需要，又对后代人满足其需要的能力不构成危害的发展"。可持续发展理论是人地关系思想认知的重大突破，是与地球地理环境具有深刻联系的思想观念。可持续发展理论的形成经历了狩猎采集、农耕文明、工业文明和生态文明四个阶段，后逐渐发展成为成熟的理论体系。狩猎采集文明时期，自然界"赐予"的生产生活资料使人类产生依赖自然环境的意识，形成人与自然统一的思想认知。农耕文明时代则形成朴素的可持续发展思想，强调"天人合一"和"天人交融"，其基本思想认为，人的活动、行为、生理现象和社会政治是自然的反映，其基本理念中就包含人与大自然和谐共存的思想精神，如孔子《论语》中的"子钓而不纲，弋不射宿"的思想，就表达了人类应减少对自然环境的摄取，尊重自然规律的精神。工业文明时代，工业化进程和资本扩张造成了严重的环境破坏，西方发达国家开始关注全球环境问题，1962 年，美国作家蕾切尔·卡逊发表著作《寂静的春天》，在世界范围内引起了极大轰动。至 20 世纪 70 年代，环境问题开始引起全球的关注。1978 年，联合国召开第一次人类环境会议，通过了《人类环境宣言》，提出将"这一代和将来的世世代代的权益"作为人类共同的信念，成为可持续发展理论的重要源泉。由此，可持续发展理论研究开始在全球范围内不断发展和深入。进入生态文明时期，发展中国家尤其是我国，急需转变经济增长方式和产业结构，发展理论上的革命显得十分重要。在这一阶段，可持续发展理论获得了新的思想内涵：社会可持续发展强调发展的目的都是改善人类生活，提高人类健康水平，创造一个人人享有平等、自由的社会环境。它们之间相互联系而不可分割。孤立追求经济持续必然导致经济崩溃，孤立追求生态持续不能遏制全球的衰退。生态持续是基础，经济持续是条件，社会持续是目的。人类共同追求的应该是自然、经济、社会复合系统的持续、稳定、健康发展。

2.1.2　生态城市理论

"生态城市"这一概念，最早起源于乌托邦思想，用以解决快速城市化过程中的"城市病"问题，后又经历了用于城市规划的田园城市理论和注重城市美学和文化内涵的山水城市理论，才得以形成。生态城市理论是以可持续发展理论为理论基础，逐渐发展起来的城市学理论，反映了人们对当前城市发展过程中所造成的恶劣环境问题的反思，提倡创造一种健康、规律、可持续的人居环境，来解决城市发展过程中资源紧张、生态胁迫和环境污染等城市负效应。生态城市与传统城市有着本质的不同，生态城市具有以下特点。第一，和谐性。生态城市的和谐性不仅表现在人与城市环境的和谐，更表现在人与人之间传达的人文精神和和谐氛围。第二，高效性。生态城市应改变以往传统城市高耗能高污染的发展模式，提高资源利用效率，实现"物尽其用，人尽其才"。第三，持续性。其核心表现为城市资源的合理分配，在时间空间上合理使用，不过度开发以索取当前利益。第四，整体性。生态城市各系统应谋求协同发展，是一个由经济、社会、环境等多系统组成的整体，应在整体协调的秩序下发展。第五，区域性。生态城市具有城乡一体性和区域特征，城市之间相互联系相互制约。全球范围内，生态城市应加强合作，互惠共生。

2.1.3 韧性城市理论

韧性城市，指城市能够凭自身的能力抵御灾害，减轻灾害损失，并合理地调配资源以从灾害中快速恢复过来。从长远来讲，城市能够从过往的灾害事故中学习，提升对灾害的适应能力。也就是说，当灾害发生的时候，韧性城市能承受冲击，快速应对、恢复，保持城市功能正常运行，并通过适应来更好地应对未来的灾害风险。

2017年6月，中国地震局提出实施的《国家地震科技创新工程》包含四大计划，"韧性城乡"计划是其中之一。2020年11月3日，新华社播发党的十九届五中全会审议通过的《中共中央关于制定国民经济和社会发展第十四个五年规划和二〇三五年远景目标的建议》（简称《建议》），其中首次提出建设"韧性城市"。《建议》提出，"推进以人为核心的新型城镇化。强化历史文化保护、塑造城市风貌，加强城镇老旧小区改造和社区建设，增强城市防洪排涝能力，建设海绵城市、韧性城市。提高城市治理水平，加强特大城市治理中的风险防控"。

浙江大学韧性城市研究中心指出，韧性城市有五大特性（R&A）：

（1）鲁棒性（Robustness）：城市抵抗灾害，减轻由灾害导致的城市在经济、社会、人员、物质等多方面的损失；

（2）可恢复性（Rapidity）：灾后快速恢复的能力，城市能在灾后较短的时间恢复到一定的功能水平；

（3）冗余性（Redundancy）：城市中关键的功能设施应具有一定的备用模块，当灾害突然发生造成部分设施功能受损时，备用的模块可以及时补充，使整个系统仍能发挥一定水平的功能，而不至于彻底瘫痪；

（4）智慧性（Resourcefulness）：有基本的救灾资源储备以及合理调配资源的能力，能够在有限的资源下，优化决策，最大化资源效益；

（5）适应性（Adaptability）：城市能够从过往的灾害事故中总结经验，提升对灾害的适应能力。

韧性城市有如下四个维度（TOSE）（见图2-1）：

（1）技术（Technical）：减轻建筑群落和基础设施系统由灾害造成的物理损伤。基础设施系统损失指交通、能源和通信等系统所提供服务的中断；

（2）组织（Organization）：包括政府灾害应急办公室、基础设施系统相关部门、警察局、消防局等在内的机构或部门能在灾后快速响应，开展房屋建筑维修工作、控制基础设施系统连接状态等，从而降低灾后公共服务的中断程度；

（3）社会（Societl）：减少灾害导致的人员伤亡，能够在灾后提供紧急医疗服务和临时的避难场地，在长期恢复过程中可以满足当地的就业和教育需求；

（4）经济（Economic）：降低灾害造成的经济损失，减轻对经济活动造成的影响。经济损失既包括房屋和基础设施以及工农业产品、商储物资、生活用品等因灾破坏所造成的财产损失，也包括社会生产和其他经济活动因灾导致停工、停产或受阻等所造成的损失。

韧性4个维度(TOSE)和韧性5大特性(4R+A)

Technical
技术

减轻建筑群和基础设施系统由灾害造成的物理损伤，如交通、能源和通信等系统所提供服务的中断。

Society
社会

减少灾害导致的人员伤亡，能够在灾后提供紧急医疗服务和临时的避难场地，在长期恢复过程中可以满足当地的就业和教育需求。

组织
Organization

政府灾害应急办公室、基础设施系统相关部门、警察局、消防局等在内的机构或部门在灾后快速响应，开展房屋建筑维修工作、控制基础设施系统连接状态等，从而降低灾后公共服务的中断程度。

经济
Economic

降低灾害经济损失，减轻对经济活动造成的影响。如房屋和基础设施破坏所造成的财产损失，社会生产与其他经济活动因灾导致停工、停产或受阻等所造成的损失。

图2-1 韧性城市的特性和维度图（引自：http://www.rencity.zju.edu.cn/）

2.1.4 城水耦合理论

耦合是指两个事物之间存在一种相互作用、相互影响的关系。城水耦合在广义上指城市环境要素与水环境要素在空间、资源、生态、景观及活动等方面相互作用，继而产生相互影响、相互反馈的关系。

"城水耦合"相对全面，它所描述的是延续的、进阶的、循环的相互作用，即不同时期的"城水关系"构成了"城水耦合"。城水耦合是相互的，但溯其根本，是水环境先对城市建成环境产生了影响，而后产生了一系列相互影响：人们"逐水而居"、城市"环水而建"；村落、城镇初具规模后向外扩张发展反作用于水环境，城市开发建设将水系渠道化、破坏原有生态平衡；水位上涨，洪涝灾害频发，水环境继续作用于建成环境；各地开始修建堤坝、增设水利设施，同时从规划管理角度治理水环境。综上，其相互影响可以概括为以下四个阶段（见图2-2）。

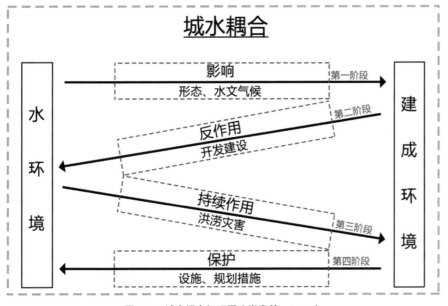

图 2-2 城水耦合机理图（崔嘉慧，2020）

2.1.5 生态环境导向的城市开发（EOD）理论

生态环境导向型发展（Ecology-Oriented Development，简称 EOD 模式）最早由美国学者霍纳蔡夫斯基（Honachefsky）于 1999 年提出，其主要观念是反对当时美国盲目的城市扩张所带来的环境破坏，强调了生态优化的价值以及区域生态与城市功能和土地利用相结合的发展路径。随着我国改革的持续深化，EOD 模式于近年来逐渐受到重视。生态环境部于 2021 年 4 月 28 日正式发布了《关于同意开展生态环境导向的开发模式试点的通知》，随后多个城市和地区逐一开展有关实践探索。基于政策的引导，该模式在我国语境下被认为是以可持续发展为目标，以景感生态学（Landsenses Ecology）为理论基础，以生态文明建设为引领，以城市综合开发与特色产业运营为支撑的一种新型城市发展模式。具体来说，EOD 模式将生态引领贯穿于规划、建设、运营的全过程。在该模式的整体循环框架下，产业规划与导入作为关键因素，成为联结城市生态提质与自然资源下经济结构转型间的重要纽带（见图 2-3）。

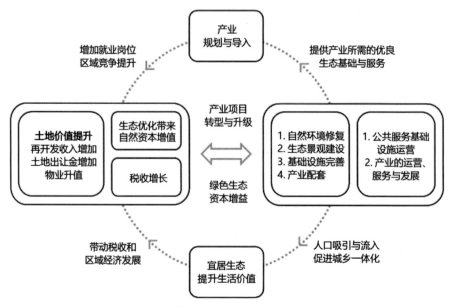

图 2-3　EOD 模式的循环结构图（黄铭泽，2021）

2.1.6　浙派园林理论

　　"浙山浙水浙如画，浙乡浙愁浙人家。"浙江，是中华文明的主要发祥地之一，也是中国自然山水式园林文化的起源地。在浙江"七山一水二分田"的诗画山水、五千年文明史积淀的璀璨文化，以及浙商"四千精神"孕育的蓬勃经济等的共同滋养下，"浙派园林"的地域风格逐步形成。"天人合一、道法自然"的东方自然山水美学思想，在浙派园林"真山真水"的创作之中得到淋漓尽致的体现。相比于其他风格的园林，浙派园林呈现出更加包容、大气、生态、自然的魅力，成为东方自然山水美学思想的重要代表和新时代中国园林地域风格化的杰出典范。

　　江苏和浙江都是江南古典园林的主要发祥地。以苏州园林为代表的苏派园林多为城市山林，咫尺之内造乾坤，方寸之间显美景，精致而小家碧玉，不仅在国家文化交流的"园林外交"中越来越多地充当中国文化大使，而且在民间也以整体或片段的身姿日益频繁地呈现在各地住区景观中；而以杭州园林特别是西湖景观为代表的浙派园林多依托自然山水营造，呈现出真山真水、疏朗明快、舒展自然的造园特色，在城乡风景营造尺度上凸显出更加重要的推广价值和广阔的发展前景。

　　2021 年 2 月，浙江省政府在发布的《浙江省国民经济和社会发展第十四个五年规划和二〇三五年远景目标纲要》中，正式提出了"打造'浙派园林'品牌"的战略目标；9 月，浙江省委办公厅、省政府办公厅印发了《浙江省城乡风貌整治提升行动实施方案》，提出了在统筹推进城乡自然人文整体格局保护和塑造过程中打造"浙派园林"，并研究制定"浙派园林"专项技术指南的具体要求。

　　所谓浙派园林，是指以浙江省为核心地域范围，依托真山真水营造，具有自然山水式造园风格，体现东方生态美学特征的园林的总称。2021 年，浙江省浙派园林文旅研究中心初步构建了"浙派园林学术体系"（见图2-4）。在生态文明新时代，东方自然山水美学思想的杰出典范——浙派园林风格越来越焕发出蓬勃的生命力和巨大的市场前景，正逐渐摆脱地域范围的束缚，立足浙江，走向全国，面向世界。

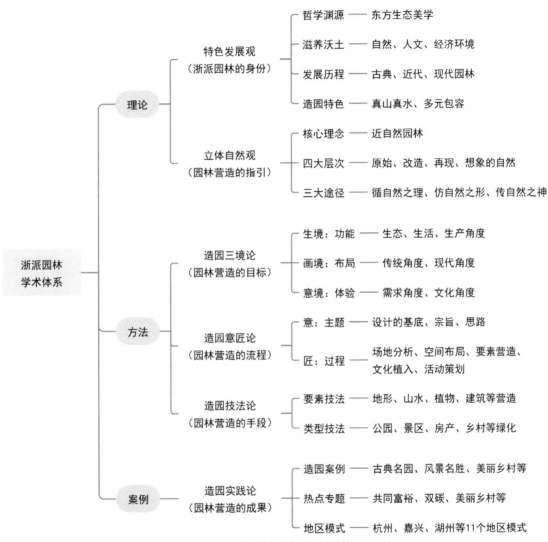

图2-4　浙派园林学术体系框架图（陈波等，2020）

2.2　滨水空间产城融合发展国内外研究进展

通过对国内外数据库的查询发现，目前国内外还没有对"滨水空间产城融合"这一领域的直接研究成果，因此，我们可以尝试从"城水关系""滨水空间""产城融合"三方面分别探讨国内外研究进展，以期对这一领域有较为深入的了解和把握。

2.2.1　城水关系相关文献综述

（1）国外城水关系相关研究

20世纪初期，由于发达国家的快速城镇化，以城市水系为代表的自然生态环境遭到了严重的破坏。随着生态理念的兴起，探讨水环境系统与城市建设环境的协调发展已经成为国外学者的重要研究方向，奠定了景观生态学、河流景观生态学、城市水文学等相关理论基础，同时不同国家围绕城市水资源集约利用、水安全防控、水污染控制等目标形成了相应的水管理理念。

景观生态学（Landscape Ecology）的概念最早由德国学者 Carl Troll 于1939年提出，是以大尺度区域内不同生态系统组成的景观整体为研究对象，并分析了景观整体的空间结构以及各要素关联性与变化特征的一门学科。Forman 等在《景观生态学》中进一步提出将景观生态学认定为研究景观结构、功能与变迁的学科。书中提及城市水环境系统与城市建设环境具备十分密切的联系，同时分析了"廊道－斑块－基质"结构的景观格局构成，以便于构建城市水系空间中的自然水文格局，并直接影响到城市水环境的生态系统功能。

随着景观生态学研究的深入，学科交叉融合现象越来越明显，出现了较多景观生态学学科分支，其中，河流景观生态学（Riverscape ecology）是伴随河流景观（Riverscape）的概念提出，并由河流生态学与景观生态学等理论内容延伸而来的研究领域。河流景观生态学将河流作为完整景观单元，研究河流景观的空间分布特征与结构以及斑块的大小规模等内容。Allan 则将河流景观生态学的理论应用在流域单元，分析流域中城市土地利用变化驱动下的河流景观演变特征，以及河流景观对人类活动的干预。研究结果表明，流域土地利用会对河流生态环境以及物种多样性产生强烈影响，同时水利水电开发、农业开垦活动、城市化建设等环节会对河流景观产生多维度影响。

城市水文学（Urban Hydrology）的概念最早由英国水文学家 Hall 于1984年提出，是研究城市化地区水文过程与水环境效应的一门综合性学科。城市水文学理论的出现背景是西方发达国家出现了严重的城市水问题，这些问题难以单纯依靠城市规划理论或者水文学理论来解决，需要结合城市空间来扩展传统水文学领域的研究范畴。其研究内容涉及城市化的水文效应，以及城市土地利用变化驱动下的水文过程影响所伴随的水环境系统变化与相关的水生态效应等方面。

20世纪90年代，以美国为代表的众多发达国家的大城市都面临洪涝灾害频发、水环境污染严重以及水生态恶化等城市水问题，同时水资源禀赋不足的国家如新加坡与以色列等还面临着严重的缺水困境。在该背景下，众多国家围绕城市建设与水管理形成一系列理论体系，包括最佳管理措施（Best Management Practices, BMPs）、低影响开发（Low Impact Development, LID）、绿色基础设施（Green Infrastructure, GI）、可持续排水系统（Sustainable Urban Drainages System, SUDS）、水敏感城市设计（Water Sensitive Urban Design, WSUD）和低影响城市设计与开发（Low Impact Urban Design and Development, LIUDD）

等一系列理论。

（2）国内城水关系相关研究

国内针对城水关系的研究可以按照研究对象所处时期划分为古代城水关系研究与现代城水关系研究，其中古代城水关系研究集中探讨了不同城市与水系空间之间的形态演变规律，而现代城水关系研究则结合其他学科，进一步扩展了城水关系的研究范畴。

1）古代城水关系研究

国内学者普遍认为，城市发展与水系空间存在紧密联系，表现为水系空间对于城市选址和经济发展起到重要作用，呈现出城市依水系空间沿线发展的城水相依态势。董鉴泓总结了中国古代不同时期的城市空间形态特点与发展原因，提出城市选址布局与水系河流存在空间联系。蔡蕃全面回顾了历史上北京的漕运和城市供水排水方式的变化，研究了运河对城市社会经济发展的促进作用，同时从水利工程技术的角度分析了运河管理与河渠建筑的结构形式，针对北京城市水利设施建设提出了建设性建议。吴庆洲系统全面研究了古代中国城市选址与江河水系的关系，以及城市水系的规划和建设，并按水体的组成形态将城市水系划分为河渠为主型、湖泊为主型与河湖结合型，同时归纳了城市水系具备的供水、交通运输、灌溉养殖、军事防御以及雨洪调蓄等功能。杨柳基于传统水文化中的得水观念，分析了中国古代城市营建中的亲水特征与空间形态方面的得水格局，并从风水角度归纳了城市治水防洪的特点。曾忠忠等基于气候适应性的视角来分析了古代城市空间发展的演变特征，以及与城市水系空间的关联性规律，并进一步探讨了气候适应性下的城市设计方法。

2）现代城水关系研究

针对现代城水关系的研究，国内学者逐渐将关注点从城市水系的资源价值转移到水生态、水文化、水景观、水安全和城市空间形态等层面。

在城市水生态层面，随着我国城水关系恶化带来的水环境问题逐渐呈现出流域尺度特性，针对流域层面的城市水生态研究引起了国内学者的关注。马世骏等在1984年提出的城市作为社会—经济—自然复合生态系统的概念，于1991年被饶正富引入流域层面，形成具有社会—经济—自然复合特征的流域生态系统概念，并进一步形成流域生态学（Watershed Ecology）的学科理论。流域生态学运用生态学相关的理论与方法，对整个流域单元进行系统性分析，研究内容包含流域内的土地利用开发建设、环境保护修复等。

在城市水安全方面，海绵城市是国内针对城市洪涝灾害、水资源短缺和水质污染等城市水问题所提出的理论，是指城市能够像海绵一样，在适应气候环境变化和应对自然灾害等方面具有良好的"弹性"，其本质是改变传统城市建设理念，实现与资源环境的协调发展。海绵城市不仅仅关注低影响开发等先进的生态雨洪管理技术，更强调在不同尺度层面解决城市水环境问题，以及伴随的相关生态问题，并以实现城市建设环境与水环境系统的协调发展为最终目标。

在城市水景观方面，由于滨水空间具有的较高景观价值和较强的公共空间属性，围绕滨水空间的景观规划设计成为国内学者研究的热点。郭红雨认为，滨水区具备较高的生态价值、实用功能价值与景观价值，同时塑造城市滨水景观是城市设计的重点，也是解决城水关系问题的重要内容。唐剑基于现代景观学的内容，系统性地提出了环境优化、立体设计、文脉恢复以及技术更新等若干现代城市滨水景观设计原则。

在城市空间形态演变层面，国内学者集中对地方水文地理环境因素的影响进行研究。农英志基于滨水城市的聚落发展、场所形成和空间形态等视角分析了城水关系，并探讨了城市水系空间的作用及相关的规划设计内容，提出缺乏对水的认同感是当代城市水空间缺乏魅力的主要原因，改善城市水空间需要发挥水系空间的纽带作用。段进等基于形态类型与城市空间发展理论等相关研究，提出了"空间基因"的概念，并通过识别不同地域环境的序结构、地形关系、街道网络与水系、尺度和功能序列等特征因子，建立了相应地区的城水关系基因。

2.2.2 滨水空间相关文献综述

（1）国外研究概况

滨水空间是较为特殊且重要的一种城市空间类型，作为城市与自然水体的过渡空间，滨水空间承担着调节城市气候、丰富城市生活、优化人居环境、维护生态稳定等多种重要的功能，在"可持续发展""人与自然和谐相处"等理念普及的今天，滨水空间所体现的价值日益显著。

国外发达国家有关滨水空间的理论与实践研究起步较早，在 19 世纪中期便出现了现代滨水区的规划设计。20 世纪中叶以来，随着工业时代的结束以及自然环境不断恶化，人类社会开始注重环境保护和生态治理，同时陆地交通系统的成熟完善使得大量城市滨水运输、工业用地逐渐荒废，具有独特的自然条件、优越地理位置以及极大潜在价值的滨水区开发成为城市规划设计的热点，并逐渐在世界范围内形成热潮，滨水空间的理论研究和实践项目由此开始发展，并成为城市规划、城市设计学科的重要组成部分，如今已经达到一定的水平，在滨水区不同研究层面都积累了较为丰富的成果。

国外研究滨水空间比较深入、具有代表性的著作有：1988 年，英国南安普顿大学的 Hoyle 编辑的《滨水区更新：港区再开发的国际角度》收录了不同专业学者的文章以及包括中国香港、加拿大多伦多、英国曼城等多个国家滨水城市的案例解析，总结了滨水空间建设中的问题与矛盾；1993 年，威尼斯的全球水上城市中心编写的 *Waterfront: A New Frontier for Cities on Water*，收集了各城市不同的滨水空间许多开发项目的负责人的文章；1996 年，滨水区研究中心编写的 *The New Waterfront: A Worldwide Urban Success Story*，收录了39 个项目案例，详细地介绍了每个项目的理念、建设过程等，具有重要的参考价值。

（2）国内研究概况

我国关于滨水空间的理论研究开始于 20 世纪 90 年代初，随着时间的推移，研究范围逐渐扩大，取得了许多成果。从"城市双修"的视角看，基于滨水空间的城市价值和生态意义，国内滨水空间的研究可分为城市公共空间和生态景观空间两个层面。

1）城市公共空间

2007 年，浙江大学的范殷雷对杭州西湖的三个重要的滨水街区进行了充分的调查研究，分析总结出各个滨水空间的营造模式和手法，为滨水空间的街区改造提供了参考依据；同年，同济大学的游小文通过对滨水休闲空间的研究，提出了该空间的规划目标和原则，并从规划、建筑、景观、休闲场所四个方面提出了设计的途径，最后通过对实践案例的分析证明了其可行性；2013 年，西安建筑科技大学的李小同和杜怡分别对渭河关中段的滨水游憩空间和居住空间形态进行了调查研究，对跨渭河城市的滨水区域的生活空间发展起到了一定的指导作用；2018 年，徐本营通过对上海、广州滨水公共空间建设的研究，提出要注重特色、整体、协调的统一和功能、文化、景观的统一，为大尺度滨水公共空间建设提供了参考价值；2021 年，华南理工大学的庄少庞等人基于国内滨水空间的工业遗存更新改造的研究，以鳞鱼洲滨水空间更新为例，提出了"疏、补、活、变"的策略，重新激发了滨水空间的活力，再一次融入城市生活之中。

2）生态景观空间

2007 年，周建东、黄永高分析总结了滨水空间绿地建设的现存问题，引入生态规划设计的理念，提出了相应的设计原则，并从建筑小品、驳岸、植物、道路四个方面提出了详细的设计方法；2009 年，湖南大学的彭义通过运用多学科、多专业的知识，对滨水空间的景观系统进行剖析，总结了景观的设计评价原则，并提出了设计方式来达到生态、社会、经济的目标，并以长沙的滨水区为研究对象对理论进行验证；2013 年，西安建筑科技大学的郭榕通过对城市建设与河流生态、西安城市与渭河生态景观格局的研究，提出了以生态建设为核心的渭河生态景观带规划设计原则和策略，对西安渭河的生态治理和建设发挥了重要的指导作用；2020 年，同济大学的李文竹、梅梦月以绿道生态修复为理论基础，对锦江河滨水空间现存城市问题、生态问题进行分析，提出了修复水生态、改善微气候、构建步行廊道、种植生态景观等多种设计策略，在城市滨水空间生态修复工作方面具有一定的借鉴和参考价值。

2.2.3 产城融合相关文献综述

（1）国外研究进展

国外学者并未系统地围绕"产城融合"概念进行确切论述，但从对国外城市化和产业化领域的相关研究中，可以总结出相关代表性观点，主要包括城市化与工业化相互作用理论、田园城市理论、自组织理论等。Hollis Chenery（1975）对城市化与工业化水平的相关性进行了分析，认为随着社会经济发展水平的提升，工业化发展将会推动产业结构的转变，进而带动和提高城市化程度。Ebenezer Howard（1902）提出的"田园城市理论"，在城市规划中寻求城乡融合与产城融合协调发展，被视为现代城市规划的开端。随后出现的提倡城市集中、增加绿地面积、优化交通情况的"现代城市主义"，中心城市产业发展带动周边城市发展的"卫星城理论"，倡导土地与空间混合合理运用的"新城市主义"等，都在一定程度上涉及城市与产业融合发展的问题。Nolfi Stefano（2005）认为，自组织理论是系统由一种无序状态向有序状态，或由低级有序向高级有序状态演进的过程，用自组织理论来探析产城融合的发展过程，将产城融合看作是一个动态系统，由城市、产业和人口环境要素组成，认为产城融合既是一个有序状态的实现过程，也是各要素协同作用的结果，还是产城环境高度开放融合的过程。Paul Krugman（1991）认为，城市的规划建设对产业规模收益有正向促进作用，产业的集聚效益也能够促进城市经济与建设的深化发展，改变城市地理空间规划与态势，进而推进城市建设与发展。Michaels（2012）基于美国乡村与城市数据分析认为，产业结构从农业向工业转型是促进城镇化发展的主要影响因素。Goolsbee Austan（1987）认为，新城镇在发展过程中应尽量避免产业结构单一、产业发展不均衡的现象，产业多元化是新城镇可持续发展的有力支撑与动力引擎。这些代表性观点是"产城融合"概念形成的重要基础，成为构建产城融合评价体系的重要参考依据。

（2）国内研究进展

张道刚在国内首次提出"产城融合"概念，认为城市与产业应当平衡发展，双向融合。随着各类产城分离与产城失衡现象的出现，国内学者围绕产城融合的现实需求，进行了大量理论探讨与实践研究，主要包括以下几个方面。

1）产城融合问题机理与实现路径

罗守贵认为，"产城融合"是中国快速城市化进程中因产业发展与城市空间扩张脱节，在产生了大量所谓鬼城的背景下提出的，建议在城市规划中，先进行产业规划，再进行空间规划，严格限制没有产业支撑的城市扩张冲动，对产业发展良好的小城镇，应解决城市身份，在全国建成一批生机勃勃、各具特色的小城市。冉净斐认为，在中国城市新区建设中，产业发展与城市发展不能有机融合的现象非常突出，造成社会资源的极大浪费、社会服务的基础薄弱和城市主体功能不强、职住分离严重、进入行业难以达到预期等问题，提出工业园区转型、卧城转型、平地造城等产城融合的成功模式。许爱萍认为，新城的发展会经历"产城绝对分离""产城相对分离""产城无序融合""产城有序融合"四个阶段，应采取夯实产业基础、提高土地效率、补齐社会短板、提高承载力等措施。黄建中立足产业联系与空间关联，基于价值链空间形态视角，提出以产业一体化来带动产城空间一体化的新思路。谢呈阳将"产城融合"理解为"产""人""城"三者的融合，以"人"为连接点，通过产品及要素市场的价格调节和因果循环机制，实现"产""城"协同互促，围绕"人"的需求，重视服务业匹配，适度超前推进城市功能建设。

翟战平对高质量发展阶段的产城融合模式进行了探析，提出深度城市化、产业中心化是产城高质量融合的基本要求，认为产城融合将从"产—城—人"的功能导向阶段向"人—产—城"的人本导向阶段过渡，产业园区载体也将从开发区、高新区、海关监管区、经济特区"老四区"分别转向国家级新区、国家自主创新区、自由贸易区和综合配套改革区"新四区"。王春萌以康巴什新区"产城融合"为案例，认为"产城融合"需要产业与城市功能融合，与城市空间整合，需要采取"吸收国内外经验、因地制宜发展产业、采取优惠措施吸引人才、完善基础设施、鼓励社会力量参与"等策略。欧阳东深入分析了"产城分离"现象背后的矛盾根源，将产城融合历程划分为"产城分离、各自为政、边缘融合、产城融合"四个阶段，并提出转型期产城融合规划需要遵循"定位契合、功能复合、空间缝合、产业聚合、规划协和、结构耦合、人文融合、设施调和、用地混合"九大原则。何立春分析了产城融合的动力机制，提出增加就业人口、构建产业生态体系和智慧产业、优化产业空间、均衡产城发展、促进城镇土地集约利用等促进产城融合的实现路径。王丹认为，空间关联是产城融合问题研究的理论和现实基础，核心要义在于通过时空压缩，降低通勤成本，促进城市中各类生产要素聚合，为产业转型和人居环境提升提供支撑，并以扬州市居住—工业空间关联为研究对象，基于近百年历史地图等数据，采用热点分析法、蜂巢网格法对居住—工业空间关联强度进行测算，对微观空间关联形态进行分析，揭示两者中长期、微观尺度的关联模式及一般机理。

2）产城融合测度与评价研究

邹德玲以中国 31 个省级单位为研究对象，选取衡量产城融合发展水平的 15 个指标，运用熵值法、耦合协调度以及 GIS 可视化等手段对 2000—2015 年产城融合的时空分异格局进行了分析，并基于面板数据和产城协调类型分类数据对产城融合协调发展的影响指标进行了探究。丛海彬运用耦合协调度模型，对中国 285 个地级市产城融合的发展指数、融合度进行了测度分析。黄敦平采用涵盖城市发展水平、产业高端化水平和城镇化质量水平三个方面的 12 个指标，构建了产城融合测度指标体系，基于因子分析方法综合评价安徽 16 个地市的产城融合发展水平。陈好凡利用地理信息系统技术提取北京经济技术开发区产城空间的空间属性信息，从空间形态学的角度引入空间综合扩展系数、形态紧凑度、空间聚合度和分形维数等指标，对开发区的产城空间扩展格局和分布形态进行了定性和定量化分析，并揭示了影响北京经济技术开发区产城空间结构的主要因素。魏倩男以河南省产业集聚区布局较丰富、发展迅速的郑州市、开封市、许昌市、洛阳市、新乡市五市为研究对象，选取 14 个衡量产城融合水平的代表性指标，计算 2008—2016 年产业集聚区产业化与城市化的综合指数及产城融合协调发展度。冷炳荣集成手机信令数据、公共开放数据、居民出行调查、交通运行数据、岗位抽样调查、用地遥感解译、统计数据等多源数据，将大数据相关分析与小数据因果分析方法有机整合，构建总量职住比、实际职住比、独立指数、潮汐比和产城用地比等系列指标，对重庆市产城融合水平进行综合分析，评判职住关系与产城关系的合理性、匹配性及变化趋势。Lin Su 从产业收益、经济产出、产业结构、绿色设施、信息水平、第三产业方面选取了 18 个指标构建新型工业化评价体系,从人口规模、城市建设、人口结构、生活标准、居民生活、环境状况方面选取了 21 个指标,利用改进的数据包络分析(DEA)方法确定指标权重与耦合协调度模型,对中国上海、北京、成都、武汉四个样本城市的产城融合能力进行测度研究,认为产城融合不足是城市化的主要障碍,对于不同城市,影响产城融合的因素不尽相同。Lu Gan 基于城市—人口—产业(UPI)系统,借助灰色关联分析(GRA)、相似理想解排序偏好技术(TOPSIS)、模糊偏好关系(HFPR)、熵值法(EM)、粒子群优化反向传播人工神经网络(PSOBPANN)等方法,基于耦合协调度评价产城融合水平,对四川省 18 个城市 2000—2016 年面板数据进行实证分析,认为大部分城市的城市化水平处于较低的协调水平,产业子系统发展水平低、发展速度慢是制约产城融合发展的关键因素。Deling Zou 利用熵值法、探索性数据分析(ESDA)和地理加权回归模型(GWR),分析了 2003—2014 年中国 285 个地级市产城融合发展水平的空间格局演变,发现 2003 年、2008 年和 2014 年的协调度和耦合度表现出明显的上升趋势,城市化水平、信息化水平和城市规模是影响产城融合的主要因素,而且在不同地区表现出明显的差异。张锋运用系统动力学模型对杭州经济技术开发区 2005—2014 年的发展数据进行了仿真模拟,认为产城融合发展指数以及与之相关的产业发展指数、城市发展指数、生态文明指数均有所提高。

3)产城融合影响因素研究

刘欣英建立了"影响因素—模型假设—目标函数—机制原理"的研究范式,认为产业生产要素、经济实力、城市化水平、发展环境四个维度的若干因素共同影响产城融合。张巍基于 ISM 和 MICMAC 分析方法,构建了多级递阶的影响因素关系模型,发现新城产城融合发展中,制度环境是最根本因素,城市公共服务、生态环境是最直接因素。杨娇敏利用 DEMATEL 方法,从生产要素、经济实力、发展环境、城市化水平四个维度剖析制约我国新城产城融合发展的因素,发现制度环境具有核心驱动作用,产城融合的关键因素包括产业结构、经济规模效率、科技创新。舒鑫基于产城融合的视角,探讨了金融对新型城镇化的支持,认为金融部门改革创新应当着力促进产业与城市紧密对接,推动新型城镇化建设。何继新通过研究发现了公共服务配置滞后、结构匹配失衡、空间格局错位成为产业化与城市化有机融合的巨大阻力,只有强调城市发展空间区位公共服务资源要素匹配,关注产城融合区功能差异化,重视产城融合的发展时序,才能重塑产城融合过程中公共服务的有效配置,加快产城融合的步伐。刘焕蕊基于生产函数模型并引入希克斯效率项,对互联网促进产城融合发展的经济作用、关联机理、实践内容和实现路径进行了探究,发现互联网金融支持产城融合发展是一个动态演化的复杂有机系统,归属于空间逻辑,应统筹实体经济和虚拟经济以实现共同驱动,加快要素流动,实现两者之间的最佳耦合。张晓伟以杭州大江东新城为例,从地域来源、职业构成、年龄层次三个视角揭示了不同社会群体对公共服务设施的差异化需求,认为应提供均等化和差异化并存的公共服务设施。左学金讨论了我国土地制度尤其是土地利用制度存在的问题，建议将产出率较低的农村零星建设向城镇中心集聚，简化土地的分类管理，推广综合用地，推动园区改造和城市化。徐海峰认为，流通业和旅游业作为现代服务业的主导产业，具有较强的集聚功能和就业吸纳能力，通过建立 PVAR 模型、格兰杰因果检验、脉冲响应分析、方差分解分析与耦合协调评价模型，认为与工业化相比，现代服务业在城市发展中后期对产城融合具有更显著的促进作用。陈学峰发现跨座式单轨交通能够提高交通效率，利于低碳出行，对中等规模城市产城融合发展具有推进作用。梁学成以西安曲江新区为例，运用问卷调查、线性回归分析和结构方程模型，发现文化产业园区和城市建设之间存在正向促进关系，道路建设、交通网络、城市基建资金、文化教育资金和城市安全保障对产城融合具有较高的影响力。唐健认为，产城融合有利于实现城市土地节约集约利用和增加就业人口，有利于促进城市转型升级和城市一体化建设。

4）产城融合的外部效应研究

万伦来基于经济转型升级中介传导作用的视角，探究了经济转型升级在产城融合降低碳排放过程中的中介效应发生机理，运用我国 30 个省区 2003—2017 年的经验数据开展实证分析，发现我国产城融合对碳排放的影响作用呈倒 U 形特征，经济转型升级在产城融合对碳排放影响作用中存在正向调节的中介效应，其中，产业结构高级化、科技进步均具有明显的碳减排效应。黄小勇通过选取 2008—2017 年我国 37 个大中城市面板数据，运用固定效应模型实证检验了产城融合对城市绿色创新效率的影响效果。他通过研究发现，城市产城融合水平会对城市绿色创新效率产生显著的正向作用，城市产城融合水平的提高显著推动了城市绿色创新效率的提升，而且与非一线城市相比较，产城融合水平对一线城市绿色创新效率的影响更加显著。从海滨证实产城融合具有门槛效应，即在产城融合水平达到一定的阈值时，偏向产业的土地政策才能提升本地的产业集聚效率，而旨在优化区位条件的"先城后产"路径相较于"先产后城"路径，更有利于城镇居民福祉的提升。林章悦基于新常态背景，探究了金融支持产城融合的时空内涵与动力机制，发现产城融合为金融创新提供了较好的生态环境，能够防止金融资源脱离实体经济空转。邹小勤基于面板向量自回归模型和重庆三峡库区 2003—2012 年数据样本，发现工业化与城镇化具有良性互动效应机制，融合发展效应显著，但服务业与城镇化无显著的融合发展效应，西部欠发达地区应鼓励并支持现代农业、工业和城镇协同发展。

（3）研究进展评述

总体来看，"产城融合"是在快速城镇化进程中，针对产、城之间发展失衡、空间分离、功能脱节等问题，逐步反思形成的发展理念。"以人为本"作为产城融合的核心理念，已成为国内外学者的共识。国外研究更多地侧重城市与自然环境关系、城市空间结构与产业—城市系统动力机制等理论层面，对产城融合的问题诊断、测度评价、优化路径等研究提供了理论指导；国内研究方面，中国在工业化、城市化发展领域取得了令人瞩目的成就。基于改革开放以来快速城市化的宝贵实践经验，我国在产城融合实证研究在从国家、省域、市域到园区等不同尺度空间积累了丰硕成果，并且已有基于大数据和人本尺度的研究转向趋势。随着"十四五"规划、国土空间规划、"一带一路"倡议、新一轮西部大开发、美丽中国建设、黄河流域生态保护与高质量发展等国家重大战略和规划的实施，"产城融合"作为新型城镇化在新发展阶段的核心目标之一，需要更多视角的理论探讨和更多区域的实证研究。

流域作为相对独立完整、自成体系的"自然—经济—社会"复合跨政区空间单元，是实现生态保护与高质量发展耦合协同的适宜尺度，是推进"山水林田湖草"生命共同体建设和"绿水青山就是金山银山"生态文明理念落地生根的理想载体，是中心城市和城市群产城融合的自然支撑。然而现有产城融合的研究中，有关流域的成果较为罕见，对于不同城市、城市群的产城融合路径探索较少。本研究聚焦杭州与丽水"城水关系"的流域生态保护和高质量发展的战略需求，将资源环境约束性元素融入产城融合指标，基于"生产空间集约高效，生活空间宜居适度，生态空间和谐美丽"的价值导向，总结梳理了产城融合的驱动机制，因地制宜、因时制宜、分类指导，力求为制定"以城促产，以产兴城，产城融合"决策提供参考。

2.3 滨水空间产城融合发展中的城水关系

2.3.1 产城融合类型

产城融合的类型即如何实现产城一体化发展。关于产城融合的类型，学者从不同的研究角度进行了不同的探讨。周海波根据当前国内新区建设的实践，把新区产城融合归结为三种类型：一是新区城市功能与产业规划同步建设实施，成为独立的城市新区；二是新区产业的选择与规划布局符合城市发展的定位，并代表国内未来一段时间内的优势竞争行业；三是城市新老城区的有机融合，需要通过新区的建设疏解老城区产业、交通等方面的压力，又展现新时代的发展魅力特质，完成老城区的城市有机转型。

赵蒙从新的角度，根据产业与配套设施体系建设位序关系，将产城融合的模式划分为三类：①产业主导型；②配套设施先行型；③产业与配套设施共进型。

产业主导型指在建设之前已有一定的产业基础，并在原有产业基础之上完善配套设施，再植入新的功能，从而实现产城融合，这种模式多以工业区为主。在工业区中多以制造业为主，产业类型比较单一、结构不稳定，其后向关联效应差，很难吸引高端产业，因此在实现产业融合过程中需要植入新型产业或将已有的产业基础进行升级。

配套设施先行型是指在建设时先以各类基础设施进行完善，如商业、服务业以及生态环境等，再植入相关产业，实现产城融合。此类型初期建设类似于卧城，缺乏工作岗位，容易引发城市钟摆式交通、空城以及犯罪率上升等问题，且在城市经济增长方面的贡献也较薄弱。在后期慢慢植入产业过程中，城市活力逐渐提高，新区的功能实现多样性，进而实现新区的产城融合。

产业与配套设施共进型是产业主导型与配套设施先行型相结合的一种模式，指产业与配套设施齐头并进，共同促进、协同发展。其结合了前两种方式的优点，能够加速新城功能快速完善起来，形成人、经济以及环境和谐发展的综合新区。但是在前期建设时需要大量的资金投入，需要国家或政府大力支持。

所以，产城融合是产业规划与城市规划深度结合的产物，旨在通过资源和生产要素的自由流动与优化配置，以产业带动城镇化，以城镇化促进产业化，从而使城乡经济社会和相应的空间形态保持持续协调发展的动态过程。产业规划从产业链或产业网的角度考虑产业的发展目标与构成，而城市规划则更多地在空间上进行衔接，在人口与土地等方面给予配套支持。通过二者相互协调配合，实现"1+1>2"的效果（见图2-5）。

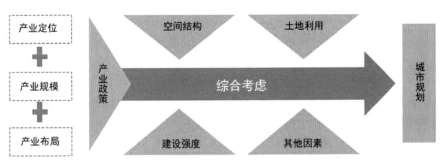

图2-5 产城融合作用机制解析图（吴海波，2018）

2.3.2 城水关系类型

城水关系的内涵体现在"城"与"水"要素分别具备的自然属性与社会属性。"城"的自然属性即城市组成的基本要素，包含地形地貌、下垫面、基础设施等，城市建设活动会对自然属性产生影响，改变地形地貌特征以及下垫面类型，同时，基础设施既是建设活动的主要产物，也是城市建设环境的功能支撑。"城"的社会属性即城市蕴含的各类生产生活活动，既包括用地、产业、人口等城镇化进程要素，同时也包括城市建设所期望的宜居高品质理想状态。前者反映了城镇化进程前半阶段的经济社会表征，后者则反映了对城镇化进程后半阶段的空间状态诉求。

"水"的自然属性要素体现为水环境系统同时具备资源属性和风险属性，包含水生态功能、水安全功能和水资源功能，城市生产生活活动在离不开水资源与水生态的服务供给的同时，也面临水灾害的风险。"水"的社会属性体现为水体本身引发的客体感知，既包括自然水体带来的水景观、水文化要素，如滨水休闲生活与文化民俗活动等，也包括水资源在人类社会中循环所产生的水经济功能，如滨水地区的高土地价值。城水关系的特征体现在"城"与"水"要素具有相互驱动与约束作用的关联性。"城"作为城水关系中具有积极主动性的干预主体，城市建设环境一方面通过社会经济活动影响水环境系统，影响其空间结构与承载功能；另一方面又不断调整自身的干预行为，以适应水环境系统的自然规律。"水"作为城水关系中提供自然生态功能的承载主体，会制约城市环境建设的规模与强度。"城"对"水"表现为人工干预过程，"水"对"城"表现为反馈约束过程，二者呈相互干预与反馈的关联状态（见图2-6）。

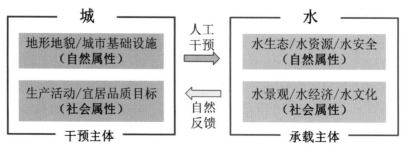

图2-6 城水关系内涵与特征

综上，本书结合"城—水—人"一体化，根据水的种类，将"城水关系"分为三大类型，即城江关系、城河关系、城湖关系，它们体现在以下六个层面。

（1）空间层面，由地表水构成的流动交换单元，也称流域，包括大流域（国家区域）、中流域（省市区域）、小流域（县市片区）、微流域（功能片区、社区）。流域按河流发源地到出口（河、湖、海），分为上、中、下游。由于所处的流域区位尺度等级不同，城水关系的物质交互作用强度也不同。

（2）生物层面，指在一般物质的交换、循环过程中，以水为生活繁殖载体的所有生物（微生物、植物、动物），具有的特定的生态系统及其稳定性。在城市环境干预影响下，其系统敏感性提升，稳定性阈值降低，故层面的系统稳定性又与水质指标密切相关。

（3）水循环（生产、生活用水供给以及废水排放）层面，指水体为城镇生产生活提供必需的水源、排放源。城市水需求量与排放量，在城—水互动关系里，也有阈值，即城市（乡村）需要在满足水环境作用基本过程的水量的前提下，优先取水，合法合规排水。这个关系也包括在流域层面、上下游关系层面。

（4）能源供需层面，由于上下游地势高程上的差别，河流在地理层面的运动具有巨大势能的蕴藏量，河流可以为流域内城市提供势能转换的电能。这里的水电设施建设也需要综合平衡水系统生态稳定与能源蕴藏量之间的关系。

（5）文化层面，河流湖泊系统为流经城镇提供了人类生活繁衍、通商交流、交通休闲与居住环境的载体，在历史演进中孕育了独特的本地文化，人类也采用了多彩的文化形式来纪念河流，进而构建了"城—水—人"一体化的文化景观系统。

（6）城水关系还体现在建成环境中，具有水—碳—能的循环流动与平衡关系，人类依托水体建设城镇的过程，是构建人工化的水—碳—能的循环关系的系统过程，也是与人—自然关系系统相互作用的过程。

第 3 章

杭州的水环境与水生态文明建设

水是生命之源、生产之要、生态之基。城市滨水空间，是水量充沛、水质清澈、水流通畅、水景丰富的人类生活地。杭州开展水生态文明建设，是贯彻落实党的十八大关于加强生态文明建设重大决策的战略行动，是改善杭州市水环境的重要举措，是提升城市品质的具体实践，是优化城市人居环境的基本体现，具有重要的战略意义、实践作用和现实价值。

3.1 杭州水环境

3.1.1 水资源

"凡立国都，非于大山之下，必于广川之上。"杭州依水而建，因水而兴，自古便被称为江南水乡。水是杭州的灵魂。杭州的水是千变万化的，既有大气磅礴的大江大河，也有烟波浩渺的湖泽，更不乏潺潺流淌的泉池，这些大江、河流、湖泊等构成了杭州的水系（见图3-1～图3-4）。

图 3-1　钱塘江（杭州段）

图 3-2 大运河（杭州段）

图 3-3 杭州西湖

图 3-4 杭州西溪湿地

　　杭州的地势大体由西南向东北倾斜，东部平原地区河流纵横交错，大小湖泊分布其间，水系十分发达。在这一地区共有大小河道 1100 多条，长度合计 3500km，各种湖泊水荡总面积达 16 万亩，是典型的江南水乡。西部山区丘陵地带，新安江、富春江、苕溪和其他诸多江河、溪流穿行于山谷、盆地之间，跌宕起伏，水量丰富。2 万多座大小水库、山塘星罗棋布在群山之中，总库容达 230 亿 m³，到处是一派山清水秀的景象。

　　杭州的河流、湖泊分为两大水系：一为钱塘江水系，二为太湖水系。新安江、富春江、钱塘江以及它们的支流都属于钱塘江水系，这些河流的水都汇集到杭州湾口奔流入海而去；而大运河、苕溪、上塘河则属于太湖水系，这些河流及其支流的水都汇集到太湖入长江。从地域上分，淳安、建德、桐庐各县（市）以及萧山、富阳两区的河流、湖泊都属于钱塘江水系。余杭区的河流、湖泊属于太湖水系。临安区地域范围的河流、湖泊既有钱塘江水系，也有太湖水系，其西部的昌化、於潜地区的水分别通过昌化江、天目溪汇入分水江，然后流入富春江，属钱塘江水系；而东部地区的溪流则大部分通过南苕溪、中苕溪汇入东苕溪，然后进入太湖；只有南部少数地区的溪流是通过富阳松溪、渌渚江流入富春江。在杭州老城区周围，除龙坞、上泗片以及梅家坞、九溪一些河流汇入钱塘江外，其他地区的河流、湖泊主要通过运河、上塘河汇入太湖。杭州的两大水系虽然走向不一，但相融贯通，早在五代时期的吴越国，钱塘江水在市区江干通过水门控制，经茅山河、中河流入运河。20 世纪 80 年代，市政府实施了钱塘江、运河沟通工程，钱塘江水在三堡船闸闸门开启后直接进入运河。为了提高西湖水质，政府又在市区玉皇山下开凿隧道、设置泵房，把清澈的钱塘江水送入西湖。因此，钱塘江、运河、西湖这三水已经在市区相通。

3.1.2 水文化

在人与自然相互作用的漫长历史中，除了积累了丰富的物质财富外，也积累了丰富多样的精神财富。在崇尚自然理念的影响下，杭州形成了众多与山水自然息息相关的文化内涵，而水文化作为其中重要的组成部分，更是自古以来中国传统文化观的体现。

杭州自古便以其独特的山水格局而闻名，城市的发展也多得益于自身丰富的水系，杭州的盛名是与其深厚的水文化底蕴密不可分的。本节将从哲学思想、文学作品、诗画艺术以及民风习俗四个角度，分析杭州独特的水文化。

（1）哲学思想中的水文化

1）易学

《易传》是我国古代哲学的经典文献。这一著作中，最早明确提出阴阳二气产生宇宙万物，即认为万物的产生和变化是阴阳合气作用的结果，显示出朴素辩证法的萌芽。为了揭示世界的本质和构成，《易传》又以八卦——乾、坤、震、艮、离、坎、兑、巽，分别代表天、地、雷、山、火、水、泽、风八种物质（见图 3-5）。八卦是一阴一阳、两鱼相抱的图像，周围分布着长短有序、组合奇妙的线条，构成了八个方位，蕴含着水波四散的意象。八卦体现着四个方面的对立统一，即在阴阳二气的作用下，天地相合。可见，《易传》已明确意识到，包括水在内的八种元素的交感摩荡，产生了世间万物。在这八种元素中，水占其一，而且泽与水相通，可视为水的一类。与此同时，《易传》中还提到"润万物者莫润乎水"，可见水的重要性。

图 3-5 八卦图

水、火、木、金、土五行观念的产生，进一步揭示了世界的本原和构成。这种原始的五行学说，旨在用五种不同的物质即水、火、木、金、土来概括世间万物的本原，认为水、火、木、金、土五材，是产生世间万物的物质来源和基础，这种以哲学命题的形式来寻求物质世界多样性统一的观念，具有明显的朴素唯物论的思想（见图3-6）。

图3-6　五行图

史伯之后，《管子》的作者不仅继承了《尚书·洪范》把水列为五行之首的排列法，而且还直接把水作为万物的本原。在管子看来，自然界万物不仅统一于水，而且为水所生，同时生长发育也离不开水。不仅自然界万物的生长离不开水，而且万物之灵的人类也为水所创生，这堪称中国古代哲学中最明确的水生万物论。此外，"天一以生水"的观念，也是把水作为"五行"之首来看待。尽管这种观点具有明显的局限性，但从中可以看到，古人对水在产生宇宙万物中重要作用的推崇。

2）道家思想

道家学派创始人老子在《道德经》中强调："上善若水，水善利万物而不争，处众人之所恶，故几于道也。"他把世界的本原"道"，用水来形象地加以阐明。其丰富的内涵层次，可以多层面地去理解、认识。

老庄的神秘主义和养生思想所形成的得道成仙思想为道教的核心信仰，追求一种超越生死和时空的绝对自由。他们构想的仙境，如方丈、蓬莱、瀛洲三大仙山，其本质是现实中名山胜水的幻想式升华。道教徒为得道升仙，需要潜心修行，而这一活动离不开清幽的山水胜地。为了炼制服用后可以长生不老的灵药，他们云游天下名山，遍求仙草，炼制灵丹；为了羽化登仙，他们要禁食五谷，到深山密林中吸风饮露；为了长命百岁，他们从动物冬眠的行为中得到启示，创造了以

"导引"为特征的呼吸之术（后来发展为"气功"）。修炼这类长生术，关键在于清静寡欲。因而，尘杂不染的山水环境，自然是他们的最佳选择。道教徒从日常生活到精神活动都是以大自然的山水为物质依托，离开了自然山水，他们所信奉的道义都将荡然无存。

3）儒家思想

自孔子创立儒家思想之初，水便构成了儒家文化传统中的一个不可或缺的思想因素。孔子在阐释自己的思想学说的过程中曾多次借助水的形象。众所周知，孔子关于水有一段影响深远的名言："知者乐水，仁者乐山。知者动，仁者静。知者乐，仁者寿。"（《论语·雍也》）山水是自然环境中天然形成的事物，然而孔子却能够从这种纯粹的自然物身上看到它们与人的智（知）和仁这些心智和道德属性之间的内在关联，这充分说明孔子对山水的思考和理解完全进入了一种至高的精神境界，不是纯粹的观赏或审美。

被儒家推为道德行为的最高标准的中庸思想，也源于孔子对水的认识。中庸出自水体中心线，并以此为符，即上为过，下为不及，要顺其自然，适应规律就应"无过无不及"，这就是从水流中思辨出的哲学精神。之后，"中庸"又成为儒家哲学之柱，即认识论和方法论的精髓。

据《孟子·告子上》记载："人性之善也，犹水之就下也。人无有不善，水无有不下。"孟子认为，人的本性是善良的，就好比水总是向下流一样，人的本性没有不善良的，水的本性也没有不向下流的。

据《荀子·宥坐》记载："孔子观于东流之水，子贡问于孔子曰：'君子之所以见大水必观焉者，是何？'孔子曰：'夫水，大遍与诸生而无为也，似德。其流也埤下，裾拘必循其理，似义。其洸洸乎不淈尽，似道。若有决行之，其应佚若声响，其赴百仞之谷不惧，似勇。主量必平，似法。盈不求概，似正。淖约微达，似察。以出以入，以就鲜洁，似善化。其万折也必东，似志。是故君子见大水必观焉。'"在这段话中，孔子通过水的各种形象和表现更为全面地理解和把握君子所应当具备的各种道德品质，即水具备"似德""似义""似道""似勇""似法""似正""似察""似善化"和"似志"这些品性。孔子认为，君子应如水，无论如何变化都遵循着规律，浩浩荡荡，奔流不息，勇往直前，无所畏惧，而又法纪严明，客观公正，明察秋毫，善于教化，百折不挠。

由此可见，在儒家先哲的眼中，水是极好品质的喻体和象征，认为人能从水中获得人生的启迪，开启人生的智慧。中华传统水文化中蕴含着丰富的哲学思想，这些宝贵思想对于今天的水事活动依然具有重要的指导意义。水是万物之源和国家兴盛的基础，治理水要统筹兼顾，这是传统水文化关于水的基本认识。择水而居、亲水娱乐、吟水歌水、以水为师，反映了传统水文化对人水和谐的价值追求。在治水过程中，古人形成了众志成城、人定胜天的抗争精神，追求道法自然、务实创新，取得了治水的巨大成功。杭州在2200多年的建城历史上一直是一个依水而居、与水共存的城市。杭州地势大体由西南向东北倾斜，东部平原地区河流纵横交错，大小湖泊分布其间，水系十分发达。今天，在这一地区共有大小河道

1100 多条，总长度约 3500km，其水域品类包括江、河、湖、海、溪，是一座名副其实的"五水并存"城市。自古以来，杭州城市发展就与"五水"有着不可分割的依存关系。

（2）文学作品中的水文化

1）《山海经》

《山海经》是中国先秦重要的古籍，也是一部富于神话传说的最古老的奇书，内容主要是民间传说中的地理知识及神话故事。而钱塘江的古称——浙江，便最早见名于此书。据《山海经》第十三"海内东经"记载："浙江出三天子都，在其东，在闽西北，入海，馀暨南。"此处的浙江便是今钱塘江的旧称，三天子都即今黄山山脉的古称，而馀暨是春秋时越国古邑名，治所在今萧山西部。这句话大意为：浙江从三天子都山发源，三天子都山在蛮地的东面，闽地的西北面，浙江最终注入大海，入海处在馀暨的南边。《山海经》比较完整地记载了钱塘江的起源与入海口。

2）《水经注》

《水经注》是古代中国地理名著，共四十卷，作者是北魏晚期的郦道元，书中详细记载了一千多条大小河流及有关的历史遗迹、人物掌故、神话传说等，是中国古代最全面、最系统的综合性地理著作。

在《水经注》卷四十中，作者用大量笔墨详细记载了钱塘江的信息，该篇以钱塘江从起源地直至入海处一路流经之地为线索，介绍了沿途的水系支流，叙述了众多历史典故与神话传说。"江以南至日南郡二十水，禹贡山水泽地所在，浙江水出三天子都……东北流至钱塘县……防海大塘在县东一里许，郡议曹华信家议立此塘，以防海水……塘以之成，故改名钱塘焉。县南江侧有明圣湖。父老传言，湖有金牛，古见之，神化不测，湖取名焉。县有武林山，武林水所出也……水流于两山之间，江川急濬，兼涛水画夜再来，来应时刻，常以月晦及望尤大，至二月、八月最高，峨峨二丈有余……秦始皇三十七年，将游会稽，至钱唐，临浙江，所不能渡，故道余杭之西津也。浙江北合诏息湖，湖本名阼湖，因秦始皇帝巡狩所憩，故有诏息之名也。浙江又东合临平湖。……县有萧山，潘水所出，东入海。又疑是浦阳江之别名也，自外无水以应之。浙江又东注于海。"该书中提到了钱塘江、西湖、武林水、阼湖、临平湖等众多与杭州水系相关的江、河、湖，虽然随着历史的发展部分水系或湖泊已消失，但大部分记载至今仍可考，因此此书也是记载古代钱塘江水系的重要资料，证明了杭州自古以来便拥有丰富的水资源与水文化。

（3）诗画艺术中的水文化

1）《富春山居图》

《富春山居图》是元代画家黄公望于 1350 年创作的纸本水墨画，以浙江富春江为背景（见图 3-7）。富春江是钱塘江自浙江桐庐至萧山闻堰一段的别称。

图 3-7　元·黄公望《富春山居图》

　　至正七年（1347 年）初秋，年已 79 岁高龄的黄公望偕好友无用禅师，离开松江，回归富春江畔的富春山居。他拄筇持杖，徜徉于富春山的青山绿水之间，闲暇时间，于山居南楼援笔，寄乐于画。富阳境内富春江两岸的乡土景观风貌，激发了黄公望的创作灵感，于是黄公望创作了千古名作《富春山居图》。

　　黄公望在领略此地的美景后，描绘出该地钟灵毓秀的自然山水风貌、村落人家以及闲适质朴的农耕生活，反映了人与自然和谐共生的智慧及"天人合一"的理念。

　　2）诗词歌赋

　　古往今来，文人墨客留下了许多赞美杭州风光的诗词歌赋，而在这些诗词歌赋中，西湖是他们最为偏爱的吟诵对象。

　　史书上有确切记载的最早的西湖诗客是在东晋乱世中随王室南迁的士人，如郭璞就曾以"天目山垂两乳长，龙飞凤舞到钱塘"来赞美西湖边的玉皇、凤凰山山势蜿蜒，有龙凤之姿、帝王之气。南朝时，山水诗鼻祖谢灵运常游赏于西湖山水间，他曾在钱塘江边写过一首《富春渚》，其中"宵济渔浦潭""定山缅云雾"等诗句最早实录了西湖周边山水间的云影夜色。隋朝由于开通京杭大运河，且居江海之会，作为东南都市的杭州得以迅速发展。因而以白居易为代表的文人们留下了许多描写杭州风光的名篇，中晚唐时期是西湖诗的发端期，除白居易外，姚合、元稹、刘长卿、张籍、李绅、贾岛、张祜等均到过西湖并留有西湖诗。到北宋时，西湖之名逐渐取代了钱塘湖，而以苏轼为代表的诗人们描写的杭州美景促使西湖闻名天下。南宋是西湖发展最为重要的时期，由于王朝建都杭州（时称临安），西湖的繁华达到了顶峰，当时，杨万里、陆游、姜夔、赵师秀、戴复古、刘克庄等诗人也借描写杭州之景，抒发内心的情感。到元、明两代，西湖诗多承晚唐的李贺、李商隐之风。清代时虽宋诗兴盛，西湖诗却兼得才情与学历、人文与自然，承明末以来诗风，兴性灵一脉。至于词，其渊源来自南朝乐府民歌与晚唐诗歌的绮艳感伤。这种血统与西湖天生的气质配合得天衣无缝，使后世的西湖词具备了一种得天独厚的空灵悱恻的特殊美感。

提到杭州的诗词歌赋，就不得不提到白居易和苏轼两位大诗人。

白居易曾出任杭州刺史，在任期内，他给杭州留下一湖碧水、一道长堤、六眼清井和二百多首诗词。他在《钱塘湖春行》中，描绘的西湖春光为"乱花渐欲迷人眼，浅草才能没马蹄。最爱湖东行不足，绿杨阴里白沙堤"；《春湖题上》中则写道"湖上春来如画图，乱峰围绕水平铺"；《余杭形胜》中描写了杭州美丽的自然风光，如"余杭形胜四方无，州傍青山县枕湖。绕郭荷花三十里，拂城松树一千株"；《答客问杭州》中写道"山名天竺堆青黛，湖号钱塘泻绿油"。钱塘江的春日风光则是《杭州春望》中的"望海楼明照曙霞，护江堤白踏晴沙"。白居易在离任后仍写《忆江南》道："江南忆，最忆是杭州。山寺月中寻桂子，郡亭枕上看潮头。何日更重游？"经过白居易的大量笔墨渲染，原来默默无闻的西湖成了声名远扬的风景胜地，杭州也从一个普通的江南城市转为一个别具诗性的风景城市。

苏轼曾两度在杭为官，在这座城市度过了很长一段时间。他带领民众疏浚西湖、修筑苏堤，并且留下了众多赞美杭州的名篇。他曾说："天下西湖三十六，就中最好是杭州。"苏轼将西湖当作亲密的人生知己，视杭州为自己的第二故乡。苏轼经常在不同时节、不同天气泛舟西湖。苏轼在《饮湖上初晴后雨》中写道："水光潋滟晴方好，山色空蒙雨亦奇。欲把西湖比西子，淡妆浓抹总相宜。"这首诗既描绘了西湖的水光山色，也写了西湖的晴姿雨态，以绝色美人喻西湖，不仅赋予西湖之美以生命，也将苏轼对西湖的喜爱之情表露无遗。苏轼不断开拓西湖诗的境界，他的那句"浙东飞雨过江来"使西湖顿生江海之感，"天风海涛"回旋于湖上，令人少却了柔波醺浓如酒的沉醉，产生人生与生命变迁的思索。可以说，苏轼及其诗歌使杭州诗性文化平添了一种旷逸之美。

（4）民风习俗中的水文化

民风习俗是一定地域内的原住居民在长期生产生活过程中所积淀而来的。杭州作为一座有着悠久历史的古城，自然也有着许多与水相关的民风习俗。

1）钱塘江观潮

由于钱塘口状似喇叭，潮水易进难退，滩高水浅，当大量潮水从钱塘江口涌进来时，由于江面迅速缩小，使潮水来不及均匀上升，就呈现出后浪推前浪，层层相叠的景象（见图3-8）。

观钱江潮始于汉魏，盛于唐宋，历经2000余年，已成为杭州的习俗。每年农历八月十八，钱江涌潮最大，是一年中最壮观的时候，潮头可达数米。远眺钱塘江出海的喇叭口，潮汐形成汹涌的浪涛，在澈浦附近河床沙坎受阻，潮浪掀起三至五米高，潮差可达九至十米，确有"滔天浊浪排空来，翻江倒海山可摧"之势。北宋大诗人苏东坡咏赞钱塘秋潮"八月十八潮，壮观天下无"。

图3-8 钱塘江潮

2）钱塘江弄潮儿

钱塘江自古便以潮涌著称，拥有悠久的弄潮文化传统。早在北宋便有关于弄潮儿的记载。"弄潮儿向涛头立，手把红旗旗不湿"，这是潘阆在《酒泉子》中的记载，意为弄潮儿在波涛滚滚的潮头站立，追潮逐浪，尽情玩耍，手里的红旗竟然没有被水打湿。字里行间尽是弄潮儿的英勇无畏、搏击风浪、身手不凡和履险如夷。

3）四时幽赏

杭州是一座旅游城市，一年四季风景各异，各有千秋。早在六朝时，杭州就有良辰、美景、赏心、乐事的"四美"之说。到了南宋，"四时幽赏"的风俗真正开始兴起，春天观鱼赏花，夏天赏荷探幽，秋天赏月品桂，冬天踏雪寻梅。明代时更是有人将这一独特的游赏风俗著成书册，名曰《四时幽赏录》，描述杭州四季景色流转，把杭州人在四季应做的闲事列叙了出来（见表3-1），每一条幽赏录都配有插图，这就好比是明代人为杭州而做的旅游宣传册，该书册还出口到了日本。

4）西湖龙舟竞渡

杭州水系发达，龙舟文化历史悠久。《杭州府志》记载"西湖竞渡以二月八日为始，而端午最为盛"，描绘了西湖龙舟悠久的民俗风情。据史料记载，西湖龙舟竞渡活动可追溯至南宋时期，后于清道光年间被禁止。

表 3-1

《四时幽赏录》中的活动

季节	观赏山水景观	观赏动、植物景观	观赏天象景观	观赏其他景观（民俗）
春	保俶塔看晓山	孤山月下看梅花、八卦田看菜花、登东城望桑麦、三塔基看春草、初阳台望春树、山满楼观柳、苏堤看桃花、西泠桥玩落花	天然阁上看雨	虎跑泉试新茶、西溪楼啖煨笋
夏	东郊玩蚕山、湖晴观水面流虹、步山径野花幽鸟	苏堤看新绿、湖心亭采莼、乘露剖莲雪藕	三生石谈月、山晚听轻雷断雨、空亭坐月鸣琴、观湖上风雨欲来	飞来洞避暑、压堤桥夜宿
秋	资岩山下看石笋	西泠桥畔醉红树、满家巷赏桂花、三塔基听落雁、策杖林园访菊	胜果寺月岩望月、水乐洞雨后听泉、北高峰顶观海云、乘舟风雨听芦、保俶塔顶观海日	宝石山下看塔灯、六和塔夜玩风潮
冬	湖冻初晴远泛、登眺天目绝顶	雪霁策蹇寻梅、山头玩赏茗花、山窗听雪敲竹、除夕登吴山看松盆	三茅山顶望江天雪霁、西溪道中玩雪	山居听人说书、扫雪烹茶玩画、雪夜煨芋谈禅、雪后镇海楼观晚炊

5）中秋赏月

北宋时，苏东坡在西湖中建成了三潭印月，使得杭州西湖成为赏月胜地，三坐石塔立于湖面，在中秋月圆夜，石塔内的烛火印在湖中，与圆月、湖光交相辉映（见图 3-9）。于是每年中秋，人们会聚集在三潭印月、平湖秋月等景点处观赏中秋圆月。

图 3-9 "三潭印月"意象图

南宋时，杭州的西湖赏月习俗达到了一个高峰，并形成了独特的地方特色。南宋时期，定都临安（即杭州），也让中秋赏月的习俗大致成型，延续至今。时至今日，不但"西湖中秋赏月"成为省级非遗项目，杭州也成了"中华中秋文化传承基地"和"浙江省民族传统节日保护基地"。

6）元宵灯会

唐宋时期，杭州的元宵灯会习俗已经十分盛行。唐代诗人白居易的《正月十五日夜月》中记录了杭州元宵灯夜的盛况："灯火家家市，笙歌处处楼。无妨思帝里，不合厌杭州。"他将杭州的元宵灯会与帝都灯会相媲美。

到了宋代，为了应"五谷丰登"的吉兆，"钱王纳土，献钱买添二夜"，原本为期三天的西湖灯会延长至五天。明代又延长至十天。清代恢复宋制减为五天，但仍为全国时间最长的灯会。元宵之夜，杭城居民倾城而出，上街观灯。杭州西湖元宵节灯会的时间之长，规模之大，各地无出其右。由于杭州在西湖中举办灯会，因此元宵彩灯显得格外光彩夺目。夜晚远眺，点上明灯的山寺犹如夜晚繁星；近看满湖游船灯火辉煌，一片斑斓景象。从苏堤白堤，到杭州天竺三寺，整个西湖景区都挂着五彩缤纷的灯笼，甚至超过了京师皇家灯会的规模和漂亮程度。

7）水会与水灯

杭州地处江南水乡，除一年一度的元宵灯会外，古杭州还有水会和水灯之俗。

杭州的水会，是农历七月十五日中元节的重要活动。每逢中元节，就有水会船只经过中城河、上城河。水会船只较大，五六只，船中有道士，有和尚，有吹唱道场，有老太婆念佛号，船头设佛笼之灯塔一座，四周设立冥锣制成的伞扇等。中城河自江干闸口起至武林门外止，上城河自淳祐桥起至堤子门外止，朝发夕还，沿途则焚冥锣。凡此水会过时，上下货船均须让路。杭州的水灯会不仅是祭祖、普度之节，也含有庆贺丰收之意。南宋吴自牧《梦粱录》中说，中元节人们要作"麻谷窠儿者，以此祭祖宗，寓于报秋成之意。"人们祭祖时，还要摆上庄稼穗等，既用来告慰祖先的在天之灵，也祈盼粮食丰收。

钱塘江放水灯的风俗已经流传了两千多年。相传，如果不放水灯，钱塘江的大潮就要过三江口，一直冲到诸暨将县城淹没。因此每逢农历七月十五日都要放水灯。钱塘江的水灯，主要是千盏万盏的灯笼。每当七月十五日夜晚，卯时一到，只听"咚咚咚"三声鼓响，千万盏灯笼便齐刷刷地点亮了。有的人家还在岸边插蜡烛，蚌壳里点灯油，有的索性把整捆稻草点着，浮在水面上。霎时间，三江口的岸上、水上、船上到处是灯、是火，照得如同白昼。两岸的老百姓聚集在一起，锣鼓声此起彼伏，震耳欲聋，祈愿吓退"潮卒"。

3.2 杭州传统滨水空间类型

3.2.1 桥及其附属空间

桥是水乡村镇中不可缺少的交通设施之一，上面可以行人，下面可以通舟，将村镇各个组团沟通联系起来。桥首先具备交通功能，其次具备园林美学功能。其附属空间包括桥头空间、桥上空间两种。在现代城市中，除了风景园林桥还具备观赏游憩功能之外，城中的桥大都只具备交通功能，并且桥头往往会成为荒草丛生、垃圾成堆的地方。滨水空间的桥应该兼具休闲和交通的功能，再现往日熙熙攘攘的生活场景。

自古以来，杭州的桥依城而生。马可·波罗曾经说过："行在（杭州），环城诸水，有石桥一万二千座，是世界上最美丽、最华贵之城。"桥是杭州的坐标，也是杭州的文化符号。杭州城区里有名的桥不仅有中河上的六部桥、登云桥和梅登高桥，东河上的菜市桥、宝善桥和坝子桥，宦塘河上的祥符桥，上塘河上的永宁桥，运河上的拱宸桥、潮王桥和大关桥等；更有著名的西湖苏堤上的映波、锁澜、望山、压堤、东浦、跨虹六桥，杨公堤上的环璧、流金、卧龙、隐秀、景行、浚源六桥，白堤上的西泠桥、锦带桥和断桥，以及梁祝十八相送的长桥。

（1）桥头空间

古时桥两侧往往是古城镇的商业中心，街市遍布桥两岸，聚集人群，是商业旅游的发达之处，店铺、茶楼等多聚集于此。村镇中的桥头空间大都比较局促，用地紧张。因此，不适合在桥头设置供船只停靠的大型河埠或者码头。为了行船，桥的拱洞要达到一定的高度，桥面势必要抬高，桥的两端通常会高于路面（见图3-10）。因此还需要在桥的两端设置台阶等，这就需要大的空间，故在江南水乡村镇中很多建筑大都直逼桥边，成为人们日常的交易场所。

图3-10 运河上的拱宸桥

另外，有些古桥桥头两岸设立台阶，可以沿台阶到达驳岸，同时设置水埠码头等亲水设施，既可停靠船只，又可供人们从事洗涤衣物、淘米洗菜、取水等活动，是展现人们生活情趣的场所之一。

（2）桥上空间

亭桥利用桥与亭的结合满足游赏需要。《园冶》中说"亭者停也，所以停憩游行也"，亭建于拱桥跨中部，整体上丰富了桥的外轮廓线，使桥更加轻盈、玲珑。桥上建亭、廊会激发人们驻足、逗留与游赏的心理需求。其亭廊中大都设置座椅等休息设施，白天桥上空间往往是观赏河流景观的最佳点，而到了晚间，则成为居民聚会、品茶、聊天的好地方。《武林旧事》记载杭州万岁桥："……晚宴香远堂。堂东有万岁桥，长六丈余。并用吴璘进到玉石甃成，四畔雕镂阑槛，莹彻可爱。桥中心作四面亭，用新罗白罗木盖造，极为雅洁。"正所谓不停不得以尽兴，不停不得以"得景"，因此桥上空间兼具观景与休憩的功能。

廊桥，位于村庄市井之中，不仅具备组织交通、为人们遮风避雨的功能，还为人们提供了足够的交往空间。位于市井中的廊桥，在古时大都地处交通要道，常常作为人们摆摊买卖的场所，渐渐变成为集市的情景。因为天气，人们还在桥上架起屋顶，使得桥梁成为廊式的交易市场（见图3-11、图3-12）。目前闽浙一带还保存有百余座廊桥，历经百年风霜，由于各种原因正在逐渐衰败，廊桥申报"世遗"的工作正在进行中，因此必须保护好它们，它们不仅成为一种文化遗产，更是人们传统生活方式的见证。

图3-11　杭州太平桥

图 3-12　湘湖采莲桥

3.2.2　沿河街巷空间

（1）沿河街巷

街巷是传统的城市公共空间中人们聚集的主要场所。在炎热的夏季，居民们喜欢在巷道里乘凉、下棋、聊天。街巷空间往往是最理想的交往空间，充满活力。街巷大都与水结合，沿河街巷空间是水乡城镇特有的公共空间，是人们日常生活中洗衣、洗菜、洗物、聚集、交流的主要场所（见图 3-13）。另外，还有一处人流汇集的街巷称为街市，一般在主要街市的两侧，商店毗邻，也是繁华的地方。

图 3-13　运河边的街巷空间——小河直街

（2）街口

街巷空间在平面形态上，大都曲折深邃，在其尽头会成为放大的公共空间，即为街口。街口多位于街道的一侧，垂直于街道，且高于河的常水位，因此要想由河进入村镇，必须设大量的台阶，来建立水陆的联系。街口的长度，取决于沿河一侧建筑物的进深，进深愈大，街口愈长。由河进入街巷的时候，空间的变化由开阔的自然空间过渡到狭长的封闭空间，而在街巷的某个放大处又成为开放的人工空间。街口空间以交通功能为主，兼具休闲功能，街巷空间以休闲娱乐为主，是人们日常生活与交流的主要空间。

（3）水街

水街极富生活情趣，水埠、码头等物质空间为人们提供了活动场所，而人们的活动则构成了一种具有浓厚乡土风情画面的水街。少数水街往往兼有商业功能，由于气候多雨，人们设置披檐或雨廊来遮风避雨，廊临水一面全部敞开，设置"美人靠"供人们休息，这种形式的水街极受人们欢迎。因此，从传统的街巷沿河空间来看，滨水岸线应该更好地与生活化的街道结合起来，才能散发出活力。

3.2.3 河埠码头空间

河埠设于驳岸上，通常驳岸高于水面，因此设置入水的台阶来发挥亲水的功能。一般石阶的踏阶一直通入水中，这些踏阶有时凌空悬挑，有时靠墙石砌，有时完全凹入或者凸出河岸，有时半凹半凸。大多水乡古镇沿河人家都设有河埠头，供人们晨洗晚漱、汲水、交易、船只停泊等，是日常生活中使用频率较高的空间（见图3-14）。

图3-14 河埠

河埠码头按使用者的多少可以分为三种，即各户人家独自使用的私用码头、公众共同使用的公用码头以及几户人家公共同使用的半私用埠头。河埠码头是与人们生活密切相关的空间，尽显"家家踏度入水，河埠捣衣声脆"的生活场景。

在现代生活中，私用码头、半私用埠头等类型的水埠已经不符合现代的需要，大都已经消失或荒废，只有公用河埠头被保留下来。但是，在现代水岸的设计过程中，由于人亲水的本性，我们可以对那些传统的水埠、码头空间进行转换，将其打造为新的开展亲水活动的节点空间，继续发挥其亲水的重要作用。

3.3　杭州现代滨水空间类型

3.3.1　滨水步道

滨水步道是为了满足公共的通行、休闲、娱乐、健身、观光的需求而在紧邻水系如河川、溪流、湖泊、大海、湿地、沼泽等的岸边建设的只允许步行以及自行车通行的无机动车干扰的道路。它将水系与陆地联系起来，保证人们在亲近自然的同时享有安全保障以及配套的公共设施，并且在关键的节点，设有专门的标识作为指引。这样的道路，称为滨水步道。而滨水步道与水系、绿化植被、公共设施等元素构成了滨水步道的景观。

水系是滨水步道景观构成的必要元素，除此以外，还有道路、亲水设施、植物配置、家居小品、标识系统、照明系统等。其中，道路是构成滨水步道景观的基础元素。滨水步道的首要特点是与水发生关系，步道的作用就是提供让人们亲近水系的步行场所。除了具有亲水性这个基础特点以外，滨水步道的景观还具有线性空间、低度干扰以及边缘效应三个特点。

3.3.2　滨水广场

滨水广场往往与滨水的道路衔接，其中大型滨水广场在空间上相对独立，和机动车道路以及步行道路均保持一定的连通性；中小型滨水广场往往与步行道路的连通性较好，与机动车道路的连接并不一定紧密；一些小型滨水广场甚至可以视作滨水步道的局部放大。滨水广场由于空间面积大，所以能够有效地打破滨水区域由于水、陆相接而形成的线性空间，而成为滨水区域最重要的空间节点（见图3-15）。同其他类型的城市广场相比，滨水广场的最大特点是与水的关系密切，朝向水域的开放性以及亲水性是其处理的关键。出于空间关系等方面的考虑，在辽阔的水面区域的附近，例如沿海、大的江河或者天然湖泊，可设置大型滨水广场，建立点、线、面的复合空间关系；而在相对较小的河流或小型人工水面区域，一般只适合建造中小型的滨水广场，形成点与线的构成关系。和其他类型的城市广场相比，大型滨水广场除了自身的要求与特点外，还强调广场与辽阔的水面背景的开放性视觉关系，以凸显宏大、壮观的场景。中小型滨水广场的处理相对较为灵活，更强调亲水性的特征，通常追求自然、恬静的风格。

图 3-15　西湖文化广场

3.3.3　滨水码头

　　滨水码头是位于滨水地带，仍从事第一、第二产业（如保留着货运、渔业功能）以及从事第三产业（如客运港码头、游船码头）的滨水空间，这些滨水码头有的占用了城市滨水岸线的一部分，也有的是由于海运技术的发展、交通方式的更新迭代以及产业结构调整，老城区或城市中心区的货运、物流功能即将转移或转移之后遗留下来的滨水空间。滨水码头由水域、岸线和陆地三部分构成。

3.3.4　滨水商业街

　　滨水商业街是在人对水的趋向性背景下，水域空间与商业空间结合的产物。滨水商业街临近水域，包含商业、餐饮娱乐、住宿等多种功能，且商业街与水系之间没有城市交通道路阻隔，建筑多临水而建，在区域内活动的人群能在无车辆交通干扰的情况下步行到达水岸。滨水商业街具体可分为江滨商业街、湖滨商业街和海滨商业街。江滨商业街位于江边或河边，江、河具有流动性且呈线性延伸，为充分利用江滨资源优势，江滨商业区一般沿河呈线性发展，商业区进深较小，两端为主入口。湖滨商业街滨湖而建，湖滨水系流动性不强，属于面状形态水域，景观视野开阔，水的进深大，可利用的水资源丰富。湖滨商业区的步行流线组织与江滨商业区类似，一般是沿水岸线性布置，由于水域面积较大，商业可以向湖面发展，因此会出现与沿湖线性流线交叉的流线（见图 3-16）。滨海商业街以海洋为前景，滨水地带由于临近开阔的大海，因此滨海地区建筑空间的尺度往往较其他滨水区大。滨水区临海，视觉空间开阔，有独特的生态景观，因此滨海商业区与旅游度假结合紧密，一般为集旅游住宿、餐饮娱乐为一体的综合开发空间。

图 3-16　杭州西湖湖滨商业步行街

3.3.5　滨水建筑小品

滨水建筑小品是滨水步道节点空间的重要组成元素，除了能提供简单的商业、文化娱乐及休憩等实用功能外，更主要的是作为满足人们活动需要的空间，并起到地标作用。滨水建筑小品及其周边环境既是附近居民的活动场所，也是外来人员了解城市风貌的重要窗口。由于中国传统古建筑在建筑体量、形式以及与水的关系处理方面具有广泛的认知度，因而滨水建筑往往被设计成仿古建筑（见图 3-17）。实际上，仿古建筑并不一定能够和所处区域的文化以及历史传统紧密地结合，千篇一律的仿古建筑形式反而可能使区域失去环境特征，从而丧失地标作用。

滨水雕塑是城市雕塑的一部分，通常设置于放大的节点空间，成为小范围区域的中心。具有较高艺术内涵的滨水雕塑往往能比建筑传递出更为丰富的历史文化信息，同样能够产生地标作用。滨水建筑小品处理的关键在于突出其富有个性的地标作用，实现线性空间序列中"点"的点缀效果，小巧、彰显活力是设计最关键的所在，在对人的活动、视觉的引导，以及传递信息方面，可起到更为积极有效的作用。

图 3-17　杭州西湖集贤亭

3.4　杭州市水生态文明建设

3.4.1　杭州水环境的问题及其成因

杭州是一座因水而生、因水而兴、因水而荣的城市，山水相依、人水相亲，造就了杭州的繁荣富饶。但杭州"七山一水二分田"，环境容纳能力非常有限。随着杭州工业化、城镇化的快速推进，城市水生态系统遭到不同程度的破坏，水质异常、河湖污染等水事案件频繁发生，水环境承载能力下降，暴雨内涝现象十分突出。这不仅严重影响市民的生产生活，而且严重破坏了生态系统的协调性，对杭州的可持续发展造成严重威胁。在实施"五水共治"之前的 2013 年，杭州的水环境问题主要体现在以下几个方面。

（1）水环境管理机制体制

一是问责机制弱化。水资源管理中的用水总量、用水效率和水功能区限制纳污"三条红线"难以有效贯彻，原因是缺少完善的环境准入倒逼、责任追溯、偷排惩治赔偿等制度，造成政府难管理、部门难落实、公众难参与、舆论难监督。二是条块分割局限。我国现行的管理制度是资源与环境分开实行的，水利部门管原水，环保部门管污水，城管部门管绕城内河道及供水水质，节水办管节水，城乡建委管地下管网建设，水务集团管供水，形成"九龙管水"局面，加大了水环境监管、执法和保护的难度。三是部分法规交叉。水资源保护规划、水质监测发布、入河排污口监管、饮用水源保护、限制排污总量等方面的法律法规边界模糊，部门职责重叠。如环保部门既负责污染源监控，又负责水质监控，发布的水质信息不免会引起公众的质疑。

（2）水环境保护规划布局

一是规划目标短视化。以往，相关部门往往缺乏流域水污染治理中长期规划，有的专项规划期限只有 5 年，经常出现"政府换届，规划改样"等现象。二是规划主体利益不均。规划能否有效实施，关键在于能否平衡主体利益。按照流域防治规划，上游政府为确保下游水安全，必须关停涉污"纳税大户"。但如果生态补偿机制不明确，上游政府环保投入力度必受影响，从而削弱规划实施效果，使得流域水环境统一管理形同虚设。三是规划主体多元化。水环境保护规划涉及的领域宽、涵盖广、主体多、系统性强，因为环保、水利、交通、旅游等职能部门均有权依法制定水环境保护规划，所以难免出现交叉、重复、冲突等现象。因此，通过水环境规划来实现各相关职能部门或政府之间的利益，在法律的框架内加以统一协调，就显得至关重要。

（3）水环境治理基础设施

据杭州市林水局的调查，2013 年，水环境治理的主要问题如下。一是治污管网配套不足。主城区已建截污纳管 3600 余套，污水集中处理率为 87%，每天尚有 13.5 万吨污水未得到处理。农村生活污水处理覆盖率仅为 70%。二是防洪标准不够均衡，钱塘江、东苕溪干堤达标率仅为 61%，远未达到规划规定的 20 年一遇的标准，山塘、水库病险率仍高达 27.1% 和 38.7%。三是排涝设施不够畅通。全市建有机电排涝动力 6.3 万千瓦、中小水闸 1226 处。运河、上塘河、萧绍河网等主要水系仅有 5～10 年的排涝能力，也低于规划规定的 20 年一遇的标准，北排受限，南排有限。四是供水设施亟待升级。杭州城乡饮用水源总体安全，但备用供水水源体系尚未建成，城市供水管网建设和改造明显滞后。农村饮用水安全风险依然突出，亟待改造。五是节水设施普及不够。全市平均水资源利用率仅为 27.7%，工农业及整个经济处于耗水型阶段。

3.4.2 杭州水生态文明建设实践："五水共治"

水，治之则惠民，任之则祸民，善治国者必先治水。纵观世界治水史，水环境总是和国家、社会的兴衰同步。2013 年以来，杭州把"五水共治"作为推进各项改革发展和解决民生问题的重大战略，秉持"绿水青山就是金山银山"的发展理念，强力推进治污水、防洪水、排涝水、保供水、抓节水的"五水共治"，加快水环境综合治理，加强水生态修复，努力实现水环境改善、水生态良好、水循环正常、水安全保证、水资源充足、水景观优美、水文化丰富。力争通过 3 年左右时间，实现治污措施全面落实、城乡防洪水平整体提升、城市积涝基本消灭、安全饮水充分保障、民众节水意识大幅提高。"五水共治"的基本理念，主要体现在以下几方面。

（1）确定思路，探求治水之路的有效性

"五水共治，政府是关键。"正如专家所言，"五水共治"不是任何单一的经济主体可以担当的任务。政府作为主导力量，要以治水公共物品供给者、治水公共事务管理者和治水公共事务代理者的三重身份来发挥作用。杭州市委、市政府出台"五水共治" 3 年行动计划，明确政府是"五水共治"的主体，3 年间全市共计划安排 200 多亿元的"五水共治"水利工程项目投资资金。治水模式也从单一的工程治水转为工程性治水与制度性治水并重，河道治理转为局域治理与流域治理结合，政府治水转为政府主导与社会、企业、全民治水并重。按照统筹规划、属地治理、断面考核、长远建设与应急处置相结合、减污治污与防污并重等原则，全力推进"五水共治"。

（2）尊重自然，彰显治水之路的科学性

杭州非常注重将人与自然和谐发展的理念渗透到"五水共治"之中，深刻认识到让"高山低头，江河改道"所带来的负面效应，充分利用现代科学技术，以崇尚自然、尊重自然为宗旨，主动协调人与水的关系，利用自然、修复自然、维护自然，追求天人合一的境界，力求实现"人与自然和谐"的目标。如黑臭河道治理中，除了使用水源保护、截污纳管、清淤疏浚、引水配水、整治建设等传统手段，还综合运用水生植物种植、微生物修复等生态治理方法，这样除了起到自然净化水体的作用外，还能美化景观，保护生态系统。

（3）治污先行，发挥治水之路的带动性

治污水，百姓观感最直接，也最能带动全局，最能见效。杭州绘出了全市"五水共治，治污先行"的路线图，切实按照"时间表"，把治水"作战图""路线图"不折不扣地落到实处。加快城区截污纳管、雨污分流和城镇污水处理设施建设，加强重点污染企业整治，打击偷排偷倒、污染饮用水源等违法行为，强化农业、养殖业等农村污染控制，完善河流交界断面水质监测考核体系，持续推进流域环境整治，使市域水质得到明显提升。如桐庐基本"消灭"了不能游泳的河流。这是从根本上治理污染，从源头上减少河道污染。

（4）"五水共治"，体现治水之路的系统性

"五水共治"是一个整体。杭州分类实施强排设施、排涝站等项目建设，启动部分低洼易涝地段改造，改善群众居住环境；坚持"优水优用"原则，积极谋划千岛湖配水工程，推进各项供水保障工程建设；开展差别化水价实施方案研究，着力抓好节水重点环节，形成全社会节约用水的良好氛围。工作方式也摆脱过去"头痛医头、脚痛医脚"的束缚，如采取搬迁工厂企业、建设污水处理厂、控制源头污染物排放、流域上下游联动等办法"治污水"，努力实现"让广大居民喝得上更干净的水，找得到更多可游泳的河，行走在更多无积水的路上"的综合治理目标。

（5）全民参与，展现治水之路的广阔性

杭州实施全域治水、全民治水、全程治水，努力营造全社会参与治水的良好氛围，不断将"五水共治"工作引向深入。如设立"民间河长"，加强社会监督，积极发挥公众力量，实现联合治水；充分利用"世界水日""中国水周""城市节水宣传周"等，开展形式多样的节水宣传活动，不断增强全社会的节约用水意识。"三通一达"桐庐籍民营快递企业、中金国际集团等企业分别出资 2000 万元与 1000 万元，设立"五水共治"生态公益金，彰显企业参与治理环境的社会责任感。杭州市治水办建议发动群众参与监督，举报垃圾河，以消除整治死角；建议邀请人大代表、政协委员和民间河长参与黑臭河整治验收监督核查，发挥全民监督作用，从而形成"人人关心治水、人人参与治水"的良好局面，共同营造人人"亲水、爱水、节水、护水"的社会氛围。

第 4 章

丽水的水环境与水生态文明建设

2018 年 4 月 26 日，习近平总书记在深入推动长江经济带发展座谈会上发表重要讲话，指出：丽水市多年来坚持走绿色发展道路，坚定不移保护绿水青山这个"金饭碗"，努力把绿水青山蕴含的生态产品价值转化为金山银山，生态环境质量、发展进程指数、农民收入增幅多年来位居全省第一，实现了生态文明建设、脱贫攻坚、乡村振兴协同推进。2019 年 1 月 12 日，长江经济带发展领导小组办公室正式发文批准丽水成为全国首个生态产品价值实现机制试点。

丽水市地处浙江省六条水系的源头区，是浙江省的重要生态功能区，生态环境优越，生态潜力巨大，生态地位至关重要，是华东地区重要的生态安全屏障，对区域生态环境安全和经济社会可持续发展具有举足轻重的作用。森林、农副产品、矿产、野生动植物等自然资源总量均占全省首位；环境质量状况良好，空气质量居于全国前列（2013 年被评为十大空气最好城市之一），水质优良，江河湖泊水质常年保持在国家Ⅰ、Ⅱ类标准。优良的气候条件、环境质量和生态资源禀赋，为丽水市赢得了"中国生态第一市""华东天然氧吧""浙江绿谷""中国长寿之乡""中国气候养生之乡"等多个"金字招牌"，"秀山丽水、养生福地、长寿之乡"区域品牌初步打响。

同时，丽水位于浙南山区，是华东地区的生态屏障，应统筹生态保护与经济发展。丽水市位于长三角经济圈和海峡西岸经济区的交汇处，也在沿海 200km 经济圈范围内，是连接两大经济板块双向辐射的纽带。随着高速公路网络基本形成以及高速铁路和丽水机场建设的顺利开展，丽水市将从长三角区域边缘城市转变为串联长三角、海西、珠三角三大经济区域的重要通道，区位优势愈加明显。在总体经济发展格局中，丽水作为革命老区，经济发展水平相较于省内发达地区落后，发展经济的愿望尤为强烈。如何保护好自己的生态优势，利用好自己的生态优势，让生态优势转化为经济发展的优势，实现生态保护和经济发展的双赢，又是丽水急需破解的问题。

4.1　认识丽水

4.1.1　生态之城

　　丽水位于浙江省的西南部、浙闽两省接合部，全市土地总面积 17298km²，山地占 88.42%，耕地占 5.45%，溪流、道路、村庄等占 6.13%，素有"九山半水半分田"之称。其山是江浙之巅，具有明显的山地立体气候特点；水是六江之源，多年平均降水量 1598.9mm，多年人均水资源占有量约 7604m³，是全国人均占有量的 3.5 倍，可供开发的水能资源达 327.8 万 kW，占全省的 42%；森林覆盖率达到 80.79%，列入国家一、二级保护的珍稀动物种类占全省的 71.7%，列入国家一、二级保护的珍稀植物种类占全省的 62.5%；丽水是华东古老植物的摇篮、华东地区重要的生态安全屏障，是生物多样性的天堂，境内已知植物有 4262 种，已知野生动物有 2618 种，拥有全世界仅存的 3 株野生中生代孑遗植物——百山祖冷杉。2009 年，丽水建成了浙江省首个国家级生态示范区，所属 9 县（市、区）的生态环境质量，全部进入全国前 50 位，其中有 4 个县进入全国前 10 位，庆元县为全国第一位，赢得了"中国生态第一市"的美誉（见图 4-1）。

图 4-1　丽水市资源底蕴

4.1.2　两山之城

　　丽水是"两山"理念的重要萌发地和先行实践地。2003 年，丽水市提出"生态立市、工业强市、绿色兴市"的"三市并举"发展战略；2006 年，丽水市开创性地开展瓯江干流水生态系统保护与修复工作，该工作以 93.1 分的优秀成绩通过了水利部和浙江省人民政府的联合验收；2007 年，丽水市提出建设生态文明的整体战略构想；2008 年，丽水市委、市政府在全国率先发布《丽水市生态文明建设纲要（2008—2020）》，提出了实施"生态产业、生态集聚、生态设施、生态涵养、生态文化"五大工程；2012 年，丽水市提出"绿色崛起、科学跨越"战略总要求；2013 年，浙江省委在丽水专题工作会议上提出，把丽水作为浙江践行习总书记"绿水青山就是金山银山"战略指导思想的先行区和试点市，并决定不考核丽水的 GDP 和工业总产值两项指标；2014 年，丽水正式列入国家生态文明先行示范区（第一批）名单。

据中科院核算，丽水市生态系统生产总值（GEP）从 2006 年的 2096 亿元增加到 2018 年的 5024.47 亿元。通过"河权到户""丽水山耕品牌""农民异地搬迁""全域旅游"等模式，积累了丰富的生态产品价值转化实践的成功经验。多年来，丽水始终坚持生态优先、绿色发展，在全国率先制定实施生态文明建设纲要，主动承担首批国家生态文明先行示范区、首批国家生态保护和建设示范区、浙江（丽水）绿色发展综合改革创新区等重大改革任务，进一步筑牢了长三角绿色生态屏障，推动生态经济蓬勃发展。如今，"两山"理念已经深深植根于丽水大地，绿色发展方式和绿色生活方式日益深入人心，人民群众在生态文明建设过程中享有越来越多的幸福感和获得感，为丽水深入推进瓯江河川公园建设工作营造了浓厚的氛围。

4.2 丽水市水生态文明建设

丽水市因其得天独厚的水生态条件、优越的水资源禀赋条件，以及卓越的治水兴水业绩，成为全国水生态文明城市建设的第二批试点之一。对于丽水这么多年的水生态文明建设实践，本书分为三个阶段进行介绍，即生态筑基、综合治理、价值实现。

4.2.1 生态筑基

阶段一：以水生态系统保护与修复为手段，构建水生态文明建设的基础本底，践行生态文明先行示范区。

为保护丽水的绿水青山，更好地构筑华东绿色生态屏障，丽水市以超前的意识探索水生态保护与建设模式，于 2004 年开始编制《瓯江干流水生态系统保护与修复总体规划》，2006 年开始进行瓯江干流作为全国水生态系统保护与修复试点的建设工作，并在 2008 年作为水利部公益性行业科研专项"河流生态修复适应性管理决策支持系统"的示范点之一，继续深入开展相关研究工作。研究课题《浙江省丽水市瓯江干流水生态系统保护与修复——河流生态系统健康诊断指标体系研究》于 2009 年顺利通过了由水利部水资源司组织的审查验收。2012 年 3 月，丽水市瓯江干流水生态系统保护与修复试点通过了水利部和浙江省人民政府的联合验收。通过逐步探索和实施，实现了"水量可调度、水质可控制、生态可监测、防洪生态化、生物多样化、河滩湿地持续化"的"三可三化"水生态保护与修复目标，丽水市的做法和经验也得到了水利部的充分肯定，对南方同类型地区河流生态保护与修复工作具有很强的示范作用。

（1）水量可调度

通过紧水滩水库、石塘水库和玉溪水库的联合调度，有效地实现了蓄洪滞洪和保障下游用水。上游紧水滩水库预留防洪库容对 50 年一遇洪水进行有效拦洪削峰，并以紧水滩水库调节为主，通过石塘水库和玉溪水库的反调节，实现了每天16 小时，50m³/s 下泄水量，即每天至少下泄水量 288 万 m³，基本可以满足下游河道生态、生活、生产的需水量要求。

（2）水质可控制

通过水污染防治工程、水土保持工程、水源地保护工程等综合措施的实施，有效控制了水体污染、改善了水体水质，江河湖库水质逐步好转，湖泊营养化状态有所改善。

（3）生态可监测

根据生态河道建设需求，在瓯江干流建设水文、水保、水质三站合一的监测平台，逐步开展防汛、水质、水土保护以及水生态保护等项目的全面监测工作，并利用鱼类对水质的敏感性进行生态预警，为河流生态系统健康诊断提供科学的监测数据，为整个瓯江干流水生态系统保护与修复提供科技支撑。

（4）防洪生态化

通过对紧水滩水库、成屏一级水库、雾溪水库的功能作适当调整，增设防洪库容以及好溪水利枢纽、滩坑水库、安吉水库的兴建，按照"蓄泄兼筹"的流域治理原则，采取上游建水库拦洪削峰，中下游重点城镇地段筑堤挡洪，并结合城镇建设疏浚河道加大泄洪能力等主要防洪措施，有效地保持了部分河段滩地及沿线江心洲现状。为维持岸线稳定，河岸坡脚处采用干砌石、仿松木桩和铅丝石笼等工程措施加以保护，为岸边生物提供了良好的生态环境。

（5）生物多样化

随着水环境质量的提升和河流生态的多样化恢复，以及设立禁渔期和禁渔区制度保护瓯江鱼类资源，瓯江成为水禽重要的繁殖地、栖息地、越冬地和迁徙途经的"中转站"，为生物提供生存繁衍空间。同时，丽水市注重瓯江渔业增殖放流工作，放流品种逐渐多样化，投放数量不断增多。2013 年，共向瓯江水域投放甲鱼、光唇鱼、赤眼鳟等渔业和景观鱼苗 680 多万尾，极大增加了渔业资源，丰富了水生生物多样性，增强了瓯江水生态系统的稳定性和有序性，提高了瓯江的渔业观赏性，增加了沿岸农、渔民的收入。同时，发展洁水渔业可以减少水域的富营养危害，对保护瓯江水质具有重要作用。

（6）河滩湿地持续化

从 2007 年 8 月开始，丽水市组织开展了瓯江干流生态河道划界工作，划定了瓯江干流莲都段生态河道管理范围和河滩湿地保护区范围。遵循"最大限度保护，最低限度开发"的原则，结合旅游开发保留滩地作为湿地保护区，实现保护湿地资源和发展生态经济的双赢，实现了湿地保护的持续化。同时，开展了禁止河道采砂专项行动，截至 2012 年 7 月，实现了瓯江干流（莲都—青田段）及各县流经城区主要河道全面禁采目标，有效保护了河滩湿地资源。

4.2.2 综合治理

阶段二：以"五水共治"为重要抓手，实施水生态文明建设试点，落实最严格的水资源管理制度。

浙江省委十三届四次全会，作出了"五水共治"决策：治污水、防洪水、排涝水、保供水、抓节水，并明确提出，要以治水为突破口推进转型升级。丽水市以"五水共治"为重要抓手，有力地推动了经济结构调整和产业优化升级，促进了经济发展和农民增收，努力打造养生福地、长寿之乡。

在瓯江干流水生态保护与修复的基础上，作为水利部批准的第二批国家级水生态文明建设试点城市，丽水市按照《水利部关于开展第二批全国水生态文明城市建设试点工作的通知》（水资源〔2014〕137号）的要求，依托"五水共治"总体部署，深入贯彻"节水优先、空间均衡、系统治理、两手发力"的治水思路，全面落实"绿水青山就是金山银山"的发展理念，以最严格的水资源管理制度为核心，全面建设"水安全、水资源、水生态、水法制、水文化、水信息"六维体系，做好"北洪南调、南水北引、下枯上补、今说古堰、灌溉上山、雨滞涝排、碧水映村、活水进城、丰水俭用、香鱼随人"十篇文章，通过试点期（2015—2017年）和完善提升期（2018—2020年）的建设，实现"秀山丽水润莲城，如画江南醉游人，通济古今闻中外，健康生态屏华东"的水生态文明城市建设总体目标。

（1）稳定可靠的水安全保障体系

丽水以北洪南调为未来丽水市防洪体系重要支撑项目开展前期研究，通过本市河道综合治理和防洪水库等方面的建设，完成试点期指标体系中各指标目标值，并通过排涝泵站和排水管网的建设，大力推进易涝片区整治工作，有效降低涝灾损失。

（2）丰润均衡的水资源配置体系

针对城市供用水矛盾突出、水源单一以及农村饮水安全存在的问题，开展南水北引工作；结合丽水市发展生态精品现代农业的战略部署，不断推进灌溉设施改造与升级，大力发展高效节水灌溉，建立现代化山地灌溉体系；积极开展节水型社会建设；采用水源地保护、水库建设和水厂建设等方式开展水源地建设；提高农村集中供水能力，并通过城乡供水联网建设和集中供水工程建设，不断提升农村饮水安全性。

（3）健康优美的水生态保护体系

以推动市域水生态系统保护和修复为基点，积极开展农村河道综合治理、控源截污和污水处理工程建设，实现"碧水映村"的农村水环境改善；以瓯江干流特有鱼类保护为目标，通过探索"下枯上补"的生态调度、瓯江干流生态廊道建设以及鱼类增殖放流措施，提升瓯江干流鱼类种类和数量，保护特有鱼类，实现"香鱼随人"。同时，开展瓯江生态廊道建设、生态水系连通工程、生态河道治理、水源涵养工程建设，提高全市范围水生态系统的稳定性和可持续性，并定期开展河湖健康评估工作，及时发现问题并科学合理地解决问题。

（4）系统科学的水法制管理体系

通过建立最严格的水资源管理工作进展年度评估，落实以水资源开发利用控制红线、用水效率控制红线、水功能区限制纳污红线为主体的最严格的水资源管理制度；积极推进河权到户、水电入市机制、水源地生态补偿机制和水工程建设全过程生态约束机制前期工作；逐步推动水利法制建设，继续推动《丽水市农村水利工程产权制度改革指导意见》的落实，并不断完善人才队伍建设。

（5）特色鲜明的水文化传承体系

以通济堰成功入选世界灌溉工程遗产名录为契机，加强对通济堰的系统修复和文化内涵挖掘，推动通济堰博物馆建设和通济堰品牌推广，并带动全市古堰的普查和修复工作。推进丽水市山水文化资源的整合，促进水利风景区的提升与建设，并通过水生态文明示范教育基地建设和搭建文化载体，加大水文化宣传，促进文化水利体系建设。

（6）快捷高效的水信息决策体系

探索将丽水市的水文、水质、水土保持及渔业监测体系合并成"四站合一"的水生态文明监测网络体系，积极构建环境在线监测，重点污染源在线监测，省、市、县三级管理信息系统"三位一体"的高水平监控系统，提升管理水平，围绕"一个中心、三大在线"和"智慧感知"开展丽水水利管理数字化系统建设。同时，加快洪水风险图的编制与运用，建立完整的洪涝风险识别与动态更新机制，并持续推进"防汛五化"建设。

4.2.3　价值实现

阶段三：以两山理念为指导思想，以生态产品价值实现为导向，擘画全流域综合性幸福河样板，打造一处河流风景中的理想生活体验区。

2018年6月15日，习近平总书记在深入推动长江经济带发展座谈会上102字"丽水之赞"的指示精神，是对丽水12年来始终践行"尤为如此"重要嘱托的高度肯定。在加快生态文明体制改革，建设美丽中国的新时代背景下，丽水水利人坚持贯彻"节水优先、空间均衡、系统治理、两手发力"的新时期治水方针，在浙江省建设"大花园"的战略部署要求中结合自身实际，着手开展瓯江河川公园规划工作，着眼瓯江本地生态环境以及一江两岸公共开放空间，呈现"一江丝路盛景，十城秀美河川，百里滨水画卷，千村碧水映绕"的美好景致，打造一处河流风景中的理想生活体验区，打造一个河湖生境持续健康、水岸生活品质幸福、资源利用优质高效、运营维护安全智慧的国家级河川公园，实现"一江如画、两岸生辉、三产共创"的规划目标（见图4-2）。

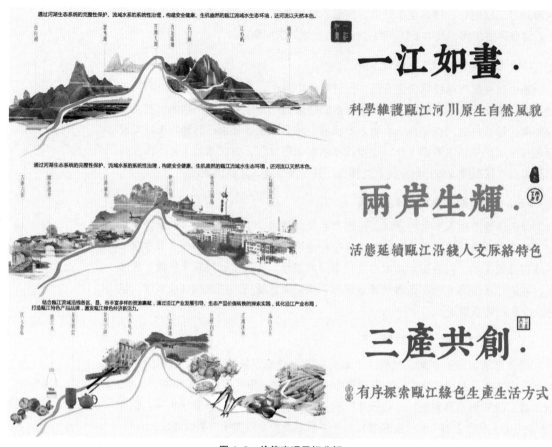

图 4-2　价值实现目标分解

　　一江如画：科学维护瓯江河川原生自然风貌，通过河湖生态系统的完整性保护、流域水系的系统性治理，构建安全健康、生机盎然的瓯江流域水生态环境，还河流以天然本色。

　　两岸生辉：活态延续瓯江沿线人文脉络特色，合理管控河湖水系与沿江城镇、乡村区域的互动发展关系，并深入挖掘沿线水文化历史、人文典故，强化滨水空间的特色性展现，将瓯江的独特人文魅力，延续到两岸居民的生活之中。

　　三产共创：有序探索瓯江绿色生产生活方式，结合瓯江流域沿线各区、县、市丰富多样的资源禀赋，通过沿江产业发展引导、河流生态产品价值转换的探索实践，优化沿江产业布局，打造瓯江特色产品品牌，激发瓯江绿色经济新活力。

4.3　丽水市多尺度产城融合的规划探索

4.3.1　从规划到工程的多重思考

　　"规划与反规划""工程与非工程"，是在大尺度的景观规划中，从规划设计阶段到工程实践阶段都需要重点思考的问题。

"反规划"是由景观行业提出的，区别于传统规划，侧重于对非建设用地的保护以及形成生态基础设施的重要理论体系。反规划的作用在于从"正规划"的反面来思考城镇化进程，因为建设，很多天然的河流被变窄，被取直，植被砍伐，鱼类减少，反规划就是要从空间体系建立起守护这些自然要素的本体，让它们免受灾难。

"反规划"是基于空间的区域规划，而传统的环境保护多是工程治理型的规划，这两者的区与中西医的区别颇有相似之处。在具体的工程实践中，区别于传统工程的，以自然修复以及尽量减少人工干扰为主要手段的非工程措施应运而生，我们称之为"非工程"。

"反规划"与"非工程"，就是瓯江干支流城乡统筹规划设计的灵魂与精神，瓯江是浙江省内仅次于钱塘江的第二大河，两岸群山层峦叠嶂、幽田深谷、沉郁含蓄、变化多端、动植物生态丰富，历史人文古迹众多。

在当前社会经济发展加速、城市化进程加快的大背景下，如何以一江两岸整体生态保护与修复为切入点，以多学科、多领域综合规划为背景，以河流及其两岸的景观廊道为载体，串联城乡共同发展，丽水给出了答案。科学合理的规划可以维护自然山水生态格局，实现人与自然和谐、可持续发展的规划。

规划以生态学为指导，通过自然生态途径，构建水利防洪防枯、水污染防治、生物多样性、自然景观与乡土文化延续、城市持续发展的安全格局，建设可维护安全格局的生态基础设施。

通过系统规划，对面临胁迫的资源进行有效保护与促进，构建蓝绿生态基础设施，并结合城镇社会经济发展，分区分段打造，使河流生态系统恢复天然原始自然形态的同时，能与流域社会经济发展相适应，从而实现人水和谐的水生态保护与修复目标。

4.3.2 多尺度视角下的产城融合实践

随着全球工业化进程的加快，城市化呈加速趋势。1900 年，全球仅有 10% 的人口是城市居民；2008 年，城市人口超过了总人口的一半（UNPD, 2011）。自改革开放以来，中国开始进入快速城市化阶段。城市人口从不到总人口的四分之一增长到现在超过一半以上。在城市化进程中，城市一方面通过利用自然资源不断地提高居民生活水平和福祉，同时也面临贫困、环境污染和生态系统退化等威胁。城市人口在过去的一个世纪里空前增长，仅发生在全球陆地表面的不到 3%；但它的影响是全球性的，碳排放的 78%、饮用水的 60%、工业木材的 76% 都与城市相关。建设城市和供应城市人口需求带来的土地改变，驱动了其他类型的环境改变。

城市化对环境的改变是多尺度并且多样的（见图 4-3），这一特征在水系空间表现尤为明显。水系及滨水空间是人与自然交互最为剧烈的区域，同时也是生态较为脆弱的地区，不同尺度下，主导滨水空间社会过程和自然生态过程的因素将发生变化。如何从不同尺度视角出发，统筹协调保护、利用和持续发展是流域管理的重中之重。

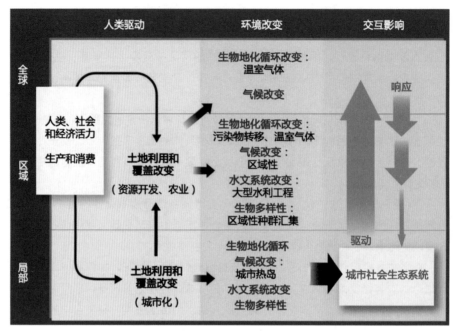

图 4-3　人类活动多尺度的环境影响（引自 Grimm et al., 2008）

　　从流域发展出发，水系空间与城乡一体化发展进程密切相关。良好的河流景观与滨水环境是城市现代化进程中的重要一环，而营造良好的城市景观环境也离不开大自然中与城市关系最密切的河流和水面。当代国际大都市环境建设的价值观念趋向表明，都市人与大自然的关系已由疏离、隔绝变为亲近和融合。河流尤其是大流域所形成的自然风貌，无疑能给城市增添许多魅力，推动城市发展。

　　从水生态角度出发，河流滨岸带生态系统作为陆地和水域的交错地带，是河流生态系统和陆地生态系统进行物质能量和信息交换的一个重要过渡带，成为两者相互作用的重要桥梁和纽带。作为陆地—水域生态系统相互作用的产物，滨岸带是河流连续体不可分割的一部分，具有独特的植被、土壤、地形地貌和水文特征，这些特性决定了滨岸带生态系统的独特性、复杂性、动态性和生态的脆弱性，也决定了其具有生态廊道、生物栖息地、污染防治、水土保持、固岸护坡、景观休闲娱乐等多重生态功能。

　　因此，本书中的丽水实践案例涉及"江""河""湖"三大类型，包括宏观、中观、微观三个空间尺度。第一，城市视角下，即融入城区的内河水系或城市干流的局部河段本地 / 局域尺度；第二，城乡融合视角下，即串联城镇和乡村的县域干支流水系的景观尺度；第三，全流域统筹视角下，即覆盖全流域全市域的区域尺度。

第 5 章

杭州"城江"关系案例研究

可以说，钱塘江是杭州乃至浙江人民的母亲河。千百年来，钱塘江滋养和哺育了杭州。不过，而今的钱塘江，其身份却远不止"母亲河"这么简单。2017 年 11 月，杭州市委、市政府发布了《关于实施"拥江发展"战略的意见》，提出实施拥江发展战略，以杭州境内 235km 钱塘江为主轴，围绕"三江两岸"打造城市带、产业带、交通带、景观带、生态带和文化带。杭州正式从"跨江发展"迈入"拥江发展"时代，虽是一字之别，不过当时就有人指出，杭州对于"母亲河"的亲近与敬畏已经明晰。2020 年 10 月 1 日，《杭州市钱塘江综合保护与发展条例》正式实施。这不仅是首部关于钱塘江流域保护和发展的地方性法规，还是杭州城市拥江发展的"指南针"。因为一部法规的出炉，钱塘江的新角色定位更加清晰：它是生态保护建设的重要区域、杭州城市发展的重要轴带。"拥江发展"使得杭州从钱江两岸走向更加广阔的钱塘江流域，为此，本章将探讨杭州与钱塘江错综复杂的"城江"关系。

5.1 钱塘江滨水空间价值特征

5.1.1 历史沿革

钱塘江在历史上被称作"浙江""之江""折江"，一般浙江富阳段称为富春江，浙江下游杭州段称为钱塘江。钱塘江潮被誉为天下第一潮，以"天下奇观"而闻名中外。钱塘江是浙江省最大的河流，源头是位于安徽省休宁县海拔 1629.8m 的怀玉山主峰六股尖，在浙江省海盐县的澉浦至对岸余姚市的西三闸一线汇入杭州湾，全长 605km，流域面积 4.88 万 km^2，是浙江的母亲河，也是吴越文化的主要发源地之一（见图 5-1）。

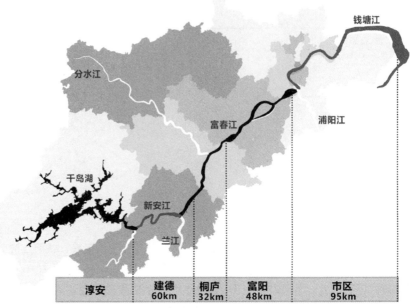

图 5-1 钱塘江流域图

（1）原始社会（约 170 万年前—4000 年前）

在旧石器时代，距今约 10 万年前，新安江支流寿昌江畔已有"建德人"活动的踪迹。相传唐虞之时，大禹曾在今曹娥江上治水，因此唐代李绅的《龙宫寺碑》中有会稽"自大禹疏凿了溪，人方宅土"之说。我国自从有种植业以来，农业就成为社会经济的基础，而水利则是农业的命脉。水利事业的每一重要进展，必然推动社会生产力的提高。良渚文化所处的钱塘江流域是中国稻作农业的最早起源地之一，而钱塘江南岸的半山文明遗址是世界上最早的稻作遗址，在众多的良渚文化遗址中，普遍发现较多的石制农具，如三角形石犁和 V 字形破土器等，这表明良渚文化时期的农业已由耜耕农业发展到犁耕农业阶段，这是古代农业发展的一大进步。

（2）奴隶社会（商朝—春秋时期）

根据中原史书记载，西周时期钱塘江流域分布着一支古老的部族——于越。到了东周时期，于越完全纳入中国史的体系当中，由于当时越人面对汹涌的钱塘江入海口，因此活动范围还是局限于山地中。这个时期的钱塘江流域远离夏、商、周等中央王朝的政治、经济中心，开发极度落后，尚处于原始蒙昧时期。

到了春秋时期，河口两岸已形成吴、越两国。为增强国力，两国均着力兴修水利，发展农业和水运。越王勾践在南岸平原筑大、小城，迁都城至平原；兴建富中大塘等水利工程，发展农业生产；建固陵城作为水军基地，开河疏渠，发展水运。这些活动促使钱塘江河口两岸同中原地区的经济和文化差距大为缩小。

（3）封建社会（战国时期—清中叶）

秦朝时，秦始皇下令在河口北岸开陵水道到钱唐越地，通浙江。

根据北魏郦道元《水经注》记载："东汉会稽郡议曹华信募土筑钱唐防海大塘。"这是钱塘江有文字记载的最早海塘。海塘的修筑，使原本江潮汹涌之地逐渐因泥沙淤积而演变为陆地，使制盐业也大有发展，这为钱塘江沿岸地区农业的发展及杭州城的兴起奠定了基础。

三国至南朝期间，北方连年战争，人口大量南迁，带来了先进的生产技术和经验，使自然条件较好的江南经济有长足发展。钱塘江河口南岸宁绍平原上，自东晋贺循凿山阴漕渠后，筑堰、埭，设津渡，至南齐时，浙东运河已基本形成。钱唐（今杭州）柳浦一带，刘宋后成为津渡要地。同时，兴修水利，发展农业。河口两岸平原为当时偏居东南的政权提供了重要经济基础。

隋唐时期，钱塘江的治理开发迅猛发展，尤其自唐代中叶以后，中原战乱，河口两岸人口大增，推动水利、水运和农业生产快速发展。上、中游地区的蓄水、引水工程也逐渐增多，规模增大。隋大业六年（610年）在杭州以北开通江南河，通过通济渠等，将海河、黄河、淮河、长江和钱塘江五大水系连成一体，大大促进了南、北经济和文化交流。自杭州溯钱塘江而上，沿新安江可抵皖南，为便利通航，歙州刺史吕季重凿去练江车轮湾滩礁险阻，这是治理江道的先例；沿兰江、衢江、常山港、江山港，弃船换车，可通江西、福建、广东，是唐代自长安到岭南的通道之一；向东出海，沿海北上，可航行到今江苏连云港、山东蓬莱、莱州市和诸城县；越海航行可至高丽（今朝鲜）、扶桑（今日本），船只可经市河直接进出钱塘江。南岸山会平原有皇甫政筑朱储斗门，陆亘筑新迳斗门，镜湖有了水则控制水位，河网得到进一步整治和聚化，促使农业得到更进一步发展。为保护南、北两岸平原，除富阳筑有春江堤之外，两岸都已有长达百里的系统海塘。此外，自隋代起就开始沿杭州的钱塘江两岸开展种植树木等有规模和目的性的绿道建设活动，开始了通过绿化保护河流流域的探索。

宋元时期，上、中游引水、蓄水工程数量大增，并在今杭州附近设浑水、清水和保安三闸，构成二级船闸。张夏所筑的杭州石堤是钱塘江有记载的最早石塘。

明清时期，由于河口北岸先后不断坍陷，海塘一再溃决，迫使海盐县在明代开始探索改进海塘结构，创筑五纵五横鱼鳞石塘。明末清初，钱塘江两岸古海塘总长280km，规模宏伟，构造精细，是我国古代著名土建工程之一。雍正年间，通过采取一系列措施，基本上消除了水患，使这片土地成为富饶的鱼米之乡。浦阳江自南宋陆续垦殖沿江湖畔以后，洪涝日益严重，至明万历间，水患曾一度得到缓和，但未能持久。明、清两代先后实行海禁，致使钱塘江海运衰退；清代后期海禁虽弛，但海轮不能抵达杭州，杭州港沦为只能接纳上、中游船只的中转港。

（4）半殖民地半封建社会（清中叶—中华民国）

民国时期，政府开始引进近代水利科学技术，开展气候和水文观测、陆域和水下地形测绘、地质调查和勘探等治理开发基础工作，并着手治理开发的查勘、规划工作。

（5）中华人民共和国成立后（1949年至今）

河口两岸杭嘉湖和萧绍宁约千万亩平原，全靠钱塘江海塘防洪御潮。中华人民共和国成立后，政府在河口开发治理、防洪治涝、水能开发以及灌溉和供水方面采取了一系列有效措施，钱塘江的面貌发生了巨大变化，为发展农业、航运、水产和旅游业创造了良好条件。根据2007年国务院批准的《杭州市城市总体规划（2001—2020年）》，杭州城市发展方向转变为"沿江开发，跨江发展"，这使得沿江区域成为杭州最具发展活力和发展潜力的地区，有效解决了城市发展空间不足的问题。至此，钱塘江及其滨水空间的开发进入一个新阶段。

5.1.2 人文遗产

（1）钱塘江古海塘

钱塘江古海塘是人工修建的挡潮堤坝，至今已有两千多年的历史（见图5-2）。由于河口形态为喇叭形，钱塘江口一带的浪潮威力巨大，对沿江地区造成了巨大的破坏。为有效防御潮水侵袭，保护农业生产，沿岸居民修建了钱塘江海塘。

图5-2 钱塘江古海塘

钱塘江口的海塘在秦汉时已出现，海塘修筑的最早史料见北魏郦道元《水经注》记载："东汉会稽郡议曹华信募土筑钱唐防海大塘。"意思是，东汉会稽郡议曹华信为防钱塘江潮水内灌，主持在钱塘县东面修筑了一条堤坝。大规模的修筑记载始于唐代，唐王朝在钱塘江北岸修筑了"盐官捍海塘"，在南岸修筑了"会稽防海塘"，两者都是历史上有名的百里大塘，使浙北沿海一线基本建成比较系统、完整的防潮工程。

在与潮水博弈的过程中，古人们除了利用科学的手段修筑海塘外，还建造了如六和塔、伍公祠等建筑去镇潮祭潮，衍生出如钱王射潮、潮神传说，以及舞蹈、音乐、风俗、祭祀等非物质文化遗产，这些都具有重要意义。

由于钱塘江的变迁，古海塘大部分已退居二线，失去防洪御潮的功能，但作为钱塘江两岸地区人民抗御潮患的历史缩影，古海塘象征着钱塘江两岸各个时代的人民与江潮斗争的不屈不挠的精神，蕴含着"前仆后继、奔竞不息，坚韧不拔、勇于创新"的精神内涵。

（2）观钱江潮

"钱江秋涛"自古便是江南一绝（见图5-3）。钱江潮在东汉时期就已形成。直到东晋时期，观钱江潮开始成为风俗，至唐、宋时，此风更盛。每年农历八月十八，是一年中观钱江潮的最佳时机。据南宋《梦粱录》记载："每岁八月内，潮怒胜于常时，都人自十一日起，便有观者，至十六、十八日倾城而出，车马纷纷，十八日最为繁盛，二十日则稍稀矣。"这段文字反映了当时观潮的盛况。

图5-3　钱江潮

除了观潮外，钱塘江上还有执旗泅水与潮相搏的年轻人，他们"以大彩旗，或小清凉伞、红绿小伞儿，各系绣色缎子满竿，伺潮出海门，百十为群，执旗泅水上，以迓子胥弄潮之戏，或有手脚执五小旗浮潮头而戏弄"，被称为"弄潮儿"。

5.1.3　城市格局中的地位

杭州市政府于 2001 年编制并被批准实施的《杭州市城市总体规划（2001—2020 年）》（见图 5-4），提出城市布局结构发展的方向为：城市东扩，旅游西进，沿江开发，跨江发展，实施"南拓、北调、东扩、西优"的城市空间发展战略，形成"东动、西静、南新、北秀、中兴"的新格局；城市布局形态从以旧城为核心的团块状布局，转变为以钱塘江为轴线的跨江、沿江网络化组团式布局；采用点轴结合的拓展方式，组团之间保留必要的绿色生态开敞空间，形成"一主三副、双心双轴、六大组团、六条生态带"开放式空间结构模式。杭州中心城市形成钱江两岸功能高度融合、结构布局合理、生态环境良好、城市景观优美、各项城市设施完善的现代化国际风景旅游城市。

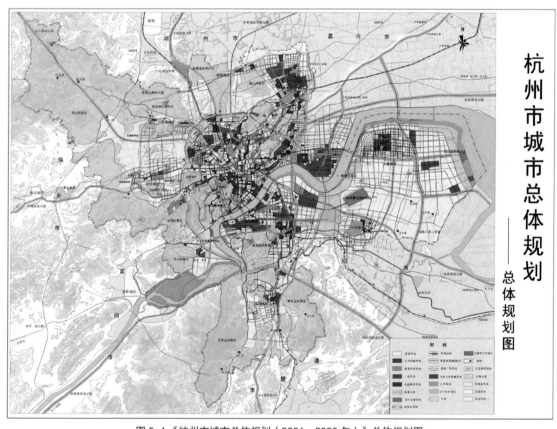

图 5-4　《杭州市城市总体规划（2001—2020 年）》总体规划图

根据这一轮杭州市总体规划，将杭州市的城市性质修订为"国际风景旅游城市和国家历史文化名城、长江三角洲的重要中心城市、浙江省的政治经济文化中心"。为此，杭州必须解决城市功能的空间重组问题，而钱塘江滨水空间的定位和开发就是其中重要的一环。

（1）旅游产业新空间

杭州市的传统旅游业向来以杭州西湖为核心，而在当前形势下，为使杭州成为国际风景旅游城市和国家历史文化名城市，仅有西湖这一张名片是远远不够的，必须开辟新的旅游产业空间。

钱塘江沿岸以建立国家级之江度假区为契机，在原有六和塔、九溪等景点的基础上，建成了宋城、未来世界、高尔夫球场、钱江观潮城等一批新的旅游设施和景点，有条件建设成为与西湖媲美的新的旅游风景线，形成杭州市两大优势互补、互为呼应的旅游功能区域——"以传统、秀美、历史文化"为特色的西湖风景区和"现代、开放、都市风貌"的沿江游览区，从而使杭州市旅游功能的结构和层次跃上新的台阶，为钱塘江滨水地区经济文化的振兴和全市旅游业的繁荣做出贡献。

2019 年 1 月，《杭州市拥江发展行动规划》正式出台（见图 5-5）。在该规划中，杭州市要以 235km 钱塘江为主轴，打造"三江两岸"城市带、产业带、交通带、景观带、生态带和文化带，力求成为"独特韵味别样精彩的世界级滨水区域"，这是杭州"旅游西进"战略的一大丰富和延伸。杭州对钱塘江两岸提出的大胆畅想，让更多的人对这条江的未来充满了无限期待。

图 5-5 《杭州市拥江发展行动规划》

（2）经济发展新载体

长江三角洲一直是当今中国经济发展速度最快、经济规模总量最大、最具发展潜力的经济板块，而杭州作为长三角地区的重要城市，要确立和巩固自己新的使命和地位，必须在坚持跨江、沿江发展的前提下，将沿江地区开发成功能健全合理的城市新兴生长地域。

为此，产业发展无疑成为杭州城市经济发展的命脉。与杭州六和塔隔江相望，作为"拥江发展"的创业基地代表之———伫立在钱塘江南岸、总建筑面积达 24 万 m^2 的杭州高新区（滨江）国家海外高层次人才创新创业基地，拥有超过50% 的绿化用地以及总数量近 2000 个的地下及地面车位，已经成为名副其实的"海归创客"的创业热土，谱写了数不尽的"钱江弄潮儿"的创业时代故事。

同时，钱塘江沿岸必然成为杭州城市提高商贸、信息业等第三产业的比重和质量并与世界新经济时代接轨的空间载体。

（3）现代生活新区域

杭州市利用钱塘江沿岸潜在的自然资源优势，向南跨江、沿江发展，为杭州城市调整空间形态、改善空间布局状况、提高城市空间利用效率提供了良好的契机。随着经济的进一步发展，流动人口急剧增长，导致出现城市居住用地紧张、交通拥堵、污染严重、基础设施落后、绿地率低等城市问题，大大影响了城市生态环境和投资环境。而近年来钱塘江滨水空间的开发与建设使得城市人口向具有极好的发展空间的沿江地区流动，缓解了城市人口过多所带来的一系列"城市病"。

5.1.4　价值特征

"江南忆，最忆是杭州。"杭州，因水而生，因水而名，因水而兴。几千年来，杭州的城镇人口、经济发展都集中在钱塘江两岸。G20 杭州峰会的召开，标志着杭州正式迈入了钱塘江时代。钱塘江作为杭州的母亲河，养育了一代又一代杭州人，有着丰富的自然资源和人文资源。

（1）独特的自然资源

钱塘江是浙江省第一大河，其水资源、滩涂资源、航道港口资源、旅游资源等都很丰富。

1）水资源

钱塘江杭州段（包括新安江浙江省境及富春江干流两侧支流）集水面积约为14036 km^2，人均水资源可达到 5011 m^3，亩均水资源约达到 7955 m^3，均高于浙江省均值，属于水资源丰富地区。

2）滩涂资源

钱塘江水面宽阔，临近长江入海口南侧，口外又有水深较浅、坡降平缓的近岸海峡，泥沙来源丰富，在潮流波浪的作用下，常有大量泥沙随强劲的涨潮水带入杭州湾内，经过多次水力分选淤积形成大片潮间带滩涂，土层深厚，面积大，滩涂坡度小，集中连片，虽然土壤含盐量较高，但经过人工处理后的滩涂可用于种植水稻、棉花、油菜、络麻、瓜果等作物。钱塘江北岸是冲刷岸段，滩地狭长，旁临深水，可配合港口及海滨工业建设围地利用。

3）航道港口资源

钱塘江运输开发较早，隋朝时江运已日趋繁忙，南宋定都杭州，更扩大了钱塘江的航运作用。在工业和后工业时代，航运依然是钱塘江的主要功能。钱塘江北岸有良好的深水岸线，可供建筑三千至三万吨级泊位。此外，河道、水源、水利航运工程设施以及运行管理机构是钱塘江历史环境延续的重要组成内容。

4）旅游资源

钱塘江流域素有"锦峰秀岭，山水之乡"的美称，旅游资源丰富，条件优越。水景是钱塘江流域自然风景旅游资源的重要组成部分，水光山色，相映生辉，使钱塘江流域成为素负盛名的"山水之乡"。钱塘江水系的江水含沙量低，水流清澈明净，不仅为各风景胜地增添动感，而且也使自然景观更显得清丽雅秀。钱塘江沿线有许多景色秀美的河段，成为以水景为主体特色的带状风景线。

钱塘江河口段，是钱塘江河口区下流江水与东来海潮来往交汇的潮汛河道，由于这一河道呈喇叭口状，从而形成了"壮观天下无"的涌潮——钱江潮，气势磅礴的钱塘江怒潮成为钱塘江独特的自然景观资源，更是举世闻名的天下奇观，孕育着博大精深的钱塘江潮汐文化。农历每月初一至初四、十五至十九，一般都可观赏到这一天下奇观，春、秋两季较大，农历八月十八已成为观潮节日。

钱塘江西段为石灰岩地区，发育着众多的溶洞、地下河和石林，构成奇特多姿的喀斯特地貌景观。石灰岩溶洞内部曲折，奇曲幽雅，石钟乳、石笋、石柱等独特洞景发育良好，玲珑多姿，主要有建德灵栖洞天、杭州灵山幻境等。

5）生物资源

钱塘江地处亚热带季风湿润气候区，生物资源极为丰富，据粗略统计，有植物 3000 多种，动物约 600 多种，植被覆盖率达 45% 以上，在一些区域仍保存有比较完整的半原始森林、次生植被和珍稀动植物。目前，已列入国家重点保护对象的植物有 50 多种，动物有 30 多种，为山水景色增添了光彩。

⑥渔业资源

钱塘江水质肥沃，鱼类资源丰富，浮游生物较丰富，还有半咸水饵料生物。鱼类组成多样，主要有育珠河蚌、河蟹、鳜花鱼、四鳃鲈鱼、鳗鲡、罗非鱼、鲻、凤鲚、中华鲟、银鱼、青鱼、黄鳝、鳗鲡、鲫、鳖条、海蜇等。

（2）丰富的人文景观

钱塘江流域自古人杰地灵，文物众多，例如古塔寺庙、碑林石刻、名人故居、古建筑遗址等，其中最为著名的当属六和塔（见图 5-6）。六和塔是我国古代建筑艺术的杰作，于 1961 年被列为全国重点文物保护单位。与六和塔遥遥相望的是耸立在钱塘江边闸口白塔岭上的白塔。它建成于五代吴越末期，用白石建造，以仿木构楼阁式塔的形式雕刻，是现存的吴越末期仿木结构建筑中最精美、最真实、最典型的一座。

图5-6 六和塔

钱塘江古海塘是古人的一大发明，当前杭州市境域内，明清海塘遗存呈线状分布于余杭区、江干区、上城区、西湖区、滨江区和萧山区。它是中国古代人民与潮灾顽强斗争并取得巨大胜利的象征，同时也展示了中国古代海塘形成和发展的基本历程和最高工程水平。与古海塘同类型的航标、船闸和堰坝、港口码头、桥梁、津渡等水利工程遗迹，都是钱塘江特有的历史人文景观。

此外，钱塘江沿岸还分布着大量的历史遗迹、民居商会、名人墓葬及传统村落等历史环境资源，在杭州境域内，主要集中在富阳、桐庐、建德、淳安四县（市）及杭州市区。

商会是钱塘江昔日航运繁荣的历史见证，商贾因公聚议的场所有富阳两浙公所，转运商品的商行有西兴过塘行，还有兼具同乡聚会以及娱乐两种功能的场所——建德遂安会馆。

钱塘江沿岸拥有丰富的宗教建筑群和大量石刻、造像、寺院、道观，历经千余年，经久不衰。现保存较好的寺庙建筑有17座、墓葬10个、碑刻8处、牌坊12架。

钱塘江沿岸历史文化名村和古村镇保留着大量清代中后期、民国的古建筑，各色雕花华丽的窗户、屋檐、柱椽、石桥分布在村镇的角角落落。村落还都沿袭着舞狮、舞龙，造坑边纸、绣花、剪纸、贴画等传统民俗文化，部分村落已经入选国家级历史文化名村，村里的古建筑和古文化不断得到逐步保护和开发。在这些历史文化村及古村镇中，祠堂是重要的历史文化空间载体，三江两岸历史遗存中现有祠堂30余个，现存最早的祠堂遗存为始建于南宋，明嘉靖三年（1524年）重修的淳安文昌镇富山村的方氏家庙。

除此以外，还有一批具有近现代建筑文化特色的工厂、办公、博览建筑等，如长河农民协会旧址、之江大学旧址（见图5-7）、萧山中山林（见图5-8）、萧山大斗山碉堡群、萧山团代会旧址、富阳双烈园、建德洋溪搬运站旧址、淳安白马烈士纪念碑等。这些近现代建筑是反映钱塘江文化发展的历史见证，也是近百年建筑历史发展轨迹以及建筑文化特色的实物例证。同时，还有承载着先烈的不朽英名和浴血蹈火的丰功伟绩的杭州解放纪念碑。

图5-7 之江大学旧址

图5-8 萧山中山林

此外，从古至今钱塘江流传着众多诗词歌赋，如唐代孟浩然的《与颜钱塘登樟亭望潮作》、白居易的《潮》、宋代潘阆的《酒泉子》、清代曹溶的《满江红·钱塘观潮》、柳亚子的《浙江观潮》、茅以升的《别钱塘》、赵朴初的《钱塘江观潮》等。这些文人墨客的作品给钱塘江旅游增添了无限的文化气息。

5.2 钱塘江滨水空间形态特征

5.2.1 空间形态演变

（1）封建社会

钱塘江运输开发较早，隋朝时江运已日趋繁忙，南宋定都于杭州，更扩大了钱塘江的航运作用，运输是钱塘江一直延续的功能。在工业和后工业时代，航运依然是钱塘江的主要功能。河道、水源、水利航运工程设施以及运行管理机构是钱塘江历史环境延续的重要组成内容。

千百年来，为抗拒咸潮入侵，人们在河口两岸修筑了堪称天下奇观的古海塘，明清及以前的古海塘实物及遗存众多，周边文物古迹密布，地域特色明显，文化内涵丰富，文化特质鲜明。海塘沿线建设了大量的水利交通设施、寺庙、碑刻墓葬、古塔等；同时，运输功能使得钱塘江沿线成为商贸集聚地，诞生了大量的集市街区、建筑园林、戏曲歌舞和民俗传说。这些物质和非物质要素虽然与钱塘江本体功能没有直接联系，但是构成了钱塘江周边滨水空间的形态。

（2）民国时期

民国时期的钱塘江滨水空间用地主要进行工业建设。

中华民国成立后，浙江总督汤寿潜建筑江墅段铁路，杭州车站最早设在钱塘江滨的清泰门外，清泰门东段曾一度兴旺，出现闹市。后来又修筑了沪杭甬铁路，杭州车站改设在城站，由于交通便利，旅客集中，清泰街的闹市慢慢消失，城站的市场逐渐形成，一度也成为闹市。

1930年左右，杭州市工务局拟定杭州市区设计规则，这是杭州建市后至沦陷前重要的规划文件。该规则详细说明了市区设计的操作程序，其中有一条为开辟西兴区计划。

西兴为萧山县属之江边的小镇，与杭州市仅一江之隔，为杭州与浙东各县交通之孔道，每日往来人数，均在10000人以上。自浙赣铁路通车后，两岸关系愈臻密切，不久，钱塘江大桥竣工，沪杭铁路接轨工程完成，西兴的地位，益趋重要。

民国21年（1932年），民国杭州市政府拟定了城区的分区计划，并绘有《市政府分区计划草图》，分区计划中指出，将沿江地区设置为工业区。

民国21年，杭江铁路西兴江边至金华段已通车，继续向玉山、南昌展筑，浙西公路亦逐步发展，但因钱塘江一水之隔，铁路、公路无法贯通，杭江铁路南北两岸货物运输均须先卸车装船，待过江后再卸船装车。为此，浙江省于民国22年成立专门委员会，研讨修桥事宜。最终，由桥梁专家茅以升主持制订的建桥方案获得中华民国国民政府采纳。民国23年（1934年）8月8日，钱塘江大桥开始动工兴建。民国26年（1937年）9月26日，铁路桥通车；11月17日，公路桥通车。随着浙赣铁路以及钱塘江大桥的建成，杭州开启了跨江发展的时代。

1945年8月，杭州光复。年底，市政府着手制订杭州新都市计划。杭州市政府自开始制订杭州新都市计划以来，许多杭州市都市计划委员会委员也绘制过许多都市计划图纸。如1946年的《汪胡桢、张书农氏计划草图》《张其昀氏计划草案》《盛次恒氏计划草案》等。其中，时任浙江大学史地系主任绘制的《张其昀氏计划草案》还配有相应的说明，并送浙江省建设厅审核。张氏的计划草图保留了原有杭州古城区，在城外重新建设新城，设立政治区、游览区、文化区、港埠区、工业区。将西湖群山开辟为住宅区，工业区跨钱塘江隔江建设。但是，城市发展的规划方向与已形成的城市现有布局完全相反，虽然提出了杭州跨江发展的战略思想，但其摒弃原有城市而另起炉灶的规划思想在杭州当时的大时代背景下显得不合时宜，尽管如此，张氏提出跨江发展的城市发展方向对现在杭州的城市规划仍具有很大的借鉴作用。

（3）中华人民共和国成立以后

1953 年 8 月，国家建工部城市建设局工作组和苏联专家穆欣来杭州指导编制"杭州市城市总体规划"，这一阶段的城市发展规划主要考虑了杭州西湖自然景观的优势，并未突出钱塘江滨水空间的发展。

1958 年，杭州市建设局对 1953 年的规划结构作了根本性修改。1959 年 10 月定稿的《关于 1958—1967 年的城市建设规划》，经杭州市委审查批准正式上报省委，省委同意这一规划。规划提出要"奋斗三五年"，把杭州建设成"以重工业为基础的综合性的工业城市"。城市性质的变化促使杭州从消费城市逐步转向工业城市，严重地偏离了风景旅游城市的发展轨道，形成了北工南居的格局。城市布局上，产业结构的调整带动了城市从已有数百年历史的老城区沿运河向北，沿西湖向西，沿钱塘江向西南扩展。

1978 年开始编制《杭州市总体规划（1978—2000 年）》，城市布局为"保护西湖风景，开辟钱江新区，逐步改造旧城，配套生活设施，调整工业结构，发展卫星城镇"。将钱塘江二堡至闸口一带，规划为旅游、文教、科研和生活居住区。

1983 年 5 月 16 日，《杭州市城市总体规划（1981—2000 年）》获得国务院批复同意，规划明确"开辟钱塘江边新区"，认为钱塘江边三堡到闸口一带，气候适宜，视野开阔，为杭州东南向地形最好的地方，"除保留一些食品工业、木材加工、客运码头以及沿江必需的装卸码头仓库外，开辟为旅游公建、文教卫、科研和生活居住区，并修建江滨道路和沿江绿带"；规划要求严格控制用地，创造建设条件，"钱塘江南岸一公里范围内先予控制，以后按规划逐步开发"。

自 20 世纪 90 年代以来，钱塘江两岸的景观规划与建设一直是杭州城市发展的重点与焦点。回顾其建设历程大致经历了三个阶段：20 世纪 90 年代以复兴地区旧城改造、中河南段整治、钱塘江抗咸工程等基础设施建设为标志的局部发展阶段，拉开了钱塘江沿岸开发建设的序幕；21 世纪最初五年以钱江新城核心区、滨江区高新区、上城区公共中心等热点地区的开发为核心的多点带动阶段，城市"沿江开发、跨江发展"从此迈出实质性脚步；近十余年来在沿江新城开发战略指引下区域连片、快速集聚与蔓延的发展阶段。

2007 年 2 月，《杭州市城市总体规划（2001—2020 年）》获得国务院批复同意，规划明确以杭州主城为中心，以钱塘江为轴线，加强江南、临平、下沙三个副城和外围组团建设；规划把以旧城为核心的团块状布局，转变为以钱塘江为轴线的跨江、沿江、网络化组团式布局，采用点轴结合的拓展方式，组团之间保留必要的绿色生态开敞空间，形成"一主三副，双心双轴，六大组团、六条生态带"的开放式空间结构模式，使整个杭州城市形成了一个有机的整体。

21 世纪杭州城区的发展主方向是沿江、跨江、向东、向南发展，形成一个以钱塘江为轴线、江南江北共同繁荣发展的双联城市。当前，钱塘江沿岸无疑成了杭州市 21 世纪发展的一个生长点，规划建设了钱江新城、钱江世纪城、钱塘新区等一批重大平台，推进了城市扩容和市区一体化融合发展，提升了钱塘江两岸地区经济社会发展水平。

钱塘江时代来临，沿江地区成为杭州新的政治、经济、文化、旅游、会展中心。钱塘江沿岸地区地理位置优越、环境良好，适合以中心商务区、旅游开发区、高新技术产业开发区及中高档居住区建设为主，形成产、学、研、商、居、游相结合的现代化新城区。

钱塘江沿岸作为杭州市新的中心商务区，兴建了一批金融、贸易、证券机构，吸引外资银行、管理机构、国内外大型公司的总部及在杭办事处到滨江地区落户。同时，建设了一批配合商务活动的宾馆、商场、大型文化广场、音乐厅、剧院、文化艺术交流中心以及具有标志性意义的国际会展中心，使滨江地区逐步成为国际闻名的现代化中心商务区。CBD 的建设有助于进一步提高、优化杭州的产业结构，吸引外商投资，对提高杭州城市形象和品位有至关重要的作用（见图 5-9 ～图 5-18 ）。

图 5-9　钱塘江杭州段鸟瞰（一）

图 5-10 钱塘江杭州段鸟瞰（二）

图 5-11　钱塘江杭州段鸟瞰（三）

图 5-12　钱塘江杭州段鸟瞰（四）

图 5-13　杭州钱江新城（一）

图 5-14　杭州钱江新城（二）

图 5-15　杭州钱江新城（三）

图 5-16　杭州钱江世纪城（一）

图 5-17　杭州钱江世纪城（二）

图 5-18　杭州钱江世纪城（三）

5.2.2　空间形态特征

（1）空间结构特征

杭州市发布的《钱塘江金融港湾发展规划》中，提出将钱塘江金融港湾打造成为财富管理和新金融创新中心，并谋划"1+X"的空间布局，其中，"1"是指钱江新城和钱江世纪城。在"1"之外，涌现出如上城区玉皇山基金小镇、滨江科技金融集聚区、望江新城金融集聚区、萧山湘湖金融小镇、富阳黄公望金融小镇、运河财富小镇等一系列金融产业集聚区，形成主城区点面结合的有机空间布局。杭州主城区以钱江新城和钱江世纪城为核心，以钱塘江沿岸的金融特色小镇（集聚区）为节点，塑造带状和点链式的产业通道，成为承载钱塘江金融港湾建设的重要空间（见图 5-19）。

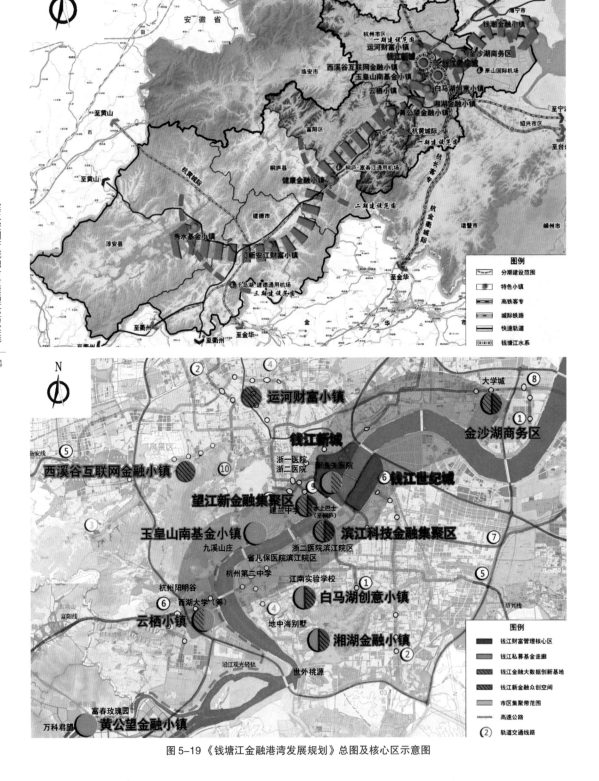

图 5-19 《钱塘江金融港湾发展规划》总图及核心区示意图

（2）土地利用特征

钱塘江串联了主城区的钱塘区、萧山区、滨江区、上城区、西湖区、富阳区，以及中上游的桐庐县、建德市与淳安县，共计 9 个区、县、市。经过近年来的发展，沿江城市建设动力不断增强，成为杭州市域范围内人口和城市重要功能板块的集中地。

在市区范围内，钱塘江串联起城市重要的亮点区块。其中，包括作为城市主中心的钱江新城、钱江世纪城，西湖及周边地区和玉皇山等文化地区，滨区智慧新天地、上城区望江新城等科技平台，奥体中心板块等大事件板块。此外，滨江地区也集聚了若干城市动力平台。例如玉皇山、湘湖、富阳黄公望等金融小镇，浙江大学、中国美术学院、浙江理工大学、浙江工商大学等高校，以及望江新城、智慧新天地、萧山科技城等创新基地。钱塘江沿岸成为城市最富有活力的片区之一。

（3）道路结构特征

20 世纪 90 年代开始，随着彭埠大桥、富春江第一大桥、新安江大桥、窄溪大桥、富春江二桥、西兴大桥、中埠大桥等过江通道的建设，以及"浙江第一路"G320 杭州—富阳段改建竣工，"浙江首条高速"沪杭甬高速公路建成通车，部分城市功能和用地开始跨江向南岸拓展，例如杭州高新区江南区块、萧山机场、桐庐江南区块、建德白沙区块等。同时，多处经济开发区在钱塘江两岸成立，包括杭州高新区、杭州经开区、富阳经开区、淳安千岛湖经开区、桐庐经开区等。

进入 21 世纪，江东大桥、下沙大桥、庆春路隧道、复兴大桥等过江通道逐步形成，绕城高速、杭新景高速建成通车，钱塘江两岸及沿江区县市联系显著加强。2010 年以来，九堡大桥、之江大桥、严洲大桥等建成通车，轨道交通 1 号线、2 号线建设进一步丰富了两岸交通联系方式，对钱塘江南岸的各大新城、开发区的用地扩展和功能完善起到了积极推动作用。

（4）景观结构特征

目前，钱塘江的水体边缘处建设了一条较宽的开放式滨江绿带，即之江绿道（大江东—长安沙），成为杭州最大的城市绿肺，集中体现其生态功能，创造良好的生态环境，同时布置了一些大型的游憩广场，为市民及外来游客提供开放式、文化内涵丰富的亲水场所。之江绿道分为精品都市型、江堤结合型、水岸公路型、山地生态型四大类型。钱塘江绿道系统和公共空间由绿廊、活动场所、交通设施、配套服务设施及标识设施五大要素，以及绿廊、慢行道、广场、口袋公园、驿站、智能化设施等 20 个子要素构成。绿道建设通过慢行道铺装色彩的选择，体现与城市道路系统的差异，提升绿道可识别性，新建慢行道统一色彩标准，步行道以灰色系为主，跑步道以蓝色系为主，骑行道、综合慢行道以红色系为主。

此外，钱塘江沿岸的滨水空间拥有大面积的绿地和生态保护带，良好的生态环境质量，对于构筑现代化国际城市鲜明的生态景观形象有利。

钱塘江沿岸地带有丰富的自然、人文旅游资源。目前已有六和塔、白塔、九溪等老景点，以及宋城、未来世界、高尔夫球场、杭州乐园、之江国家旅游度假区等旅游设施和新景点。基于现有的旅游设施和地理条件，钱塘江南岸宜建造大规模的休闲旅游项目让其以现代、开放的都市风貌展现在世人面前，为杭州旅游业注入新的活力。

5.3 典型案例：钱塘江流域绿色高效产城融合发展

当前，钱塘江两岸地区集聚了各大产业平台，是各类经济活动的重要承载地区，面临着传统产业转型压力大、新兴产业缺乏培育、产业平台缺乏整合等问题。统筹三生空间，构建集约高效的生产空间，需要以钱塘江流域为纽带，以转型发展、整合提升为抓手，构建绿色高效的现代产业带。

借鉴国内外流域转型发展经验，针对钱塘江流域产业带发展现状，应当重点关注三大方面：引导传统产业转型，统筹产业发展方向；培育新兴特色产业，引领特色化发展；构建市域合作平台，促进区域合作。

5.3.1 引导传统产业转型

杭州市"十三五"规划中明确提出，未来重点发展"1+6"的产业集群，包括1个万亿级信息产业集群，文化创意、旅游休闲、金融服务、健康、时尚、高端装备制造6个千亿级产业集群。基于钱塘江流域各地区发展现状和发展趋势，立足杭州未来产业发展布局，针对钱塘江流域各个地区产业板块发展方向提出具体指引。具体来看，分为城市地区的产业平台和乡镇街道的工业集聚区两大类别。

针对产业平台的传统产业转型，应当通过环保要求倒逼机制与政策激励机制"双管齐下"，实现传统产业的转型升级。借鉴莱茵河河畔的化工城市、瑞士巴塞尔转型经验，通过形成河流环境保护法规、严格环境监管、增强企业投入整治等多方面系统体制，实现化工产业与河流环境的和谐共生。针对钱塘江流域的传统产业，一方面要构建通过环保、经济等行政手段来淘汰落后产能的长效机制；另一方面要增强绿色改造提升的政策指引、构建资源高效循环利用体系，通过倒逼机制与引导机制来实现传统产业向绿色经济的转型。

针对现有和规划的产业平台，可提出"退""减""替""增"四大发展方向。通过明确发展方向、转型升级传统产业、优化提升战略新兴产业，引导钱塘江流域产业平台走集群化发展路线。其中，"退"是指需要退出落后产能，具体针对传统板块整体退出，例如富阳江南新区和建德高新园；"减"是指污染能耗环节减少，具体针对现有高污染高能耗产业的整治，例如富阳新登板块；"替"是指替换园区发展方向，发展重点从传统产业向战略新兴产业转型，例如萧山经开区板块、富阳东洲板块；"增"是指增强产业集群化发展，承载市域"1+6"产业集群，例如大江东产业集聚区、滨江高新区等。

杭州作为我国民营经济大市，小微企业功不可没，形成的富有特色的块状经济集群，也成为杭州经济的一大特点。当前，钱塘江流域的乡镇街道级别工业集聚区，就是块状经济的重要载体。针对现有乡镇街道级别的工业板块，应采取做精做专、特色发展的思路。一方面，在产业发展规模上要从追求"量"向追求"质"转变，应当走小而精的发展路径，通过政策引导加快淘汰落后产能，实现技术的更新换代；另一方面，借鉴桐庐县制笔、针织产业转型经验，鼓励现有块状经济依托"互联网+"提升竞争力，培育创新产业，向特色小镇功能板块转变。

5.3.2　培育新兴特色产业

基于钱塘江流域各区段不同发展阶段、经济产业基础、自然人文资源特色，根据各个区段特征，将钱塘江流域分为钱塘江段、富春江段和新安江段三个区段，分别提出培育新兴产业方向、特色化发展路径。

（1）钱塘江段：塑造金融、科创引领高地

对接钱塘江金融港湾规划，钱塘江段应当打造金融引领高地，重点建设"一核十一区"。其中，"一核"指的是以钱江新城、钱江世纪城两大金融集聚区为核心区；"十一区"指的是沿钱塘江流域布局的十一个金融产业集聚区和特色小镇，具体包括望江新金融集聚区、滨江科技金融集聚区、运河财富小镇、西溪谷互联网金融小镇、金沙湖商务区、云栖小镇、玉皇山南基金小镇、白马湖创意小镇、湘湖金融小镇、黄公望金融小镇、钱塘智慧城等。

同时，钱塘江段作为杭州市高新技术产业最为密集的地区，应当塑造创新智造引领高地，重点打造"4+3+X"模式，即四大创新核：滨江高新区、下沙经开区、未来科技城、青山湖科技城；三大智造核：萧山经开区、大江东产业集聚区和余杭经开区；多个创新智造小镇。

（2）富春江段："人文+"引领区域创新，塑造文化创意与文化体验

富春江段拥有文化积淀、区位优势，拥有塑造人文特色发展的新机遇。借鉴国内外发展经验，发掘"人文+"特色，打造富春山居文创区、分水江人文休闲区和富春江生态健康走廊。

富春山居文创区：重点依托之江旅游度假区、富阳黄公望隐居地等历史文化、创意文化资源，塑造文化创意、科技创新、生态人居等特色功能，打造黄公望"隐逸"文化、中国山水画圣地品牌。

富春江生态健康走廊：重点结合优质山水条件，发展大健康产业，塑造康养融合，以富春江"大健康"特色为纽带，重点打造桐庐富春健康城、富春药谷小镇等度假休闲项目，合理利用沙洲岛屿、湿地公园等自然生态资源。

（3）新安江段：发展"生态+"，吸引健康、休闲、现代农业等新经济

新安江段作为生态资源分布最为密集的地区之一，拥有千岛湖、富春江森林

公园、新安江森林公园等生态资源。借鉴瑞士经验，新安江段在落实"＋生态"严格管控的同时，应发展"生态＋"特色功能，吸引现代农业、大健康、度假休闲等新兴经济，城镇地区可打造成为服务新兴经济的重要载体。

在新安江段重点打造新安江山水休闲区与环千岛湖生态度假区。其中，新安江山水休闲区重点发展"生态＋运动休闲"，依托山水特色发展自行车、皮划艇等运动休闲体验项目。环千岛湖生态度假区重点发展"生态＋农业"，打造田园综合体，发展第六产业；"生态＋旅游"，丰富全域旅游体验，实现多元化、特色化、精品化发展，打造森林康养旅游、森林旅游化利用等休闲度假特色。

5.3.3 搭建市域合作平台

可以通过构建市域高新智造合作平台，探索"一区多园"形式，共享政策红利；同时，鼓励跨区域合作，探索多种合作共建的机制。

（1）构建市域高新智造合作平台，共享政策红利

借鉴北京中关村"一区十六园"的空间布局，上海张江"一区二十二园"的空间布局，钱塘江流域应当以20km为半径，布局高新智造网络。通过市域高新智造合作平台的构建，主城区产业平台扩展新的发展空间，外围地区产业平台获得政策红利、技术支持和招商机遇。

以打造高新智造的核心区、协同区、拓展区和共建区四类载体。其中，高新智造核心区包括滨江高新区、下沙经开区、萧山经开区、大江东产业集聚区，应当以研发创新为主要驱动力，塑造创新核，生产功能通过市域合作向外围地区扩散；高新智造协同区包括富阳银湖板块、东洲板块、江南新区等地区，加强与核心区科技创新、高新制造等功能合作的主要载体，与核心区探索"一区多园"的运行机制；高新制造拓展区包括富阳新登板块、场口板块、桐庐经开区等，加强与核心区产业合作，重点培育高新制造功能，承载生产功能外溢；高新智造共建区包括建德高新园、经开区、新安江科技城、淳安经开区、高铁新区等地区，重点通过合作共建的方式，实现现有产业转型升级。

（2）鼓励跨区域产业合作，探索多种共建机制

在跨区域合作机制上，鼓励探索区域合作共建。借鉴上海漕河泾开发区的合作共建经验，通过"品牌输出""资本合作"等形式，实现跨区域技术、生产、研发等多方面、多形式的合作。未来钱塘江流域各产业平台可以探索多元化合作方式、共建模式，通过区域合作，发挥核心区、协同区产业平台的企业资源、管理水平、品牌影响等方面的优势，也发挥协同区、共建区产业平台的资源要素、综合成本、自然环境等方面的优势，形成钱塘江流域各产业平台优势互补、协作配套、协同发展的局面。

第 6 章

丽水"城江"关系案例研究

　　"江"一般指大型河流。大江就像蓝色项链，结合两岸绿道体系串联起整个城市的各类要素，形成与自然生态环境密切结合的带状景观斑块走廊，承担信息、能量和物质的流动功能，促进景观生态系统内部的有效循环，同时加强各斑块之间的联系。

　　如何更好地发挥大江流域的综合价值，为生活在周边的居民提供户外休闲娱乐和交往空间，满足经济社会可持续发展的需要是一大难题。本章以丽水瓯江流域为例，展示如何以生态、生活、生产"三生融合发展"为核心，实现江城关系的良性互动，因地制宜地进行规划建设。

6.1　丽水城市水岸发展思路

6.1.1　丽水市水系概况

　　"过去与未来""历史与发展"，城市的发展是一种历史的脉络，"理想与阅历"则是考验一个规划设计者对作品的把握。

　　丽水城坐落于山水合抱的河谷平原，秀丽的山水和厚重的文化积淀，养育了勤劳智慧的丽水人民，俯拾皆是的历史文化遗存给予这个城市以无限的想象空间。

　　丽水盆地地处浙江省西南部山区，瓯江干流大溪与一级支流好溪汇合处。盆地内水系发达，河流众多，根据河流作用和区块划分，其主要有两大水系（见图 6-1）：第一是贯穿城区东南向，以东部区块为主，以好溪堰河为代表的好溪堰水系；其二是贯穿城西的丽阳坑水系。盆地内现有河道总长度超过 60km，总水面面积约 55 万 m^2。好溪堰因好溪在下游岩泉镇马头山处筑坝截好溪水，引水入渠而得名，始建于唐宣宗年间（847—860 年），已有 110 多年的悠久历史。引水渠自东北向西南方向穿城而过，途经青林、凉塘、九里、后铺、海潮等村，穿过市区丽青路、花园路、大洋路，下游汇入大洋河，是一条以农业灌溉为主，兼有排涝功能的河道。河道全长 8.5km 左右，其中在城区的长度约为 2.8km。丽阳溪位于城区西北部，发源于丽水市城区北部的骑龙山南麓，自北往南流经实验林场、丽阳殿，进入丽水盆地，穿越灯塔新村，经市电业局、丽水广播电视大学，在主城区西部的溪口与五一溪汇合后，汇入大溪。丽阳溪主流长10.1km，流域集水面积10.3km²，干流丽阳殿至溪口村河长4.55km，其主要功能是排除北部山洪及沿途雨洪。丽阳溪以白云山公园入口为上边界，边界处集水面积7.11km²，河长6.11km，比降83.2‰。

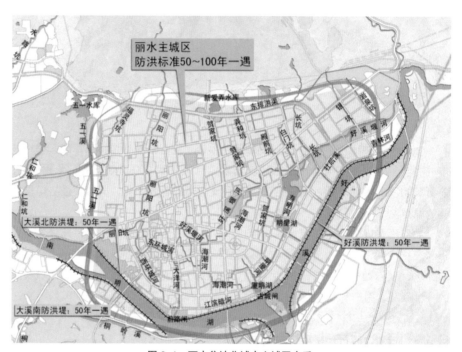

图6-1 丽水盆地北城中心城区水系

然而，由于丽水盆地内河河道年久失修，河岸坍塌，河道淤积严重，输水能力下降，防洪排涝压力不断加大；且内河水系被挤占现象十分普遍，严重影响河道沿岸的城市景观环境。另外，城市污水直接排入河道，水体污染十分严重，内河失去了美化城市景观的功能，成为名副其实的臭水沟。

丽水内河水系整治定位为增强区域防洪排涝能力、减轻洪涝损失，改善水生态环境，促进人水和谐，提升城市品位，促进经济发展，充分发挥内河的重要作用，适应丽水市"生态立市、工业强市、绿色兴市"的发展战略，实现"六城联创"的工作目标。整治后的内河既能满足城市防洪排涝要求，又能实现水生态系统良性循环，把河道建设成区域内的水带、风带、绿带，实现山清水秀、人杰地灵、市容优美的城市发展目标，为丽水经济社会发展提供支撑和保障。

6.1.2 重塑丽水城水关系

内河水系规划设计就是以整治为契机，重塑主城区内的水网、水系。规划设计重点把握丽水"山、水、城"之间的相互关系，充分利用自然地理环境特征及人工因素，突出丽水作为山水城市的特色。

6.1.3 打造城市滨水空间

对于丽水城市最为重要的风貌与标志性场地的设计，创作思维都是源于自然的启迪，特别是对自然山水的青睐。众所周知，水是生命之源头，水的灵性，给景观创作提供了源源不断的动力，树立了自身的景观设计整体理念。也正是缘于此，在景观的塑造中希望能借助一定的媒介来表达我们对丽水自然山水资源的赞赏与展示。水要素的提炼，从水的常态延伸到了汽态与固态，在水的内涵上，从具象到抽象。具象如景观设计中模拟奇峰险峻的大型假山石，并配合溪流等形式来表达；抽象如旱溪与河滩石的"枯山水"表现，雾的使用能减弱造景过于直白的缺点，使景观的营造形神兼备。

丽水滨江景观带横亘在城区南翼，北以江滨路为界，南到已建防洪堤，东西蔓延近5km，宽度在40 ~ 150m不等，总用地面积约43hm²。景观带充分发挥和利用滨江的环境资源优势，建立起以瓯江为中心，包括其周边公共空间及城市节点的公共空间体系（见图6-2）。

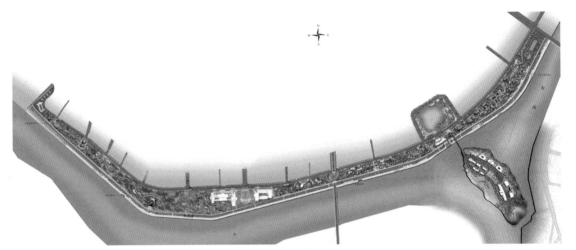

图6-2　滨江景观带总平面图

南侧以防洪水利工程的堤坝为界，北侧以城市控制性详细规划确定的江滨路南侧为界，西至括苍路和小水门大桥，东至丽青路水东大桥。总面积约39.4hm²。其中古城墙保护区约4.3hm²，城市意象区约8.2hm²，市民广场区约7.7hm²，生态景观区约9.25hm²，少年儿童活动区约9.95hm²。

滨江景观带的设计思路是充分发挥和利用滨江的环境资源优势，建立以大溪为中心，包括其周边公共空间及城市节点的公共空间体系，把市民活动和旅游活动同滨江空间环境相结合，吸引市民开展日常活动和旅游观光活动，如休闲、娱乐、宴请、约会等，使滨水区成为丽水市的城市起居室，为滨水区的发展注入生机和活力。

同时，在历史文化保护与利用上，结合城市发展和城市空间环境发展的现实需求，把历史文化要素同城市土地利用、公共空间、市政设施、景观等要素整合起来，力求把保护和开发利用结合起来。将江滨路以南的沿江区段建设成丽水市莲都区最重要的连续江滨城市景观绿地，使其成为构筑生态城市的重要内容，成为城市公共活动的主要场所，成为展示城市自然与人文风貌特点、体现城市环境质量和生活品位的主要标志性空间。

古人讲"立象以尽意"，借助客观外物来表达主观情感；又讲情景交融，物我两忘，天人合一。景观意象是人类主体思考和概括宇宙人生普遍规律的具象显现，了解了意象的文化功能，就知道借物生情的意义。比如，建筑的聚集和霓虹的装饰散发着上海时尚繁华的都市语言；光亮鉴人的青石小径和古朴雅致的民居简舍传达着丽江的典雅情调；厚重延绵的城墙和随处可见的古迹洋溢着西安的古都风貌；等等。如何用景观意象传达丽水的文化内涵，丽水滨江景观带的设计试图在景观的塑造和文化表现之间形成一种关联。

6.2　丽水市滨江景观带设计

6.2.1　项目现状

丽水于 2000 年撤地设市后，开始实施"生态立市，工业强市"的发展战略，以实现"秀山丽水"的目标。丽水同时也是全国两个地级生态示范区之一，总体规划将丽水定位为生态城市和山水城市。丽水市滨水区的开发建设是实现这一战略目标的重点之一。丽水市自古以来山水环抱，环境优美，自然资源和人居环境在结构和现状上至今仍保持着良好的生态关系。特别是合并后的大丽水市，保存着较优质且丰富的自然资源和景观资源，这成为丽水市有别于其他城市的主要特色。

区段涉及的跨江桥梁有小水门大桥、紫金路大桥和水东大桥三座。西段小水门大桥向东的大水门、小水门和古城墙等历史文物遗址，是反映丽水城市历史文化的重要建筑遗存。区段涉及的城市排水设施有两处，一处位于大洋路节点，另一处位于古城路节点。区段目前沿江有部分民用、工业和旅游服务设施，但质量较差，特别是零散的旅游服务设施，呈无序的开发状态。以上建成设施主要集中在小水门大桥到花园路段，2000 年，丽水市人民政府结合旧城改造和滨江路的建设，已着手动迁沿江的破旧民宅和工业设施，为区段的防洪水利工程和绿带景观建设打下了基础。

在这样的背景下，该项目主要解决以下问题。

（1）保护和开发好丽水市最具城市特色的大溪江沿线的景观资源和生态资源，在保证城市防洪水利功能的同时，创造大型的城市临水公共绿地和公共活动空间，避免因建设防洪水利设施导致城市景观特色和生态资源遭到破坏甚至消失。

（2）丽水市城市总体规划和丽水市人民政府已确定的发展战略，通过本地段的综合开发，通过防洪水利设施的建设，一则保证了城区免受洪水的侵扰，为城区的建设和发展打下基础；二则通过筑坝蓄水、抬高和稳定大溪江在城区段的水位，建设山水相依、树木葱茏的大型生态绿地和公共活动空间，成为城市的绿肺，形成丽水市生态型山地城市特有的重要的生态环境组成部分和丽水市生态旅游的重要资源。

（3）从城市环境整体格局协调发展的要求出发，结合城市中心向南发展并在大溪江沿线形成新的城市中心的目标，通过该项目的建设，激活大溪江北侧滨江路沿线临水地块的价值，为城市向南发展创造条件，同时形成丽水市最具城市特色的大型连续的生态绿地和城市临水公共活动空间。其结果一是可塑造城市的鲜明形象，解决丽水市中心区缺乏大型公共绿地和公共活动空间的环境面貌，使城市环境更优美、功能更合理；二是将使城市的发展有更良好的格局。

（4）通过沿江绿地的整体开发建设，对大水门、小水门和古城墙遗址进行综合保护和整治，一方面保证文物古迹不会因水利工程的建设而遭到破坏；另一方面通过环境的整治和沿江区段的整体开发，将具有代表性的丽水城市历史和文化的文物古迹保护好，并将其重要的人文意义和景观价值激发出来，使生态城市的意义因为有了人文精神的内涵而更加完整。

6.2.2 总体布局

对丽水市滨江区块的景观规划设计，首先应从整体出发，尽量做到滨江景观设计与丽水整个城市规划相融合，从而实现滨江景观设计与城市设计的连贯性、整体性、互补性。我们运用时空变化发展的设计理念，以丽水历史的文化为素材，以丽水的滨江地带为载体，来演绎整个丽水城从古到今的发展历程及对美好未来的展望。

因此，我们把整条滨江绿化带划分五个功能区，由三大功能区块和两大过渡区块组成，它们分别是古城墙保护区（代表丽水历史发展的过去）、市民广场区（代表丽水历史发展的现在）、少年儿童活动区（代表丽水历史发展的未来）。这三大功能区块两两之间又有两个具有过渡功能区块把它们自然地联系在一起，它们是城市意象区（连接过去与现在）、生态景观区（连接现在与未来）。

五个功能区就像奥运五环一样，一环扣着一环，紧紧地把整个滨江景观联系在一起（见图6-3）。

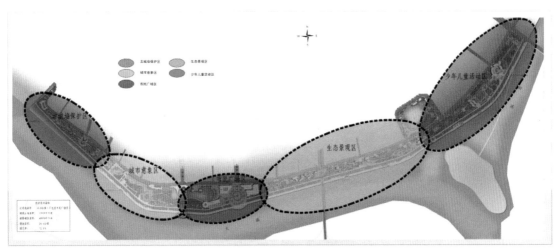

图6-3 丽水市滨江绿化带功能分区图

6.2.3　分区布局

（1）古城墙保护区

区块自小水门大桥开始至大众路段，场地内依次分布了生态停车场、休闲茶楼、古城墙保护和传承广场。生态停车场位于小水门大桥东侧，作为滨江绿化带的入口停车处，同时也作为交通繁忙的小水门大桥的屏障。生态停车场以东设置了休闲茶室，属闹中取静之地，同时与古城墙相毗邻，可深领古人之神韵。古城墙保护段处于茶室以东，在保留古城墙遗址的基础上，恢复大水门门楼和瓮城门楼，使之成为最有地域代表特色的优质环境。大众路与江滨路交叉口处设计了圆形传承广场，既可陈列古城墙开挖文物的成果，又作为下段绿化带的转承点（见图6-4～图6-6）。

图6-4　圆形广场航拍与实拍及城墙茶室（一）

图 6-5 圆形广场航拍与实拍及城墙茶室（二）

图6-6 古城墙保护区鸟瞰与实拍

从小水门到南明门段的城墙,是一段保留了千年的真实历史记录,通过严格保护与外围修复相结合,还原了部分已经湮灭的古迹,如南明门。在城墙的外围对沿江绿地进行整体保护设计,保证文物古迹不会因其他工程的建设而遭到破坏,将代表丽水城市历史和文化的文物古迹保护好,并将其重要的人文意义和景观价值激发出来,使绿化带景观因为有了人文精神的内涵而更加完整。

（2）城市意象区

区块自大众路段开始至大洋路段。建立了一个城市意象公园,用于展示丽水城市发展不同时期的历史人文、民风民俗等。在此区段充分结合地形特征塑造展示空间,提高江滨路与堤坝的联系性。

首先,城市意象区总体分区布局按照现状地形地貌,以流水和地形起伏绿地的大环境营造,表达城市意象的主基调、主色彩、主空间、主功能。

其次,以历史文化为城市发展之源流,通过"源远才能流长"的设计解读丽水城市的自然和历史积淀及其特色,并加以组织发挥,糅合城市发展之神,使城市意象区具有鲜明的特色和品位,彰显它处无法模仿的差异性、特殊性、认同性。

再次，在功能分区和景点布置上，我们以水系——抽象的"蜿蜒的瓯江"为主线，将瓯江概念进行具象和抽象混合的水系景观体现，着重对瓯江的"灵、奇、峻、清、幽、特"特性进行典型化的浓缩，以达到城市意象区设计的精致性和可看性（见图6-7、图6-8）。

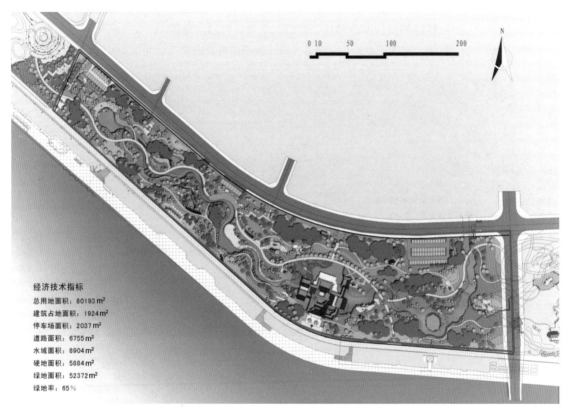

经济技术指标

总用地面积：80193 m²
建筑占地面积：1924 m²
停车场面积：2037 m²
道路面积：6755 m²
水域面积：8904 m²
硬地面积：5884 m²
绿地面积：52372 m²
绿地率：65%

图6-7 城市意象区总彩平与现场航拍

从西向东，依次设立三个景区，即瓯江源景区、少游园景区、应星楼景观区。

瓯江源景区主题：处州由来；瓯江与丽水城、丽水人民相生相伴的历史。景观跌水结合瓯江源头，将市区作为生命之源，探古游玩景点。设计时，利用地势高差制造跌水。高处休息平台设置了一组垒石，水从垒石中冒出，经过层层落差跌水，顺势而下潺潺而流，最后汇成水潭，也以此为整个水系的源头。落落水声与睡莲的静怡形成对比，原石、水流、树丛、鸟鸣……使人可听、可观、可触、可感，安逸舒适，夕阳洒落，波光映画，桃源境界扑面而来（见图6-8）。

图6-8 瓯江源入胜台效果图与处州府城实景图

以北宋著名词人秦观（秦少游）描写处州城外大溪（瓯江）的传世名作《千秋岁·水边沙外》为创作主旨，主要种植一些四季开花的植物，如桃树、樱花、海棠、梅花、紫荆花等，形成"鸟语花香"的自然山林野趣。结合散置较大的假山，并勒石刻书水边沙外碑文，飞扬烂漫的诗词，随着清风吹起，花儿飞红，让人完全沉浸在秦少游创作《千秋岁·水边沙外》的思绪里（见图6-9）。

图6-9　少游园景区——秦少游纪念区效果图

同时，通过水系流觞和大面积卵石沙滩塑形，给人们尤其是儿童打造一个亲水空间。踩在细软的金沙上，坐在卵石上濯足戏水，聆听树虫呢喃、流水潺潺，看碧水蓝天，乐不思返。再通过堰式跌水景观区的打造，实现一种人与水、人与自然交融的休闲胜地（见图6-10）。

应星楼景区主要是展示在自然经济条件下，对丽水发展十分关键的利水、治水、引水的历史遗痕，同时展现和传承丽水人民不怕艰难、勇于拼搏、执着奋斗、敢于挑战、自强不息的人文精神。

据处州府志记载，因"处士星（少微星）见于分野"故称处州。以城市意象区域内南宋宏伟高大的"应星楼"明楼和精致的"应星桥"为视点，遥对"处士星"，并设置相关的纪念碑，陈述处州历史的由来，阐述处州的历史陈迹和年代的沧桑。历史上的应星楼建在处士星出现的地方，即城内水流入大溪之处，与南面的少微山隔江相望，形成中轴，堪舆家认为这是处州的"风水线"。

设计中定位的应星楼位置，瓯江在此形成了一个约140°的天然转角，造就了独特的景观集聚点，强化了滨水景观带的"点轴"布局模式。

从湖面到应星楼建筑顶端的垂直高度约为50m。从人眼的最佳视角分析，泛舟南明湖上的游人能从各个方向和位置观赏应星楼的全貌，且良好的视觉角度均控制在28°以内。应星楼主体建筑共九层，余屋均一层。总建筑高度42.2m。

图 6-10　少游园景区卵石沙滩效果图、堰式跌水效果图

　　应星楼的设计采用了宋代建筑的传统做法。在宋代，不论是组群建筑还是个体形象都有清雅柔逸的风采，屋脊、屋角有起翘之势，给人以轻灵、柔美、秀逸的感觉。应星楼采用的是大收山十字脊屋面，下面几层通过收分形成多重屋角，使应星楼的形态更为秀逸，又创造了丰富多变的天际线轮廓。

　　其中，应星楼所处区域绿带建筑高度均在 20m 以下，高约 40m 的应星楼主楼在整个滨江天际轮廓线中是一个较为突出的地理坐标，其文化背景更是一个城市发展的时间坐标（见图 6-11）。

图 6-11　应星楼效果图与实拍图

　　此外，位于桃花潭一侧的《瓯江魂》群像雕塑，反映了山区人民不畏艰险与自然斗争的生活场景，体现出《瓯江魂》(见图 6-12、图 6-13)。《瓯江魂》群像雕塑位于桃花潭一侧的水岸，高约 10m，气势恢宏，人物形象饱满有力。雕塑周围有大型的较规整的卵石，有序地摆放着。雕塑上刻有水纹图案背景，寓意瓯江之水源远流长、奔流不息。在"瓯江水系"两侧，各摆放着四组雕塑，通过"筑"（反映的是人们搬运石块的建设场景）、"堤"（展现了人们正手持铁锹修建堤坝）、"纤"（五位纤夫正在水上拉纤）、"排"（瓯江上最常见的放排场景）等动作的生动刻画，突出了丽水人民不畏艰险、奋发有为、自强不息的人文精神，整个雕塑刚柔并济，呈现出独特的艺术效果。

图 6-12　《瓯江魂》效果图、实拍图（一）

图 6-13 《瓯江魂》效果图、实拍图（二）

（3）市民广场区

区块从大洋路段开始至宇雷路段。建设集商业、科技文化、娱乐休闲于一体的广场，通过丰富多元的公共活动功能设置成为带动整条滨水带人气的亮点。该功能区块包括大洋路南端环境水系和花园路滨水广场两大部分（见图 6-14）。贯通南北的花园路是丽水市重要的城市轴线，在其北端已规划了市政广场、会展中心等一系列大型公共建筑。设计时，在花园路和江滨路的节点设计了一个市民广场，周边布置了博物馆、科技活动中心、大型商业建筑、酒店餐饮等一系列供市民和游客休闲活动的城市公共场所，也是重要的旅游景点，从而形成花园路轴线上南北端城市政治中心和城市文化休闲中心遥相呼应的格局（见图 6-15）。

主要技术经济指标:
总用地面积: 85042 m²
建筑占地面积: 13779 m²
停车场面积: 723 m²

图6-14 滨水公园总彩平及航拍图

滨水广场由于处于城市景观轴线（花园路）末端，与市行政中心相对，同时也是滨江景观带的中心部位，左右分别为丽水市博物馆与青少年科技活动中心。根据整体环境与自身功能需要，滨水广场被定位为林荫休闲广场。广场形式以规则式布局为主，体现景观轴线与景观带中心景观大气、开放的要求，同时设计有丰富的人性化的小型活动空间，满足游人休息活动的需要，整个广场设计风格大气、简洁而又精致。

中心广场拾级而上，由广场活动区、环形涌泉水带、中心水景、主题雕塑及特色植物景观组成。中心水景和主题雕塑构成广场的中心景观，同时也是花园路的对景和景观轴线的收尾，还是博物馆和青少年科技活动中心建筑的对景。广场南侧的植被以群落式种植为主，即作为广场和雕塑的背景又划分了广场与防洪堤的空间关系。

广场活动区两侧的林荫树阵有效地划分了广场与周边建筑的空间范围，同时也形成了丰富的林下活动空间。树阵主要选用榉树等树形挺拔优美的秋色叶树种。

广场两侧，通过博物馆、青少年科技中心两个功能建筑，进行空间收缩，作为交通空间、集散空间和小型活动空间，并与主广场透过树阵相通，形断而意连。

图 6-15 广场夜景图与航拍图

（4）生态景观区

  该功能区块是连接市民广场区（丽水历史发展的现在）与少年儿童活动区（丽水历史发展的未来）的一个过渡区块，因而起着承前启后的作用。整个功能区块从宇雷路开始至支四路段止，先后可分为松杉园林区、植物观赏区与岩生植物区三个功能小分区（见图 6-16）。

图 6-16　生态景观区总平面图

  松杉园林区：位于宇雷路到紫金桥段，该区是整个生态景观区的起始阶段，同时也是承接市民广场区的纽带，由于市民广场区以建筑、广场铺装等一些硬质景观为主，因而，在过渡到该区时，我们运用了绿色植物及其地形的高低错落来营造园林景观，在适当的地方布置节点广场（太极广场、晨练广场）来加以修饰（见图 6-17），并在其中设置了一处老年人活动中心。老年人可以根据自己的喜好参与一些室内外活动，如棋牌、书画、门球。此外，该区内植物设计以松树和杉树为主要基调树种，寓意老年人长命百岁。

  老年人活动中心：位于松杉园区的老年人活动中心，采用简洁、现代的建筑风格，以一些轻盈的材料为主，如木材、玻璃等。其室内布置有棋牌室、书画社、休闲茶室等。周围的环境设计主要选用能分泌较多杀菌素的松科植物，以湿地松为这一区块的小基调树种，配以金钱松增加季相变化。下层配置龙柏和罗汉松，形成一个以松柏类植物为主要特色的植物群落（见图 6-18）。

图 6-17　广场效果图及现场实拍图

图6-18　绿色植物及节点

植物观赏区：紧挨着松杉园林区的是植物观赏区。在该功能小分区中，我们主要利用可观赏的植物花木来塑造生态景观。由于在该功能区中存在着少量的保留建筑，因而我们通过对这些保留建筑的整修与扩建来美化环境。除此以外，还设置了休闲商场、美食天地等一些休闲场所，从而达到硬质景观与软质景观的完美结合，在一定程度上丰富了该功能区的景观元素。

美食天地建筑：由于植物观赏区内有污水处理站，因而为了与周围建筑相协调，我们设置了一系列类似建筑风格的建筑体，并设置了休闲商场、美食天地、酒吧等一些休闲场所。其周边环境主要利用可观赏的花木来塑造生态景观，从而在一定程度上达到自然和环境、环境与建筑的统一。

岩生植物区（见图6-19）：此功能区位于生态景观区的末端，我们运用中国园林中的堆山置石手法，来打造岩生植物蔓生的万石谷、生态台地等景点。此外，根据此处原有的低洼地形设置了地下停车场，很好地解决了整个园区的停车问题，也解决了周边生活小区的部分停车问题。

图6-19 岩生植物区效果图及实拍图

（5）少年儿童活动区（瓯江文苑）

项目地处北城边缘的好溪滨江景观带之中，是城市向自然山水过渡的空间，周边以居住用地为主，交通便捷，整体布局呈放射状，场地与北城商业中心成轴线关系。设计用地东西长约780m，纵深最宽约125m，红线面积约为7.4km²。滨江景观带中已形成南明门（老城墙）、应星楼、观音阁、滨江公园、丽水博物馆等系列景观节点，形成了一条人文内涵丰富，自然景观优美的滨河长廊。随着近几年丽水城市的快速发展，丽水对滨江景观带的内涵有了新的要求。作为滨江景观带的延伸段，场地的建设和发展对滨江景观带的丰富和完善起到了重要作用。场地呈狭长形，沿江面阔大而进深浅，景观面较好，但也给总体布局带来了一定的限制和挑战。场地西南侧为体量较大的古城泵站，东北侧有轮滑场，南侧与好溪中央的古城岛隔水相望，西侧为夏河湖，现状预留的桥下通道可与其相连，我们设计时充分考虑了周边因素，使其与北城以及滨江景观带形成很好的连接（见图6-20）。

图6-20　瓯江文苑总彩平及鸟瞰图

我们本着整体分析、彰显文化、突出生态和以人为本的设计原则,通过功能、空间、文化方面的解析,将以丽水民间工艺文化为主线,在设计上呼应丽水千年历史,勾勒出一条生态与人文兼具的城市文化展廊,同时将功能融入场地,以一条主要的步行空间串联整个公园,配合新中式风格建筑,经游廊进入各博物馆内部空间,强调街巷、广场与院落之间的关系,力求打造一座诗意景观和人文情怀相互交织的生态滨江公园。

6.2.4　由滨水风貌上升到城水融合

当代著名城市设计师、美国麻省理工学院教授凯文·林奇(Kevin Lynch)在他的著名论著《城市意象》(*The Image of the City*)中,把环境心理学引入城市设计,并引入空间(space)、结构(structure)、连续性(continuity)、可见性(visibility)、渗透性(penetration)、主导性(dominance)等设计特性与之相结合,认为我们应当探索每座城市的自然和历史条件及其特色,并加以组织发挥,使每座城市都有自己的特点(identity)。

历史文化是一个城市发展之源,城市化是继承与发展文化的过程,"源远才能流长",丽水滨江景观带设计,试图将一条横亘整个城区的绿色长廊与城市历史文化和城市发展的意象相融合,将秀山丽水的资源特色和瓯江两岸百姓纯真率直的品格进行融合,让景观带灵动起来。将江滨路以南的沿江区段建设成丽水市区最重要的连续滨江城市景观绿地,使其成为构筑生态城市的重要内容,城市公共活动的主要场所,展示城市自然与人文风貌特点、体现城市环境质量和生活品位的主要标志性空间,从而把滨江绿化带打造成具有丽水特色的"绿色长廊""文化长廊""休闲长廊"。

滨江景观带的提前谋划和布局为城市保留了大片的滨水公共空间,用以承载多功能的复合长廊。多层岸线的配置既保证了汛期防洪的堤防需求,也为非汛期的城市居民提供了多样的休闲娱乐空间。公共建筑与高大乔木的合理搭配,古城墙与应星楼等文化节点的联合,以及夜景灯光的加持,使得整个滨水景观带成为居民常走、游客常来的区域,滨水风貌已经成为两岸产业经济发展和人口聚集的重要原因(见图6-21)。

景观的手法融入文化的印记,让"硬"的堤防可以沁润"柔"的文化。从设计上可以总结出以下几点融合手法。

(1)串联景象,整体感知,发挥想象,把握意境

考虑到景观的公众性定位,意象设计应单纯明朗,只要欣赏者发挥简单的联想和想象力,串联各组意象,再从整体上解读,很容易就能悟得意境。比如,以一条模拟水系来表现瓯江的碧野仙境,以系列组雕来提示物华天宝和温和民风(见图6-22、图6-23)。

图 6-21　滨江景观带航拍全景图

图 6-22　小水系串联内部景色（一）

图6-23 小水系串联内部景色（二）

（2）以色彩、指向、强度、虚实和动静来勾画意象

借用情感色彩——意象色彩的冷暖传递不同的情感体验，尤其是大面积的色彩铺垫。如各类松杉林、雪松林、玉兰园、杜英林、樱花林等。

借用指向和强度——借用指向性的不同和强度的大小来反映感情基调和作品风格。绿化和地形不断地指向，塑造出山区特色的一种地形脉络和与自然山水融合的愉悦感。建筑的不时出现和强化，满足功能的同时，也强化了特定时期的建筑符号和文化坐标。

借用虚实相映——"如在眼前"的便是实象，"见于景外"的便是虚象。实象侧重客观事物的再现，而虚象则是由实象诱发和开拓的审美想象空间。瓯江源、《瓯江魂》以及岩生园和桃花潭都借助虚实的结合来展现自然的意境（见图6-24）。

图6-24　景观节点雕塑

借用动静结合——意象的动静结合、相互映衬是用来开拓意境的极好手法。其形式大致表现为寓动于静和寓静于动两种。如大批的花丛、如茵的绿地是静中见动：花开花落，风月更迭。鸟舞凌空、鱼翔碧池是动中见静：鸟鸣山更幽，鱼翔水更清。

滨江景观绿化带的建设将在经济和社会两个层面上牵动整个城市，是提升城市整体水平的重大举措。如何把防洪堤这种比较纯粹的、硬质的工程设施，转化成一个承载历史文脉和现代文明交织的公共空间载体，是设计的难点，更是本次工程的亮点。"观千剑而后识器，操千曲而后晓声。"无论是历史文化的串联还是景观意象的辨析，与其说是景观设计的技巧和规律，不如说是一种悟得和解读。因为任何一个意象都会与这个区域的历史文化、传统习俗、生活方式、心理特点等方面产生各种各样的联系，在历史的适应中被赋予了某些言外之意和情感色彩。

第 7 章

杭州"城河"关系案例研究

流淌了 2000 多年的大运河,见证着杭州的成长与变迁。一条大运河,不仅是杭州的宝贵文化遗产和精神财富,也是杭州城市发展的主要空间轴线和城市文脉。2014 年 6 月 22 日,在卡塔尔举行的联合国教科文组织第 38 届世界遗产大会上,随着大会执行主席敲下木槌,中国大运河申遗成功。列入大运河世界文化遗产的杭州段河道总长约 110km,包括拱宸桥、广济桥、富义仓、凤山水城门遗址、桥西历史文化街区、西兴过塘行码头 6 个遗产点,以及江南运河杭州段的杭州塘、上塘河、杭州中河、龙山河和浙东运河杭州段的西兴运河 5 段河道。至此,杭州又多了一张金名片。大运河纵贯南北,是杭州历史文化的重要载体,也是城市的重要生态绿廊,如何继续发挥杭州与运河的"城河"关系,值得深入探索。

7.1 运河滨水空间价值特征

7.1.1 历史沿革

大运河是中国古代劳动人民创造的一项伟大的水利建筑,是世界上最长的运河,也是世界上开凿最早、规模最大的运河。大运河始建于公元前 486 年,包括隋唐大运河、京杭大运河和浙东大运河三部分,全长 2700km,地跨北京、天津、河北、山东、河南、安徽、江苏、浙江 8 个省、直辖市,通达海河、黄河、淮河、长江、钱塘江五大水系,是中国古代南北交通的大动脉。2014 年 6 月 22 日,大运河在第 38 届世界遗产大会上获准列入世界遗产名录,成为中国第 46 个世界遗产项目(见图 7-1)。

图 7-1 大运河（杭州段）首批成功申遗的 11 个遗产点段示意图

大运河在长江以南自镇江至杭州段又称江南运河。江南运河及杭州段的变迁，大致可分为如下五个阶段。

（1）江南运河肇始阶段（秦一隋）

江南运河的开凿，史籍最早记载始于秦代。秦王政二十四年（公元前 223 年）灭楚后开挖"陵水道"，从由拳（今嘉兴）到钱唐（今杭州）通浙江（今钱塘江）。汉武帝时（公元前 140 年—公元前 87 年），为了征输浙、闽贡赋，组织人力沿太湖东缘吴江南北的沼泽地带开浚一条长百余里的河道，开通了苏州、嘉兴之间秦时尚未开通的一段运渠。此后，该段运河一直在使用，并屡经改造。由于历史记载欠缺，详情已难考究。

（2）上塘河阶段：城内运河渐次形成阶段（隋一南宋）

隋大业六年（610 年），炀帝欲东巡会稽，乃"敕穿江南河，自京口至余杭八百余里，广十余丈，使可通龙舟"（《通鉴·隋纪五》卷一一八一）。隋代江南河是在秦汉以来所凿运河的基础上加以拓宽、疏浚、顺直而成的，北起今镇江东南，经丹阳、无锡、苏州、平望、嘉兴，折向西南经石门、崇福、长安、临平，循今上塘河路线至杭州西南的大通桥入钱塘江。此线为江南运河故道，其水源主要是长江和太湖。也有学者认为，隋时江南运河止于今杭州武林门外的泛洋湖，即今德胜桥一带。由于当时泛洋湖与江海相通，运河至此已能南达钱塘江。

隋时杭州城内尚未开凿完整的运河体系。城中运河的形成，起于初唐，唐中宗景龙四年（710 年），宋璟开沙河；懿宗咸通二年（861 年），刺史崔彦又开外沙、中沙、里沙三河，此三河以后构成城中运河的主体，即菜市河、茅山河、盐桥河。由于唐代末叶泛洋湖逐渐离海独立，与江海隔离，为使运河继续与钱塘江相通，吴越时挖开上塘河南口与茅山河相接，使其直通钱塘江；且为防止江水挟带泥沙，淤塞河道，又置浙江、龙山二闸于江口，以遏江潮。为了使西湖有一定水量调节运河，还在半道修建了清河闸。北宋朝也迭经疏浚整治。此后，直至明代，杭州成为沟通江南运河、浙东运河、钱塘江和外海的河海水运枢纽。

（3）奉口河阶段：城内运河渐有淤塞阶段（南宋—元末）

奉口河疏凿于宋朝。南宋建都杭州后，江南漕运更为繁忙，运河的地位也日显重要。由于上塘河航道经常淤塞，浚治颇费开支，所以南宋统治者就着力整治东苕溪航道。淳熙六年（1179年），在东苕溪西险大塘"分段筑堤，间以斗门，为十塘五闸"。淳熙十四年（1187年），宋孝宗批准开浚奉口河。淳祐七年（1247年），疏浚自奉口经今勾庄至新桥河段，一支自北新桥至勾庄，开阔三丈，深四尺，另一支自勾庄至奉口，开阔一丈，并将浚河所挖之土，"帮筑塘路"，使得"水陆皆有利济"。浚挖奉口河工程结束之后，"漕输既便顺，堤岸亦增辟，自是往来浙右者，亦皆称其便焉"。

南宋城内河流交通主要靠盐桥河，故亦称盐桥运河、大河，因泥沙经常淤积而不断进行疏浚。茅山河因专受潮水，其底又高于盐桥河，自北宋元祐时起极易淤塞，至南宋已淤塞很多河段，不再与钱塘江相通，而盐桥河仍与江相通。

（4）北关河阶段：城内运河渐趋废弃阶段（元末—20世纪80年代）

元代统一全国后，着手建设以大都（今北京）为终点的南北大运河，至元三十年（1293年），今京杭大运河全线贯通。元代也多次对杭州段运河进行疏浚和改造。元末至正年间，起义军张士诚军船往来苏杭，旧河狭窄碍航，于是发动军民20万众开武林头至江涨桥段运河，称北关河，长45里，宽20丈，历时10年而成。此后，江南运河即走新开河道，经塘栖至杭州，代替了原经长安、临平至杭州的故道。在奉口河、北关河先后作为主要航道时，原上塘河航道仍继续使用。

城中运河，乃至整个江南运河，与钱塘江的隔离始于明末。凤山门外有与运河相通的龙山河，自宋以后滨江货船都由此入城；因泥沙淤积，虽历经元明各代疏浚但断续通航，终至明嘉靖时"只小船经行，大船俱不由矣"。明代末叶起，无记载运河与钱塘江通航之事。明末以来，德胜坝成为江南运河的最后一个码头，杭州城内诸河只能以小舟与运河相通。

（5）江河重新沟通阶段（20世纪80年代至今）

中华人民共和国成立后，对运河浅、窄、弯、险地段，有计划地逐步进行了整治、扩建和疏浚；20世纪70年代，运河端头从德胜坝延伸至艮山坝；80年代，完成了京杭运河与钱塘江的沟通工程。整个沟通工程全长6.97km，其中新开航道长5.56km，河面宽70m，底宽30～45m，水深可达2.5m，可通行300吨级的船舶，船闸可通过500吨级船舶。三堡船闸启用后，钱塘江每天有15万吨水注入大运河，这对补充运河水量，改善运河水质，灌溉沿河农田，都起到很大作用。运河与钱塘江的两水相汇，结束了近400年来运河与钱塘江隔断的历史，使运河水系、苕溪水系、钱塘江水系、浙东运河水系互相沟通，形成了以杭州为中心的内河水运网络，杭州由此再次成为浙江全省的内河水运中心。

7.1.2 人文遗产

（1）水景文化

流淌千年的运河水造就了杭州"运河水乡处处河，东西南北步步桥"的独特景观，极具江南韵味的杭州在历史上形成了"塘栖运河十景""湖墅八景""艮山十景"等独特地域水景，外地游客可沿水路上岸观赏杭州运河的独特景色。

1）"塘栖运河十景"

塘栖地处杭嘉湖平原南端，是浙北重镇、江南水乡名镇、属杭州临平副城副中心（见图 7-2）。塘栖水陆交通十分便捷，是闻名遐迩的"鱼米之乡、花果之地、丝绸之府、枇杷之乡"。昔日当地流传的"塘栖运河十景"为"江桥暮雨、横溪春桃、古寺牡丹、丁湖渔唱、芳杜菱歌、长桥月色、永明晚钟、古街廊檐、超山赏梅、龙洞探奇"，今多已不存在。

图 7-2 塘栖古镇景区

2）"湖墅八景"

明嘉靖年间的《西湖游览志》记载的"湖墅八景"为"夹城夜月、陡门春涨、半道春红、西山晚翠、花圃啼莺、皋亭积雪、江桥暮雨、白荡烟村"。

3）"艮山十景"

艮山门为南宋建都临安所筑，昔日的"艮山十景"为"吊桥流水、石栏长阵、石弄潮声、河埠号声、俞家望月、艮山王坟、流水飞舟、沙田红灯、坝子铃声、水阁经文"，今多已不存在。

（2）商贸文化

《梦粱录》记载"杭城大街，买卖昼夜不绝，夜交三四鼓，游人始稀；五鼓钟鸣，卖早市者又开店矣"，描述了杭州早市与夜市的繁华。南宋杭州城内外商业十分繁荣，大量居民经商，商人和工匠在杭州的居民结构中占有极大的比重。

《马可·波罗行纪》记载"此城有十二种职业，各业有一万二千户，每户至少有十人，中有若干户多至二十人、四十人不等"，描述了杭州城从事工商业的人数之多。明清时期在延续前代的基础上，商业更加繁荣，市民经营之风越来越重，杭州城内外的茶楼、酒肆云集。

明代《西湖游览志余》中记载："有李氏者，忽开茶坊，饮者云集，获利甚厚，远近仿之，旬日之间，开茶坊者五十余所。"到了清代，杭州的茶楼就呈现出《儒林外史》中所描写的"五步一楼，十步一阁"的盛况。

（3）市井文化

南宋建都临安，北宋汴京的娱乐活动随运河水"流"到"笙歌处处楼"的歌舞百戏之乡临安，在此得到了很好的发展。由于政治、经济、地理优势，以及杭州美如画的风景，大量的文人墨客、官僚、商人以及普通老百姓在杭州集聚，人口数量迅速增多，刺激了都市消费，运河两岸的茶楼曲艺以及百戏杂剧在此基础上迅猛发展，从而带动了文化娱乐业高速发展。早期的伎艺表演主要聚集在水陆交汇、工商业密集的码头或者河桥附近，后来逐步发展为在瓦舍、勾栏等文化娱乐场所进行，促进了杭州市井文化的繁荣。

杭州戏曲起源于宫廷杂剧演出，瓦舍勾栏等固定场所的出现为老百姓看戏提供了场所，同时促进技艺间的交流与竞争。源于浙江温州的"永嘉杂剧"吸收了运河南下的北方杂剧的艺术特色后，形成了"南戏"这一较为完整的戏剧形式，融歌唱、舞蹈、说白、科范、音乐为一体，使中国戏曲真正成为综合性的艺术，自此，戏曲贯穿于杭州市民的日常生活中。直至近代，拱宸桥边还建有天仙、荣华、丹桂等茶园，茶园不仅卖茶，还唱戏。除正剧曲目外，杭剧、杭滩、评话、弹词、小热昏等民间曲艺也在运河边茶园广泛流传。

（4）香市文化

明清时期运河一带的庙会盛极一时。规模较大的当属草营巷的"元帅庙会"，元帅庙会声势浩大，鼓乐齐鸣，鞭炮轰天，市民拥至运河两岸，轰动整个杭城。除此以外，每年七月十八拱宸桥北麓的"张大仙庙会"也风靡一时（见图7-3）。

図 7-3 拱宸桥张大仙庙

与杭州水乳交融、相伴相生的香市文化，将佛教倡导的和谐理念渗透到市民心中，这种和谐是人与人之间的和平共处，是人与自然的和谐共存。自然环境优美、历史文化丰富、香火旺盛的杭州，自古就讲究自然与人文的和谐统一，体现了中国传统的"天人合一"的思想。

7.1.3 城市格局中的地位

运河及其沿岸地带的再开发，是杭州城市在沿湖、沿江、沿河地带共创辉煌，形成依托"三水"、特色互补的现代化优美都市空间和功能布局的必不可少的手段。

（1）城市空间整合的重要纽带

运河及其沿河地带在未来城市的空间总体构架中具有独特的地位：一是运河贯穿城东、城北片区，联系城中、城西片区，具有城市空间脉络的地位；二是在城市空间布局重心的构成上，与以钱塘江为依托的城市区块和依傍西湖的城市区块相对应，形成了以运河为纽带的城市区块，起到了城市空间的平衡和整合作用。

（2）城市功能创新的重要依托

杭州开启了以主城为中心向东沿江扩展为主的发展时期，城市沿湖地区和沿江地带将形成现代化的城市空间。相比之下，运河流经的城市地区不少是老旧城区，用地功能老化，还有一部分是城乡交错的接合部，城市功能不强和景观面貌杂乱，功能创新的潜力巨大。因此，以运河及沿河地带的再开发为契机，启动杭州旧城的新一轮改造，对杭州进一步确立鲜明的历史文化形象和培育城市特色功能将产生积极的影响。

（3）城市布局优化的重要载体

由于人的空间行为和城市功能布局具有明显的亲水倾向，近水空间往往成为城市功能布局的首选地带，国内外大量滨水、滨河地带开发与再开发的实践充分说明了这一点。运河穿越主城区的多数区段，沿河地带必将成为各区段城市功能布局的主要空间依托，形成城市的标志性功能地带。

7.1.4　价值特征

（1）串联旧城与郊区的绿色廊道

大运河在杭州从北向南贯穿了临平、拱墅、上城三个区，同时贯通了市区的众多河道（见图7-4）。在古代，运河最重要的功能是交通运输，大运河杭州段作为重要枢纽河段，漕运、民运十分繁忙。随着现代化交通工具的发展，由于运河航道受到的桥梁高度、文物保护等多种限制因素的影响，运河的水运功能明显下降，但是运河的生态功能日益凸显。杭州运河与市内其他河道形成的巨大水系，在对杭州的气候调节、保证生物多样性以及维护城市景观等生态环境方面发挥着重要作用，过去，工业没有快速发展、人口密度相对较小，运河的生态环境功能能够得到正常有效的发挥。但是，随着近代工业化进程的加快，运河沿线由于交通的优势出现了大量的企业，工业废水大量排入运河；工业的快速发展带来了人口的快速增长，排入运河的生活污水也大大增加，最后导致运河的生态遭到了巨大破坏，严重影响了城市的生产和生活。后来，运河综合整治工程和保护开发项目的实施，使运河的水质得到了很大的改善，沿岸的绿化也增加了很多，形成了一个以运河为中心的生态带，生态功能得到了恢复。在如今生态文明建设与经济、政治、文化以及社会建设同样重要的"五位一体"总体布局下，在浙江省"五水共治"的水治理大环境下，大运河杭州段的建设彰显出重要的生态价值。

（2）多元情趣的城市生活切片

社会生活的变迁，可以从一个最基本的层面反映社会文化所发生的变化。而运河杭州段作为大运河重要的组成部分，自开凿起，运河沿岸就形成了丰富的水景文化、商贸文化、市井文化、香市文化，这些历史文化是杭州历代劳动人民智慧的结晶，存留着丰富的历史信息，所以，运河杭州段具有深厚的人文底蕴和杭州独特的城市记忆。

大运河流经地域广阔，沟通了南北交通，除了带来货物的流通外，更带来了思想、风俗、生活方式的交流，为杭州运河文化提供了新的养分。运河生活是开放的、流动的，包括通俗文艺与现代娱乐、风俗仪礼与民间信仰，展示了杭州市民社会生活的情形。同时，在一定的历史时期，杭州一直是国际化大都市，在很多国外旅行家的游记或书籍中能看到对杭州的相关描述，外来文化的传入使得杭州运河文化还具有"东方韵味与国际化共生"的特点。在此背景下形成的独具杭州特色的民俗风情、饮食文化、诗文小说以及音乐戏曲等，真实地反映了过去杭州人的生活状态，成为杭州人活态的文化基因，是现代人保持和延续地方精神活力的纽带，具有极高的文化价值。大运河杭州段承载了人们的集体记忆，使"物"的运河和主体的"人"的边界逐渐消失。

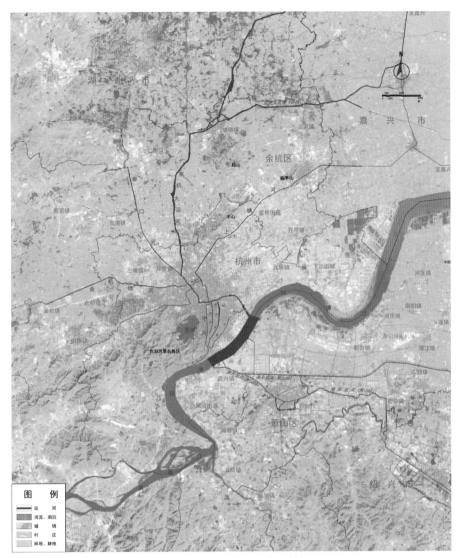

图7-4　大运河杭州段地形地势

（3）具有重要价值的经济走廊

　　大运河杭州段的经济价值是从运河的历史文化价值中衍生出来的，杭州运河文化功能的开发有助于带动第三产业的发展，如加快运河旅游及商贸经济的繁荣、促进文化创意产业的发展，同时还能提高运河沿线土地的价值。随着人们经济生活水平的提高，物质产品日益丰富，人们从追求物质生活转向追求精神生活，旅游成为现代人追求美好生活的一种重要方式，杭州借助运河发展旅游业具有良好的前景，在带来经济效益的同时，也能体现一定的社会效益。

　　杭州运河的文化功能为旅游商贸功能的开发提供了绝佳的优势，运河的旅游休闲功能的开发对提升杭州城市形象，以及带动周边其他产业的发展起到了很好的促进作用。杭州运河沿线分布着众多工业遗产，在近代工业发展的进程中，杭州运河边建立了很多厂房，随着河道的变迁和政府推行"退二进三"的政策，很多污染较重的企业搬迁，在运河边留下了很多废弃厂房，这些工业遗存成为杭州文化创意产业等各种新兴产业发展的新天地，使废弃的厂房焕发出新的生机。运河旅游业和文化创意产业在新时代的今天具有极高的经济价值，是拉动杭州经济发展和巩固杭州历史文化名城地位的重要途径。

7.2　运河滨水空间形态特征

7.2.1　空间形态演变

7.2.1.1　封建社会——漕运经济与皇家文化

（1）先秦时期

1）城市与外部的沟通加强

六朝时期，钱唐县的交通干线便是以水道为主，是城市与外地沟通的最基本手段。华信海塘的筑成，在一定程度上降低了海潮的影响，在塘西形成了新的水道，无须再从西湖的西岸绕行，而柳浦地区素来便是江岸渡口所在，在春秋战国时期就已有聚落在此发展，而新形成的水道极大地方便了柳浦地区与北面运河的联系，柳浦在水道交通中的重要性进一步提升，这种状况也影响了整个杭州。

2）行政中心的多次转移

随着新的水道形成，柳浦地区相比于宝石山东麓拥有更加优越的地理位置。柳浦地区水道交通的便利促进了钱唐县行政中心向柳浦地区转移。宋、齐、梁、陈四朝间，钱塘县治的行政中心虽有转移，但是仍沿着运河一线，没有突破这一范围，并且水道的存在促使河岸两侧出现了更多的聚落，使得宝石山与吴山地区的聚落逐渐南北相连。

（2）隋唐时期

运河环于城内，两岸商贸发展。当时的清湖河将吴山与宝石山相连，穿过城市中北地区，在吴山东麓一带注入钱塘江，实现了大运河、江南运河和钱塘江三水的沟通。随着城内运河建设，里坊制度松动，运河边出现曹市及夜市，其商贸地位逐渐提升，运河滨水空间兼具货物运输功能和商品交易功能，从而带动了杭州的经济发展。

（3）五代至北宋时期

1）两闸地区市镇繁荣

龙山闸与浙江闸的修缮使得舟船进出更为便捷。温、台等东南地区及海外的货船往来主要通过浙江闸，龙山闸则接收衢、婺等州的船舶，两闸地区逐渐成为商货堆积点、转运点，于是便形成了龙山场和浙江场，并且这两个场的商贸活动十分活跃。

2）城市宗教文化发展

龙山场的存在吸引了大量的劳动力往闸口地区聚集，随着其他地区的人口在此地定居，逐渐形成聚落。日常生活所需的文化活动也相应地开展。五代末，龙山闸旁濒江的龙山余脊小峰上修筑了一座仿木构楼阁石塔，称为白塔。从航运的角度来说，白塔立于江边起到了明显的航行标志的作用。而从另一方面来看，这是城市文化发展蔓延至龙山闸地区的表现。吴越国时期，杭州佛教兴盛，有"东南佛国"之称。吴越国历代君王都崇尚佛教，请高僧授法，教化民众，注重佛法的研习，并且大兴土木，建造了大量的佛寺。塔是佛寺里必不可少的一种建筑类型，闸口的白塔是吴越国白塔寺中的佛塔。

3）城市人口增多，居民侵占河道

宋朝平定四方，杭州得到了进一步的发展，宋仁宗称杭州为"地有湖山美，东南第一州"。杭州城市的人口有了大幅度的增长，逐渐超过苏州成为东南地区人口最多的城市。人口的快速增长，导致城市内部土地资源紧张，特别是作为交通要道的运河两岸，民众大量聚居在河边，从而使得城内运河两岸渐渐被民房占据，导致河道缩窄，影响了日常的航运。鉴于拆去居民在运河两岸新建的房屋已不可能，宋英宗治平四年（1067 年），提点邢狱元积中为了防止沿岸住户继续侵占河道，曾在盐桥运河的岸边立了石碑，记下了运河两岸供牵舟用的纤道宽度。但是到了元祐年间，苏轼任杭州知州时，运河两岸的住户再次侵占纤道，在上面盖了数千间房屋，然后在屋外沿河一侧重新做纤道。为防沿岸住户继续侵占纤道，苏轼便奏明皇帝，建议对纤道进行立法保护。这一建议也得到了皇帝的认可，从而有力遏制了居民的侵占之风，保证城内运河能够正常航运。

4）运河两岸逐渐发展为城市商业中心

在苏轼疏浚城内运河之后，运河两岸更是加快了发展的步伐，逐渐成为杭州城市的商业中心区。元祐时，新市街的西部与运河相接的部分，已经是非常繁华的市街了，当时，许多与城市居民日常生活有关的日用品商店，就开设在沿河近桥的地方，运河两岸已经不仅仅是普通民居聚集了，而且有众多饮食、娱乐等场所，形成了颇具江南城市特色的街市。

（4）南宋时期

1）运河与街道构建城市的骨架

御街是临安城内最重要的一条街道。它仿照北宋东京御街，在街道中划出御道、河道、走道等不同功能的分道。御道专供皇帝通行，御道两侧为砖石铺成的河道，河中种植荷花，岸上栽桃、李、杏、梨等树，河道外则是供市民行走的御廊。《梦粱录》卷一三《铺席》记载："自大街及诸坊巷，大小铺席，连门俱是，即无虚空之屋。每日清晨，两街巷门，浮浦上行，百市买卖，热闹至饭前，市罢而收。"《都城纪胜·市井》也载："自大内和宁门内外，新路南北，早间珠玉珍异及花果、时新、海鲜、野味、奇器，天下所无者，悉集于此。以至朝天门、清河坊、中瓦前、坝头、官巷口、棚心、众安桥，食物店铺，人烟浩穰。"在这繁华景象的背后，市河与盐桥河所起的作用不可谓不大。御街上"连门俱是"的商铺倚仗川流不息的运河为其带来众多的顾客。另外，货物的输出与货源的补充也离不开运河。

城内东西向的大街，大多以御街为中心，向东西两边延伸，与各个城门相通。东边主要有与东青门、崇新门、新开门、候潮门相通的四条大路。通东青门的横街跨市河、盐桥河上分别为鹅鸭桥与盐桥；通崇新门的横街跨市河、盐桥河上分别为水巷桥与荐桥；通新开门的横街跨盐桥河上为望仙桥；通候潮门的横街跨盐桥河上为六部桥。西边主要有和钱塘门、涌金门、清波门相通的三条大路。通钱塘门和涌金门的横街跨清湖河上分别为纪家桥和三桥。

2）厢坊格局形成

南宋的临安，便捷的水运交通推动着城市经济快速发展，传统"坊市"制已经完全无法满足城市发展的要求。于是，坊墙被拆毁，商店面临大街处营业。城市居民聚落单位不再是旧坊区，而是按坊巷所在地段，组成新的基层单位。纵横交错的街道与河流把临安城内划分为许多坊巷，共分为9厢84坊，9厢分别是宫城厢、左一南厢、左一北厢、左二厢、左三厢、右一厢、右二厢、右三厢、右四厢。临安城蓬勃发展的同时，问题也随之而来：土地资源紧缺导致城内土地可谓寸土寸金，城市的发展不得不突破到城外，于是城外厢随之出现。到了南宋后期，城外共有四厢，分别为城南左厢、城北右厢、城西厢、城东厢。城外四厢的分布，除了城西厢在西湖的西南角外，其他三厢都在运河沿岸，城南左厢在龙山河一侧，城北右厢在城北运河码头附近，城东厢则在外沙河（今贴沙河）沿岸。

3）商业娱乐设施形成专业分工

南宋临安的商业市场布局有城内、城外两个体系，两者之间以运河为联系纽带，形成一个整体。周必大的《二老堂杂志》卷四云"东门菜、西门水、南门柴、北门米"，生动地描绘了南宋临安物资市场的布局，有着明显的专业分工特色。斯波义信先生根据《梦粱录》与《咸淳临安志》等书的记载有较详细的说明：

"首先看一下南面，候潮门外的浑水闸边有一大型装卸场。兼具清淤、疏浚河道，提高水位、水压功能的这一闸口部位，是水产品、果品、家畜、家禽、木材、日用粗陶、麻布等物的卸货地，是团、行等批发组织进行分类拣挑、堆积贮存的场所，向浙江方面运出的米的批发市场也在这里。从这里沿城墙东边折向北流的里、外两沙河，把上述物资再运送到崇新、东青、艮山门边一带贮存，通过上述诸门发挥向城内转批发卖、完成销售的功能。城东的中部、北部也以堆积如山的大件物资堆放而引人注目。南边的今江干附近有菜园、乌盆场（粪肥堆放场），还有花园等等，再往南的龙山渡的税场边有竹木堆放场。"

城北、城东、城南的郊区犹如今日的批发市场，从外地运来的大量商品在这里进行初步的整理、分类，再由运河送入城内。所以，城内运河辐射地带无疑将成为商业中心的首选之地，不仅是货物流通方便，也为各商铺带来大量的消费者。

随着城市经济的繁荣，各种服务、娱乐市场也应运而生。临安的娱乐市场丰富多样，形态各异，大体有四种表现形态：货郎式流动市场、娱乐集市、娱乐常市、专业市场。货郎式流动市场中有典型的"路歧人"，走街串巷，或表演杂技，或说书，或表演歌舞，为居民提供娱乐活动，没有固定的场所。娱乐集市的集日间隔越来越短，集期越来越密，逐渐变成了每天都进行的娱乐常市。专业市场是娱乐市场的最高形态，其中最负盛名的要数"瓦子"。瓦子是固定的娱乐专门场所，专业艺人汇聚，不间断地举行各种文化娱乐活动。

4）便捷的城市仓储区分布

南宋名臣周必大曾写道："车驾行在临安，土人谚云：东门菜、西门水、南门柴、北门米。盖东门绝无居民，弥望皆菜圃；西门则引湖水注城中，以小舟散给坊市；严州、富阳之柴，聚于江下，由南门而入；苏、湖米则来自北关云。"这段简单的描述反映了临安城东西南北的功能分布，也从侧面反映出运河在粮食运输中所起的重要作用。

临安城的仓储区分为官府仓储区和民间仓储区。官府仓储区广泛分布在城北的东部，大体上茅山河东面的咸淳仓以及盐桥运河东安的平籴仓，可各自形成一个小区。从观桥北丰储仓起，包括城西北隅白洋湖周围的粮盐仓（如省仓上界、草料场、天宗盐仓）及清湖河东岸的镇城、常平两仓，又可以构成一个小区。这些仓库都在离运河最近的地方，能充分利用城内水运之便进行运输，同时也有防火、防盗的作用。民间仓储区分布在城北白洋池。《梦粱录》卷一九《塌房》记载："且城郭内北关水门里，有水路，周回数里，自梅家桥至白洋湖、方家桥直到法物库市舶前，有慈元殿及富豪内侍诸司等人家于水次起造塌房数十所，为屋数千间，专以假赁与市郭间铺席宅舍及客旅寄藏物货，并动具等物。四面皆水，不惟可避风烛，亦可免偷盗，极为利便。"

7.2.1.2 民国时期——改朝换代之后的破败

（1）漕运的全面停止

自 1900 年（清光绪二十六年）庚子赔款以后，清政府再无能力恢复漕运制度，先后裁撤河南河道总督、山东河道总督、漕运总督等官员及机构，清退漕运机构官吏及兵丁。1901 年（光绪二十七年），清政府正式宣布全面停止漕运，全部改为各省上缴纳税银（即折色）。

（2）开展现代城市市政建设之始

运河边的租界（公共通商场）迅速出现繁忙景象。西方人在日租界内也修筑了马路，不仅在拱宸桥下左面修筑了马路，还在拱宸桥桥面中间铺筑了 2.7 m 宽的混凝土路面，使汽车和人力车得以通行，可见，开埠后，中国人在公共通商场、西方人在日租界内均开展了局部市政建设，这是近代杭州开展现代城市市政建设之始。

（3）工商业建筑的大量兴起

1896 年开埠后，对外贸易的发展加速了传统商业的现代转型，也促进了资本主义工业的发展，继而带动了商业建筑、工业建筑、居住建筑的发展，海关、领事馆等公共建筑陆续开始建造。据杭州《海关十年报告》（1896—1901 年）记载，英国也曾在杭州建成领事馆，报告中提到"英国领事馆的建筑很不错，建成于 1900 年，矗立在日本租界对面、运河的彼岸"。日租界的开辟在一定程度上带动了市面和建筑的发展，原本位于大关内的店家陆续迁到拱宸桥一带，日商和华商在新修的马路上开设了茶楼、戏院、药房等，原先在桥上棚屋中营业的小摊贩也迁移到马路两边营业，这在一个侧面上促进了城市建设及建筑活动的发展，此后杭州城北拱宸桥一带逐渐发展成为近代杭州一处城市商业副中心。

开埠及对外贸易的发展促进了运河边的民族工商业的发展，近代工业开始出现。在公共通商场及日租界一带出现了不少近代工厂，如世经缕丝厂于 1895 年建于拱宸桥附近；杭州棉纺厂始建于 1896 年，竣工于 1897 年，坐落于租界（公共通商场）的对面，运河的西岸。1899 年，杭州著名士绅丁丙、庞元济等出资建造的通益公纱厂，也位于拱宸桥一带，当时有工人 1200 人。厂房建筑十分简洁，长方形平面，二层开连续长窗，从侧立面看，建筑屋顶呈错齿形单元重复，形成屋顶的起伏韵律。厂房虽十分简洁，却是杭州最早的现代意义上的工业建筑，是杭州几千年来从未出现过的建筑类型，是为适应现代机器生产而产生的新建筑功能空间。

7.2.1.3 中华人民共和国成立以后——延续历史与突破格局

（1）构建起完整的水运体系，跨领域综合治理运河生态

近代的海运以及铁路运输业迅速发展，运河的交通地位不断下降，中华人民共和国成立后工业迅速发展，运河两岸工厂规模迅速发展扩大，拱宸桥一带建立了杭一棉、杭丝联、小河造船厂、长征化工厂、华丰造纸厂等国营化工厂，成为杭州的主要工业区。经济的发展给运河带来了污染，由于运河两岸企业排污设施不完善，将污水直接排进大运河；同时，因工业发展而急剧增多的人口将生活废水直接排进大运河，日积月累，导致运河水体变质，在很长一段时间内处于"河水臭，到杭州"的境地。为此，杭州市对运河进行了两次规模较大的整治。第一次是运河与钱塘江的沟通工程，主要是解决长期困扰运河的水质恶化问题、变窄问题和淤塞问题。从 1983 年开始，杭州市试图通过水系贯通的方法把钱塘江的"活水"引入运河，即用稀释的方法来改善运河的水质。第二次是组织实施了规模更大的运河截污处理工程，工程自 1993 年开始至 2001 年为止，共投资 9.63 亿元。至 1998 年，大运河与钱塘江联通工程正式完成，将杭州市内的运河河道改线，以新建的 60m 宽运河河道替代了原来的 16m 宽的中河河道，河道长度也大大缩短，同时，三堡船闸正式开通，钱塘江开始补充大运河的水量，结束了近 400 年江河阻隔的状况，大运河、钱塘江、浙东运河在此时真正形成了一套完整的水运体系，实现了江、河、海的贯通，杭州也成为整个长三角地区的水运枢纽。

进入 21 世纪，为尽快跟上城市发展的步伐、顺应城市治理的趋势，杭州市在地方公共事务复合治理方面进行了积极的探索和有益的尝试，开展了杭州运河综合保护工程，即以运河污染的治理为核心，丰富了运河治理的内涵，扩大了运

河治理的外延。具体地说，就是不再把运河生态治理作为某个领域里出现的困境来解决，而是把它放在城市文脉、民生改善、可持续发展、产业升级、创业环境、商贸旅游等事关城市发展的大局、全局上来考量，并最终将运河的治理定性为历史上最大的一项跨领域的系统工程。

（2）形成产业集聚发展的运河文化遗产廊道

2006年，杭州市启动了运河二期综合整治开发工程，以历史街区的保护、城中村的改造、城市居民生活水平的提高为重点，推出了"一廊二带三居四园五河六址七路八桥"工程，加大对运河特别是运河文化遗产的保护力度，还河于民，助力大运河成功申报世界文化遗产。

首先，着手修复历史文化街区，修缮了拥有大量居民活态文化遗产的小河直街、桥西以及大兜路三大历史文化街区，向人们展示了几千年来运河与杭州交融的历史风貌，留住了大运河杭州段的多元文化记忆。其次，建造了大量博物馆，在综保一期建设的中国京杭大运河博物馆的基础上，借助拱墅区丰富的运河文化遗产资源，建造了中国扇博物馆、刀剪剑博物馆、伞博物馆、工艺美术博物馆以及手工艺活态馆五大博物馆，集中展示了杭州运河文化遗产，凸显杭州特色。同时，选取了桑庐、富义仓、广济桥、乾隆御碑以及长征化工厂等重要遗产点，采取"最小干预"以及"修旧如旧"的原则，在尽量保证文化遗产的原真性的基础上，用以申报世遗。运河二期综合整治项目的实施，在运河两岸形成了以自然风景为轴线，以历史文化街区以及历史文化保护区为核心，以沿河众多历史遗存、历史建筑为重要节点的运河文化长廊，展示了大运河杭州段沿线的传统生活风貌，在保护运河文化遗产的同时，为杭州打造了新的城市名片。

（3）形成多样高效的交通网络系统，完善绿地系统

运河两岸形成以运河为中心从内向外辐射的道路格局，陆续建成了莫干山路、上塘高架等城区级道路以及通益路、拱康路等社区级道路。同时，近年来，地下轨道交通逐步完善，1号线的武林广场站、西湖文化广场站，5号线的大运河站、武林广场站等，构建起了跨运河的交通网络系统。在小尺度上，运河城区段两侧线形穿插于街区内部的小尺度步行街和连成一片的街区逐步完善，与城区级道路和社区级道路一同形成多层次的交通体系，运河的步行街区最典型的是地处拱墅区卖鱼桥边的信义坊商业步行街、金华路商业步行街。

在运河滨水空间的景观建设上也形成了多种类型和服务半径的绿地空间，建成了杭州运河拱墅区段的运河文化广场和运河下城区段的西湖文化广场等滨水广场，这些场所都属于运河的大型城市公共中心，作为开展重大活动的场所。运河因流经杭州建筑密度较高的城区，因而承担了为城市提供绿带的功能，因此建设了大量的综合性公园，主要集中在运河从拱宸桥到艮山门这一段的主要景观带，如紫荆公园、霞湾公园、墅园、运河与文晖路交叉口城市公园、环城北路街心公园、武林广场运河南岸公园等，这些公园是运河绿地系统的重要组成部分，不但使城市环境生态化，而且为市民锻炼、交流提供了宜人的场所。

7.2.2 空间形态特征

（1）空间结构特征——带形结构的滨水区

运河滨水空间为带状发展轴，自城市中心区延伸到非城市地带。经过近二十年的运河保护性整治与开发，大运河杭州段沿岸初步形成了"点、线、面"三种休闲空间单元沿水布局、错落有致、相互联动的带状空间格局。

点状空间单体规模较小，数量较多，能为本地居民与外地游客提供观光游憩、餐饮品茶、健身锻炼等多样化的休闲选择。大运河杭州段的点状空间沿大运河主干水系走向，从艮山门以西、经武林门折北至拱宸桥呈轴向带状布局。

线状空间以具有相对长度和路线为主要特征，以此来表达空间上沿某个方向的延伸，具有明显的内聚性与方向性，因而更多地体现为一种"交通轴"的概念。线状空间主要包括水上和陆上两大部分。大运河杭州段的陆上线状空间由以私家车、公交车为主要方式的沿岸交通系统和以步行、公共自行车、观光电瓶车为主的滨水慢行系统构成，串联起滨水广场、公园、博物馆群等；水上线状空间则由水旅游集散中心、水埠码头、漕舫船、水上巴士等串联几大功能区块。此外，还常年开通运河夜游线路，结合运河亮灯工程和西湖烟花大会，营造水陆互动的慢节奏夜休闲空间。

面状空间一般拥有可玩、可憩、可游、可看、可听、可住等多功能的业态单元，且往往以具有标识性的历史滨水地段、公共建筑物、滨水景观等特殊节点为空间的功能中心，因而是整个城市或区域发展的核心。大运河杭州主城段沿线由南至北分布着六大面状空间，分别是：①艮山门区块：整体定位为服务于本地市民的休闲空间；②武林门区块：整体定位为城市游憩商业中心；③大兜路区块：整体定位为集历史文化遗产保护及居住、文化、旅游、休闲、商贸等多功能于一体的，体现运河南端经济繁荣、文化发达的典型地域特色历史文化步行街区；④小河区块：整体定位为集中反映清末民初杭州城市平民生活和运河航运文化的重要历史文化街区；⑤桥西区块：整体定位为以运河景观、历史建筑、工业遗产为特色，集中反映杭州本土平民居住文化、中医国药文化和近代工业文化的重要历史文化街区；⑥大河区块：整体定位为杭州城北水旅游集散中心，集吃、住、行、游、购、娱于一体的运河休闲旅游综合体。

（2）城市肌理特征——多种肌理的拼贴

运河滨水空间的城市肌理大致由条形均质肌理、大型建筑为核心的肌理以及点式建筑组群组成的肌理组成，每种肌理都对应着相应的城市空间类型。①条形均质的肌理对应的城市空间主要有近代开发的居住小区。其中，楼间距较宽、建筑密度较低的是高层小区，高层小区因为楼间距自由，楼与楼之间的空间也开敞灵活，因此内部的绿化环境比较好，往往拥有一个集中的小区绿地。楼间距较窄、建筑密度较高的是以中低层建筑为主的小区。②大型建筑为核心的肌理对应的城市空间主要是大型综合体以及城市文化设施，例如运河上街购物中心、运河博物馆等。这种空间类型主要分布于运河两岸开阔的地方，既能获得良好的景观视野，又不会遮挡住后面建筑的视线。③由点式建筑组群组成的肌理对应的城市空间一般是传统老街、古镇等，这类空间往往建筑紧密，具有建筑体量、街道尺度和绿化空间均小的特点，例如拱墅区的桥西历史街区（见图7-5～图7-7）、余杭区的塘栖古镇（见图7-8～图7-11）等。

图7-5　杭州运河桥西历史街区（一）

图7-6　杭州运河桥西历史街区（二）

图 7-7　杭州运河桥西历史街区（三）

图 7-8 杭州运河塘栖古镇（一）

图 7-9　杭州运河塘栖古镇（二）

图 7-10　杭州运河塘栖古镇（三）

图7-11 杭州运河塘栖古镇（四）

（3）土地利用特征——土地利用混合度从中心向两端降低

运河滨水空间土地利用有一个比较明显的特点，就是用地混合度的梯度变化。近年来，随着对城市规划领域可持续发展的关注度越来越高，关于土地的混合利用也逐渐引起人们的重视。用地功能的混合是保证城市可持续发展的必要条件之一，尤其是城市里的稀缺资源——滨水空间的用地，在拱墅区、上城区和滨江区，运河滨水空间土地利用的混合度高，向北至临平、向南至萧山区，土地利用的混合度逐渐降低。

（4）道路结构特征——方格网加沿河走向的路网格局

运河是由北向南方向的弧形走势，周边的道路却基本是横平竖直的方格网式道路格网分布。运河滨水空间内的城市道路主要由快速路、主干道、次干道、支路以及滨水道路组成。运河两岸形成以运河为中心从内往外辐射的道路格局，南北方向陆续建成了莫干山路、上塘高架，东西方向建设了留石高架、环城北路，同时，主干道、次干道等不同等级的道路也陆续完善，有通益路、丽水路、湖墅南路、环城东路等沿河方向的主干道，更有大量主干道向东西方向辐射。

（5）景观结构特征——沿河的带状景观廊道

运河滨水空间的景观形式比较多样化，主要分为临平区段、拱墅区一段、拱墅区二段、上城区段四个空间层次。①区段的景观以自然风貌为主，历史风貌为辅，绿地主要为耕地，北端有塘栖古镇；②拱墅区一段滨水空间为历史风貌区，北起石祥路北星桥，南至文晖路朝晖桥，运河拱墅区一段沿岸一直是居民生活、生产的集中区域。相对于运河同样流经的杭州拱墅区二段、上城区段两个区段，拱区段有着更为深厚的历史与文化积淀，有很多的历史性建筑、构筑和街区，例如高家花园、富义仓、香积寺等，还形成了运河边小河直街、拱宸桥桥西等历史街区，这些历史街区承载着传统的杭州市井文化，更有工业遗产不胜枚举。③拱墅区二段（原下城区段）主要展现了杭州的都市风情，原下城区是现在杭州的商业中心，呈现的是一派现代化都市景观，运河沿岸有西湖文化广场等现代化的建筑与商业中心，还有住区、政府部门等，因为是老城区，缺少用于绿化的土地，因此，沿岸建有大量的亲水空间与设施，运河、人、城市联结在一起。④上城区段（原江干区段）滨水空间风貌主要展现了未来科技风貌，西起铁路桥，东至三堡船闸，该段属于城郊接合部，河面较宽，两岸的绿化用地有较大的延伸空间，相对于拱墅两区段而言，有着更为优越的自然基础条件，更有条件进行大面积自然景观的营造，沿岸景观塑造以植物材料为主，并结合游步道、广场铺装、构筑、驳岸等其他景观要素，用"绿"和"水"构筑起一条绿色的生态廊道。

7.3 典型案例：杭州运河拱宸桥段滨水空间产城融合发展

杭州运河拱宸桥段滨水空间位于杭州市拱墅区，作为杭州的老城区和工业区，自 1896 年就开始了民族工商业的发展，至 20 世纪 80 年代，为适应城镇化的发展需求，开始了土地经济带动下的商业化开发，其功能和空间开始了新一轮的更新与重组，开启了工业转移与功能提升的空间复合式发展序幕。

7.3.1 滨水空间形态与产城融合的内在逻辑关系

产城融合涉及经济、环境、社会多个领域，关注于产业和社会之间的结构匹配；追求城市功能融合，使生产空间与生活空间紧密联系，实现以人为本的核心诉求，营造舒适宜人的人居环境。

以人为本作为产城融合的价值观念，是独立于功能融合、空间统筹和结构匹配三者以外的更高层次的价值追求，它以人的长远发展为着眼点，基于人的需求进行空间尺度的把控，进而进行功能安排，实现生活质量和生活效率的提高。

功能融合是指市的工业化发展是一个从以制造业为主逐渐转为以制造业服务化为主的发展过程，也就是依靠产业集聚发展规模效应，实现产业与城市融合互动，达到多样功能的复合开发，可在空间肌理中加以呈现。空间肌理存在着均质与非均质的差别，均质的肌理来源于城市功能的全面化、多样化带来的明确功能分区，而非均质的肌理是由于城市中某项功能突出，其他功能薄弱并可在同一地块共处，表现为不同地块的类似。

空间统筹是从大的空间布局、发展定位来考虑该地块的发展思路，其发展需要与周边进行互动，而不仅仅是自我的内部更新，应用到该区域，就是将其看成一个庞大的组织，其内部单元并非独立，而是相互协调、共同发展的"生命共同体"，是一种多尺度措施，可从空间尺度加以考虑。空间尺度是基于空间的视角，尺度是研究客体或过程的空间维度，可用分辨率与范围来描述，它标志着对所研究对象细节了解的水平，由于不同空间尺度上的认知存在差异，滨水空间更新需要在不同尺度上进行信息传输与相互理解，这就涉及"自上而下"和"自下而上"两种认识形态的冲突。"自上而下"模式反映出较高等级主体的意愿，"自下而上"模式则更多地体现了等级较低主体对外部环境变化而采取的应对措施。为此，空间形态在不同尺度上的复杂度和多元化，反映了滨水空间更新是否兼顾到尺度差异而产生问题的多样性和复杂性。

结构匹配是立足于"匹配"，达到产业与城市整体空间结构匹配，内部产业与生活空间结构匹配，换一个角度来说，则是服务于产业和生活的各空间要素的结构匹配，在空间形态上表现为空间层级。空间层级反映的是等级性和嵌套性的特征，在滨水空间更新中表现为资源的配置，一方面需要考虑街道、社区作为独立单元，其内部的资源安排；另一方面需要考虑街道与街道、街道与社区、社区与社区之间的资源协调。因此，在同一区域，空间层级的复杂度和不同层级空间要素辐射的均衡度反映了滨水空间更新中的资源配置的合理性，从而分析各要素的结构匹配度。

综上可知，产城融合理念的内涵包括以人为本、功能融合、空间统筹和结构匹配四个方面，在滨水空间更新过程中，可从空间肌理、空间尺度和空间层级三个方面加以体现，两者具有内在逻辑的一致性（见图 7-12）。

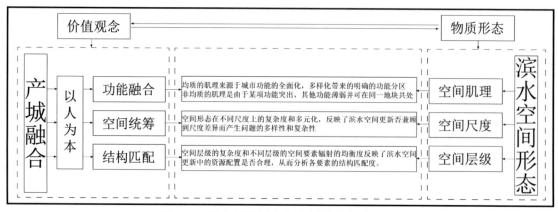

图 7-12　滨水空间形态与产城融合的内在逻辑关系

7.3.2　运河拱宸桥段滨水空间产城融合的形态响应

本书所研究的对象是杭州运河拱宸桥段的滨水空间，南北方向以轻纺桥和登云路为界线，包括从水际线向内陆 500m（步行约 5 分钟）的距离范围。基于杭州运河拱宸桥段滨水空间近 20 年的演变发展，根据遥感地图资料，选取典型分期具代表性的 2000 年、2010 年和 2020 年三个时间节点，从肌理、尺度和层级三个方面分析杭州运河拱宸桥段滨水空间的街道、建筑和绿地的空间形态近 20 年的演变特征。

在杭州运河拱宸桥段的滨水空间中，不同功能的建筑、水系在滨水空间的平面肌理中呈现为点，大量的建筑组团构成了面，道路在平面肌理图中呈现为线，大块的绿地在平面肌理中呈现为面，由这些点线面构成了该区域空间形态的图底关系。

（1）空间肌理的差异化发展

如图 7-13 所示，在 2000 年，建筑实体之间的相似度低，其中，运河西岸工业建筑的图底关系非常突出，运河东岸具有大面积整齐排列的居住建筑，可见，运河以西以工业区为主，运河以东以居住区为主。这一时期的外围街道完整，其内部路网呈树枝状肌理，由外围街道向内延伸，内部街道的空间形态呈现出断头路、封闭性较强、路网不连续等特点。绿地中，农耕地占将近四分之一，居住地和工厂附近以点状绿化为主，绿地在图底关系中连贯度低。至 2010 年，街道作为整体肌理的骨架基本形成。运河以西大量大型建筑迁出，从而使该区域的建筑肌理差异度降低，运河以东，沿岸细碎的建筑肌理变得粗放，整体的建筑肌理向均质过渡。此时的绿地肌理中，线状绿地增加，局部的点状绿地扩大。到 2020 年，街道建设在原有基础上进一步完善，街道肌理的均质性增强。建筑沿街道的界面感增强，以街道为划分单元，不同单元间肌理的非均质特征更为突出，功能分区更为明显。同时，全面的绿化网络形成。

2000 年的建筑概况   2010 年的建筑概况   2020 年的建筑概况

建筑组团变化（斑块）——建筑肌理向非均质过渡

 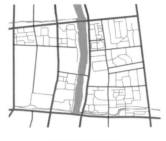 

2000 年的街道概况   2010 年的街道概况   2020 年的街道概况

道路变化（廊道）——整体感连续性逐渐增强

图 7-13　运河拱宸桥段滨水空间的建筑、街道及绿地肌理变化

由此可见，整体空间肌理由非均质向均质过渡，同时，运河与街道构成了滨水空间发展的骨架，纵横交错的街道与运河将运河拱宸桥段滨水空间划分为许多单元，各单元肌理出现了差异化发展。

（2）空间尺度的分形协调

如图 7-14 所示，2000 年，在宏观尺度上，街道未形成区域性骨架，只有南北向的城区级道路，中观尺度上的社区级道路尚未形成，微观尺度上以街巷级道路为主。建筑布局反映出"自下而上"的反馈模式占据主导，工业区周边分布大量破碎细小的建筑群，尚未形成有序的建筑界面。到 2010 年，宏观尺度上城区级道路形成全域的基本骨架；中观尺度上，均有社区级道路；微观尺度上，运河以东的街巷级道路完善。建筑布局出现了明显的功能组团，在宏观尺度上有杭州工艺美术博物馆和中国刀剪剑博物馆形成的大体量建筑群，在中观尺度上有居住组团，在微观尺度上形成了桥西历史街区的小体量建筑群。至 2020 年，宏观尺度上和中观尺度上的城区级道路、社区级道路进一步完善，形成了大尺度的广场、街头绿地等空间；微观尺度上，每一区域的街巷级道路完善，兼有小尺度的活动广场、绿地等。在不同尺度上的建筑布局基本完善，宏观尺度上形成了居住组团、商业组团等，配套完善；微观尺度上，建筑与配套设施也基本完善。

宏观尺度

2000 年只有骨架　　　　　　2010 年完全骨架基本形成　　　　2020 年形成道路＋广场＋绿地格局

微观尺度

2000 年工业区细碎建筑　　　　2010 年形成组团　　　　2020 年各功能用地配套齐全

图 7-14　运河拱宸桥段滨水空间的尺度变化

可以看出，运河拱宸桥段滨水空间在不同尺度上形成了界定明确的更新单元，不同尺度上的更新单元之间基本保持了发展格局的一致性，同时，各更新单元兼顾了尺度差异而产生问题的多样性和复杂性，在微观尺度上，更新单元的形态向复杂化和多元化方向发展。

（3）空间层级的复合优化

如图 7-15 所示，2000 年，街道的空间层级分化不明显，呈现由外围城区级道路向功能组团内部延伸，功能组团之间的街道连通度和可达性较弱，出行选择度低，街道渗透度呈现出外强内弱的特点。此时的建筑层级相对单一，以工业建筑为辐射原点，周围分布高密度的低层居住建筑，绿地层级单一，以居民自发建设的绿地为主。2010 年，街道呈现出差异分化的特点，城区级道路拓宽，整个滨水空间的围合度增强，内部分化出社区级道路和街巷级道路，空间层级由相互融合趋向分离，运河两岸的可达性增强，出行选择增加，区域内部的街道渗透度增强。建筑的空间层级进行了新的架构，大量工业建筑迁出，居住建筑向低密度的高层建筑发展，在区域内增加了公共建筑。绿地层级增加，形成了不同服务半径的绿地，运河两岸形成连续的绿道，服务两岸滨水空间，运河东岸形成了连续的街道绿地，各更新单元内部均有绿地空间。2020 年，街道系统更为完善，城区级道路、社区级道路和街巷级道路的界限分明，在此基础上形成了交通性街道、商业街道、生活服务街道以及景观休闲街道等满足不同功能需求的街道空间，出行选择多样，可达性强，街道渗透度呈现出内外均衡的特点。建筑层级更为丰富，居住建筑发展为低层、中高层及高层三种层级，公共建筑中商业建筑、科教文卫建筑、办公建筑等，形成了多层级全覆盖的绿地网络。

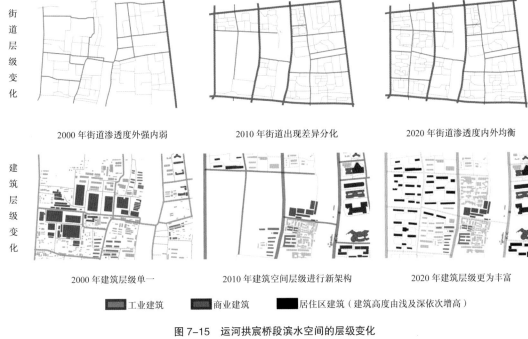

街道层级变化

2000 年街道渗透度外强内弱　　　2010 年街道出现差异分化　　　2020 年街道渗透度内外均衡

建筑层级变化

2000 年建筑层级单一　　　2010 年建筑空间层级进行新架构　　　2020 年建筑层级更为丰富

■ 工业建筑　　■ 商业建筑　　■ 居住区建筑（建筑高度由浅及深依次增高）

图 7-15　运河拱宸桥段滨水空间的层级变化

　　总体而言，运河拱宸桥段滨水空间实现了各更新要素的多层级发展。在更新单元内，空间层级趋向复杂化。在同一更新单元内，不同层级的更新要素基于服务半径而均衡分布。

7.3.3　基于产城融合的运河拱宸桥段滨水空间更新模式与策略

7.3.3.1　混合有住型滨水空间产城融合发展模式

　　以更新地的原有物质环境特征和社会环境特征加以定义，运河拱宸桥段滨水空间存在大量 20 世纪 90 年代中期以前形成的住区，从住宅存量和改造再利用的价值来看，以 20 世纪 70 年代末—90 年代初所建住宅组群构成的住区为主，因此，运河拱宸桥段滨水空间更新可作为集聚混合型既有住区（简称"混合有住型"）滨水空间更新模式的典型代表。

　　如表 7-1 所示，混合有住型滨水空间的基本特征包括物质环境和社会环境。就物质景观而言，无明确规划结构，各功能组群随机集聚而成，住区形态碎化、界线模糊，道路连通度低，交通组织混乱，绿地空间缺失，基础设施配置失衡，建造年代不同、层次各异的建筑无序并置。就社会环境而言，人口构成复杂，阶层分布两极分化特征明显，社区缺乏凝聚力，居民缺乏归属感，整个滨水空间不能够形成区域文化，因管理组织发育不完善，各段滨水空间常出现"各自为政"的情况，管理难度大、管理效率低。

表 7-1   混合有住型滨水空间的基本特征

要素		基本特征
物质环境	功能布局	无明确规划结构，各功能组群随机集聚而成，住区形态碎化、界线模糊
	街道系统	道路连通度低，交通组织混乱
	建筑布置	不同层次、建造年代建筑无序并置
	绿地空间	绿地空间缺失，基础设施配置失衡
社会环境	人口结构	人口构成复杂，阶层分布、两极、分化特征明显
	社会文化	社区缺乏凝聚力，居民缺乏归属感，不能够形成区域文化
	管理体制	管理组织发育不完善，"各自为政"，管理难度大，管理效率低

7.3.3.2 混合有住型滨水空间产城融合发展策略

（1）实现可持续发展的以人为本策略

就价值观念而言，基于产城融合的城市滨水空间规划是强调以人为本的城市滨水空间可持续发展规划。杭州运河拱宸桥段滨水空间涉及经济、社会、文化、环境等诸多方面，针对这一复杂的系统，需要系统、整体的方法和思维方式。正如 20 世纪 80 年代提出的"经济—社会—自然复合生态系统"，杭州运河拱宸桥段滨水空间更新始终强调经济、社会、自然协调的可持续发展的价值观念，正如吴良镛先生针对复杂开放的巨系统提出的分解求解的尝试。如图 7-16 所示，杭州运河拱宸桥段滨水空间逐步形成了建筑—景观—街道的三位一体整体更新策略。

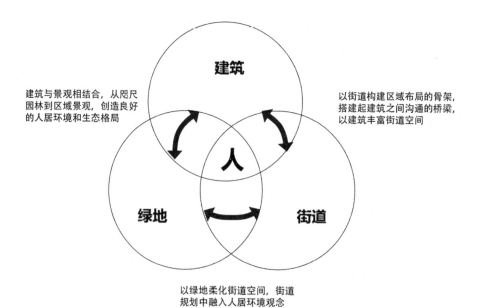

图 7-16　建筑—景观—街道的三位一体整体更新结构图

（2）实现肌理差异化的功能融合策略

滨水空间的产城融合更新不是要消除各单元之间的功能异质性，创造完全均质化的生产、生活空间。所谓肌理差异化是要基本保持各单元之间的异质性；所谓功能融合，是通过调整去除其不合理的因素，改变其混杂、破碎与隔离的状态，在保持各单元之间个性的同时，实现其共性的统一。

1）交通系统的缝合

城市道路交通是城市功能正常运转的重要保障，运河拱宸桥段滨水空间更新中道路层级的多样，不同道路之间的贯通，以及功能区内部街道的渗透，使不同功能区之间的联系更为紧密。运河两岸的客运码头利用良好的景观价值实现人流的聚集，并且将该区域转变为城市机能的公共活动空间，促进周边商业发展，也将运河两岸区域"缝合"起来。

2）建筑综合体的融合

产业建筑的更新不限于建筑本身的改建，而是通过加入新的环境标准与服务设施，并结合其他空间要素，从系统的角度，使建筑及其所处的整个环境融入城市，激活旧建筑所在地区的活力。在运河拱宸桥段滨水空间更新的过程中，将运河西岸的部分工业建筑迁出，将离运河水岸线近的保留下来，将杭州土特产公司仓库改建为中国刀剪剑博物馆、伞博物馆和中国扇博物馆，将通益公纱厂改建为手工艺活态展示馆，将红雷丝织厂改建为杭州工艺美术博物馆。除保留和更新原有建筑，在运河东岸，也进行了建筑的拆除整合，建造了京杭大运河博物馆和运河上街购物中心，采用建筑综合体实现区块之间的有序融合。

3）绿化网络的织补

公共绿地是居民日常休憩、交往不可或缺的场所，良好的公共绿地系统是构建和谐人居环境的重要内容。运河拱宸桥段滨水空间在原有公共绿地空间匮乏和失衡的情况下，以运河为中轴，东西向逐级更新，水陆缓冲带的绿地更新注重水域的改善与恢复，分别采用了通过式绿地、开放式绿地和密集式绿地形成各类绿地斑块，增强护岸的多种功能，促进东西两岸的交往与融合。集聚混合型既有住区具有局部有序而整体混沌的空间特征，各单元内存在大量权属和功能模糊的点空间，运河拱宸桥段滨水空间更新过程中将点空间转换为绿化，形成住宅之间的公共场所，并连点成线，再以街道绿地实现各单元绿地之间的连通，构建完整多层级的绿化网络。

（3）实现多尺度协调的空间统筹策略

滨水空间产城融合更新需要落实到一个具体的空间范围内，这就涉及更新单元规模界定的问题。对于集聚混合型既有住区来说，若更新单元规模过大，可能会带来更新周期长、资金投入大等问题；若规模过小，则很难起到更新作用。所谓多尺度，空间维度上是从多个明确、完整的地域范围考虑单元更新，时间维度上是从历史遗存、现状问题和发展需求考虑滨水空间更新的过去、当下与未来。所谓空间统筹是破除各单元之间各就其位的独立状态，实现各单元的相互协调，形成共同发展的"生命共同体"。

1）沿岸用地的整体开发

运河拱宸桥段滨水空间的各要素在更新的过程中并不是孤立存在的，整个空间的更新具有结构性、动态平衡性和时序性的特征。在更新改造的前期，立足于该区域发展的社会背景，运河拱宸桥段滨水空间实现了与城市整体发展布局的衔接，开展工业转移与功能提升，由以工业主导转为以居住、旅游为主导。在更新改造过程中，采用阶段式移植的方式更新环境，在尊重场地原有肌理的基础上，以交通体系的完善为先导，支起整个区域发展的骨架，由宏观到微观逐级向内更新，实现新旧元素的融合。

2）遗产保护与城市记忆延续

在物质空间更新中尊重历史文脉与人文文脉，从而实现滨水空间在时间尺度上的延续，运河拱宸桥西区域是杭州近现代工业文化、商埠文化和市井文化的高度浓缩，是城市记忆的重要体现场所，在更新改造过程中尊重原有的空间肌理，例如拱宸桥西区域将原有工厂陆续关停，将厂房建筑全部或部分拆除，留下了具有历史价值、经济价值和社会价值的工业遗产，并对历史建筑进行功能置换，但基本保留了建筑原有的体量与风格，新旧结合的工业遗产建筑改造，强化了对工业遗产建筑城市记忆的可识别性，实现了历史与现代的对话，其功能置换又是对未来产业发展定位的一种延伸。

（4）实现多层级复合的结构匹配策略

滨水空间产城融合更新是实现资源的合理配置。所谓多层级复合，是指一固定空间范围内的要素在空间维度上的复合，空间维度需要看区域内部的产业与服务融合问题和结构问题。所谓结构匹配是服务于内部产业的物质要素与服务于生活的物质要素实现均衡的资源配置。

1）街道—建筑—绿地的立体复合

根据单元的主体功能不同，街道、建筑和绿地空间也要与之匹配，在公共建筑为主的单元内，人流集中，相应地绿地空间和街道空间就需要与之匹配。例如桥西历史街区，外部的社区级道路实现其与周边的联系，内部以商业建筑为主，并配置街巷级道路，在街巷周边构建不同尺度的绿地，建筑内构建庭院绿地，整个桥西历史街区形成一个闭合紧密的街道—建筑—绿地复合体系。而运河文化广场片区有拱墅区人民法院、拱墅区人民政府和京杭大运河博物馆，相应地，绿地空间宽敞，西邻城区级道路，东侧和南北面与社区级道路相连，构成了一个开放舒缓的街道—建筑—绿地复合体系。

2）产业空间与人居空间的复合匹配

产业结构与社会服务需求密切相关，质的不同将直接影响到城市配套服务设施的供给，这就关系到产业空间与人居空间的匹配度。根据配第 - 克拉克定理和库兹涅茨对配第 - 克拉克定理的延伸，劳动力在各产业之间的变化趋势是，第一产业逐步减少，第二、第三产业逐步增加。随着杭州城市更新步伐的加速和"退二进三"战略的实施，运河拱宸桥段滨水空间的产业结构改变，就业贡献较大的第三产业占据主导，单位产值吸纳劳动力数量增加，相应地，居住空间以及与之匹配的商业、文化、教育等公共服务设施增加。

第 8 章

丽水 "城河" 关系案例研究

几乎每一个城市都有一个穿城而过的河流。"城" 与 "河" 既有空间的纠缠，更有时间带来的成长。伴随着城市的发展，这些穿城而过的河流长出了坚硬的堤防，她的两岸不仅会长出高楼大厦，也慢慢长出一些广场、公园，成为市民们休闲娱乐以及游客赏玩的去处，也延续了几代人对家乡的记忆。

如何在保证城市防洪排涝安全的同时，不割裂人与河之间的互动，尽量保留滨水空间的生态功能，为人民文化娱乐活动培育场地，实现城河共荣的发展，这是一个难题。本书以丽水盆地内河水系为对象，选取丽阳溪水系综合整治项目、缙云好溪水系综合整治以及好溪干流滨水景观带项目，分别从旧城河道的治理、新城开发的水系空间以及滨河发展的公共空间的角度，展示了一种以滨水城市公共空间为基础，提高整个城市品质的发展范式。

8.1 丽水内河水系综合整治

8.1.1 项目现状

丽水市盆地地处浙江省西南部山区，瓯江干流大溪与一级支流好溪汇合处，盆地内水系发达，河流众多，根据河流作用和区块划分，其主要包括两大水系（见图 8-1）：其一是贯穿于城区东南向，以东部区块为主，以好溪堰河为代表的好溪堰水系；其二是贯穿于城西的丽阳坑水系。盆地内现有河道总长度 60 多 km，总水面面积约 55 万 m²。好溪堰是好溪在下游岩泉镇马头山处筑坝截好溪水，引水入渠而得名，始建于唐宣宗年间（847—859 年），已有 110 多年的历史。引水渠自东北向西南方向穿城而过，途经青林、凉塘、九里、后铺、海潮等村，穿过市区丽青路、花园路、大洋路，下游汇入大洋河，是一条以农业灌溉为主，兼有排涝功能的河道。河道全长 8.5km 左右，其中在城区的长度约为 2.8km。丽阳溪位于城区西北部，发源于丽水市城区北部的骑龙山南麓，自北往南流经实验林场、丽阳殿，进入丽水盆地，穿越灯塔新村，经市电业局、电大，在主城区西部的溪口与五一溪汇合后，汇入大溪。丽阳溪的主要功能是排除北部山洪及沿途雨洪。丽阳溪以白云山公园入口为上边界，边界处集水面积7.11km²，河长6.11km，比降83.2‰。

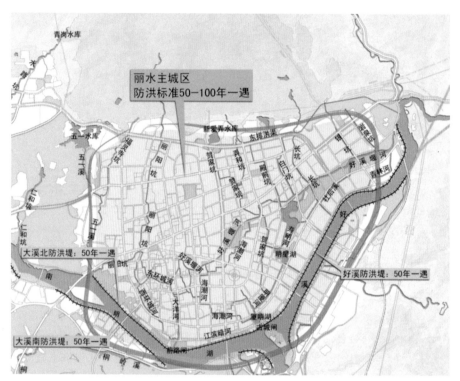

图8-1 丽水盆地北城中心城区水系

（一）丽阳溪水系

丽阳溪从白云山森林公园至溪口，全长4.75km（别墅区河段不在本次设计范围）。河道现状及存在问题如下。

丽阳溪主流长10.1km，流域集水面积10.3km²，干流丽阳殿至溪口村河长4.7km。

1）丽阳殿至五宅底上游段：河长约1.4km，平均坡降28.5‰，属典型山区性河道。河宽4～9m，河槽较深，沿岸地势较高。河道内堰坝、栏杆等阻水建筑物较多。

2）五宅底至中山街中游段：河长1.3km，纵坡14.3‰，河道宽约5～8m。在接官亭小区附近河段局部建筑临河而建，河道宽度较窄，堤防较低（见图8-2）。

图 8-2　丽阳溪上游河段（左）、中游河段（右）现状图

3）中山街至溪口下游段：全长 2km，纵坡 9.2‰。主要穿过灯塔新村、电力招待所、玻璃纤维厂、汽车厂等区段，现有河道宽度为 6 ～ 11m，河道两岸建筑物密集，大量居住用房临河而建，违章建筑侵占河道严重，灯塔新村河段河道两岸堤防较低，市中心医院附近两岸房屋临河而建，侵占河道行洪断面（见图 8-3）。

图 8-3　丽阳溪下游灯塔新村段河道（左）与中心医院段河道（右）现状

（二）好溪堰水系

丽水盆地易涝区防洪排涝好溪堰水系整治工程位于丽水市主城区，工程主要由河道整治、新建湖泊、控制闸、分水闸、暗河和河岸景观等组成，以解决丽水盆地防洪排涝问题，改善区域河道水环境，提升丽水城市品位。

整治建设河道总长 14.51km，其中，整治好溪堰河长度 6845m；整治海潮支河、贺家坑、寿明河等 11 条河道总长 7669m；新建寿元湖、明星湖两座湖泊，校核水位时湖面面积为 22.38hm^2，蓄水量 66.41 万 m^3；新建船闸 2 座，升船机

1座；河岸景观约 63.62 万 m²。河道防洪标准为 20 年一遇设计，50 年一遇洪水
不漫溢校核；排涝标准为 20 年一遇最大 24h 暴雨，24h 排出不成涝。工程永久占
地 1391 亩，临时占地 110 亩。

工程总工期为 5 年，拟分三个阶段实施，第一个阶段主要是实施好溪堰河整
条河道及海潮河、海潮支河；第二个阶段是配合水城实施两个人工湖寿元湖和明
星湖，以及水城区块的部分内河；第三个阶段为实施好溪堰河支流，如社后溪、
长坑、青林暗河、长寿暗河等工程（见图 8-4）。

图 8-4　好溪堰水系整治工程分阶段实施示意图

好溪堰是好溪在下游岩泉镇马头山处筑坝截好溪水，引水入渠而得名，始建
于唐太宗年间（847—859 年），已有 1100 多年的悠久历史。引水渠自东北向西
南方向穿城而过，途经青林、凉塘、九里、后铺、海潮等村，穿过市区丽青路、
花园路、大洋路，下游汇入大洋河，是一条以农业灌溉为主，兼有排涝功能的渠
道。渠道全长 8.5km 左右，其中城区内的长度约为 2.8km。按现状两侧用地功能
的不同分为上、中、下游三段。

（1）上游段

上游渠段为好溪堰渠首控制闸（桩号 0+000.00，以现有河道走线来划定里
程桩号）到九里村冷冻厂（桩号 4+053.80），该段两侧基本为荒地、农田、果园
等农业用地。渠道在引水闸（桩号 0+000.00）至桩号 0+440.17 一段较宽，为
11 ~ 18.8m，下游河道宽度较小，在 4 ~ 10m 左右。渠道断面形式为矩形，采
用浆砌石或水泥砂浆衬砌。上游段渠底高程为 54.31 ~ 52.89m。

上游段污水汇入通常很少，水质优良。但该段处于城区东部，河道沿程有多条山洪沟汇入，雨季时上游农田和村庄的洪水涌入好溪堰，地表农业面污染源和水土流失的泥沙等，都会影响到河道水质。

另外，这段河道与许多山洪沟交汇，雨季排洪任务很重，影响了河道的正常运行。主要的山洪沟有东部的盐泉坑、长坑、白门坑、殿前坑，总汇水面积约845hm²。

社后溪（汇水面积约177hm²）、贺家坑（汇水面积约550hm²）两条山洪沟与好溪堰立交，从好溪堰渠道上跨过。因渡槽设计标准较低，断面偏小，当上游雨洪量较大时，渡槽难以输送全部山区雨洪，仍有相当部分洪水进入好溪堰。

大量山洪的直接汇入对好溪堰的正常运行造成了较大的影响，是造成渠道损坏和河道淤积的主要原因。

（2）中游段

中游渠段为冷冻厂（桩号4+053.80）到好溪堰与丽青路交界口处（桩号5+576.68）。该段河道两侧基本为农田、村庄等，渠道宽度4m左右，渠道断面形式为矩形，采用浆砌石或水泥砂浆衬砌。渠底高程为52.89 ~ 52.31m。

中游河段自好溪堰管委会向下游主要穿过后铺村，村民住宅临河而建，大部分渠段已被改造成暗沟，有些房屋甚至在渠道上方直接搭建，生活污水直排入好溪堰，大量固体垃圾直接向河道中丢弃，对水体造成严重的污染。

这段河道水流不畅，淤泥层约0.5m，水体污染严重，散发着难闻的气味。

（3）下游段

下游段在城区内，由丽青路交界口（桩号5+576.68）到大洋河入口（桩号7+557.13），主要经过海潮村、市酿造厂、永晖新村、市环境科学研究所等地段。该段河道两侧基本为城市建设用地，渠道断面狭小，且有多处渠段被改造成暗沟，渠道宽度在3 ~ 4m左右，渠道断面形式为矩形，采用浆砌石或水泥砂浆衬砌。渠底高程为52.31 ~ 50.52m。

下游段好溪堰与城市排水东环城河、大洋路排水沟等均为立交，但仍有部分城区雨污水汇入，其中花园路两侧区域汇水面积约15hm²；大洋路东侧、老人公园南侧区域汇水面积2.9hm²；囿山街南部区域汇水面积约17hm²。

这段河道河底高程深浅不一，河道最浅及断面最小的位置是好溪堰与东环城河的相交处，该位置的河底深度不到1m。渠道末端为大洋河，目前大洋河通向大溪的出口已被堵塞，造成排水不畅，淤积严重；加上大量生活、工业污水直接排入大洋河，生活垃圾随意倾倒在河边，对水体造成严重污染，水体发黑变臭，大洋河已成为一座臭水坑，严重影响周围的环境。

好溪堰作为一条贯穿城区的水系，对完善丽水市的绿地系统和改善中心城区的水环境将起到重要作用。它处于城市绿地系统的中心位置，通过好溪堰的综合整治可将水质优良的好溪水引入城区内河水系，建造一个开阔的绿色空间，在很大程度上改变城区绿化水平较低的状态。好溪堰还是丽水市内河及内湖的供水水源，它的使用功能由以往以农业灌溉用水为主，转变为城市景观用水为主（见图8-5）。

图8-5　好溪堰航拍及现状图

括州水城公园项目是"丽水盆地易涝区防洪排涝好溪堰水系整治工程"第二个阶段的重要内容。该地块位于丽水老城东侧，瓯江干流南明湖西侧。地块内包含原有机场区块用地，总用地面积65.23hm²。项目开始前，用地尚未开发，保持原生态风貌，用地内水系丰富，自然景观优美，适于城市的拓展和建设。中心地块，水系比例可达 77.9%，简单整理汇合可形成大片湖面，给后续设计的水城公园提供良好条件（见图 8-6）。

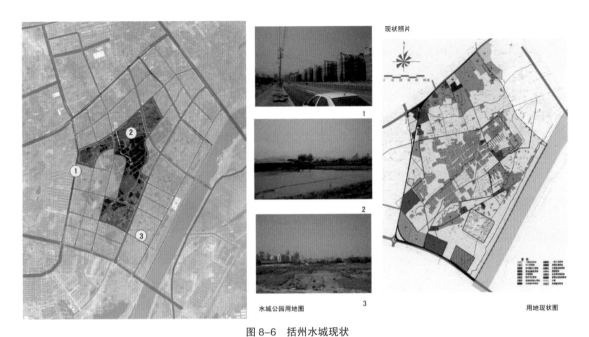

图 8-6　括州水城现状

8.1.2　总体布局

（一）丽阳坑水系

丽阳坑水系是丽阳溪水系的一支，丽阳溪水系还包括五一溪、佛岭寺溪水系。丽阳坑水系是连接白云山森林公园、三岩寺风景区、万象山公园的水上廊道、绿道、古道。古往今来，丽阳坑水系与当地居民的生活密切相关，而还河于民是河道设计的宗旨和初衷。以良好的自然生态为基底，融入文学艺术、绘画艺术、科技艺术等，体现河道自然生命力和文化内涵。由此，在对河道修复的基础上，以"山水绿廊，古今丽阳"为主题，设计"一片两廊四区"的景观格局对丽阳坑水系进行总体布局。

一片：丽水的城西片区。

两廊：丽阳溪历史文化廊道、五一溪佛岭寺溪生态廊道。

四区：①品质生活休闲区——居住生活／健康运动；②市井生活印象区——老丽水居住／生活／社区活动；③自然山水风貌区——丽阳坑水源头／五里亭水库；④科教文化展示区——商业／文化／经济／休闲。

其中，丽阳坑水系作为历史文化廊道，发挥品质生活休闲区和市井生活印象区的功能。

（二）好溪堰水系

景观设计充分考虑到河道通航的需要，以打造水上游线和岸上游线为联系纽带，把水系湖泊作为一个整体，使其成为丽水市一大生态网络，突出以寿元湖、明星湖两大湖面为中心的水城与好溪堰两岸城市绿地的功能互动，并作为通航线路的重要景点，形成开放型的大型城市公共空间，通过好溪堰的综合整治，形成一个开阔的大型城市生态走廊，创造多样化的滨水空间，丰富城市绿地系统的内涵。

景观设计总体结构分区以上阶段可行性研究阶段大区块定位为基础，通过河岸两侧连贯的慢行系统设置来引导城市游憩与旅游发展，并与好溪堰入口到厦河湖出口段的水上游线相呼应，结合码头、亲水平台、游船停靠点、河埠头的停留与转换，形成多功能、全方位、高品质的水陆游览线路。

河道水系在功能结构上归纳为："一廊、一城、六段、八园"彰显内河风采，"一楼、一庙、三亭、六桥"梦回河堰古韵（见图8-7）。

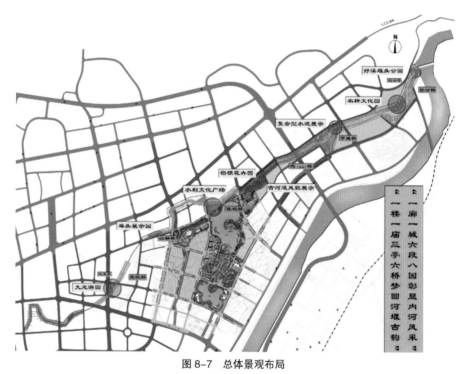

图8-7 总体景观布局

"一廊"指好溪堰是融"水廊""绿廊""风廊""游廊"为一体的复合型"廊道"。

"一城"指以寿元湖与明星湖为核心的水城。

"六段"主要指好溪堰设计范围由上而下六大不同特色区段，区段的设计注重完整性、尺度性，设计风格大气、统一。

"八园"指沿线主要的景观主题园，"八园"分布于六段之中，是各段之中重点打造的精华，设计注重对特色空间的塑造，设计风格婉约。

"一楼一庙"指"好溪楼"和"好道庙"。

"三亭六桥"指好溪堰沿线的"段公亭""九龙亭""迎春亭",及沿线的六座以历代治水先贤命名的文化景观桥。

8.1.3　河道功能复合

城市内河往往面临河道周边建筑密度高,公共空间缺乏,水生态系统整体退化等问题。与此同时,城市内河往往是城市对河道的防洪防汛、水质净化、水景观与文化休闲等多种功能需求最大的地方之一。因此,对于城市内河而言,满足其多功能复合型河道整治需求是水城融合的策略。

在满足丽阳溪水系防洪排涝要求的同时,还要满足水系在枯水期的生态景观要求,实现治水新思路。本研究以沿程闸堰对生态水位的控制计算为基础,因地制宜设置叠水堰坝、水上汀步堰坝以及翻板闸等水工设施,不仅可以保持生态水位,同时也能增加水体含氧量和景观观水效果(见图8-8)。

图 8-8　生态堰坝示意图 [叠水堰坝 (左上)、水上汀步 (右上)、翻板闸 (下)]

（1）丽阳溪人民路到丽阳街段河道

为了解决河道观水和亲水的效果，结合枯水期水生态需求，考虑在河槽较深的五一溪城北街—佛岭寺溪汇合口段、佛岭寺溪城北街—五一溪汇合口段、丽阳溪中山街—丽阳街河段修建双层河道，将生态用水和洪水分开，上层通过生态用水，洪水通过下层布设箱涵过流。例如，人民路到丽阳街段河道经过老的居住区，两侧空间局促，用地比较紧张。整治的主要目的是在保证防洪安全的前提下，缓解小区日常生活空间和河道景观绿化空间的矛盾，并在两者之间寻找平衡点。该段河道的设计采用双层河概念，下层河道行洪，上层河道为景观休闲空间（见图8-9）。

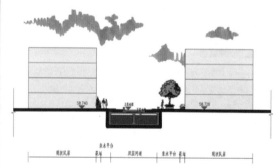

图8-9　双层河道断面现场照片（左）、示意图（右下）及效果图（右上）

（2）丽阳溪河道城北新村段

现有河道两侧有一定范围的绿化带空间，结合河道周边居民区，打造供周边居民日常生活、健身的休闲景观带（见图8-10）。

图 8-10　城北新村河道节点平面图（左上）和现场照片

（3）接官亭段

针对现有的拥挤城市场景和道路分割，在整理被街道遮蔽的河道时，在街角位置进行节点调整。在以亲水步道贯通游线的同时，布置景观廊架、休闲平台等供游人休息的场所，设置台地绿化，消化场地高差（见图 8-11）。

图 8-11　接官亭现场照片（上、中）及效果图（下）

（4）星火综合批发市场段，净池广场节点

该段河道节点的调整结合明成化《处州府志》载，在丽阳溪设置净池（即放生池），于池上建放生亭，在池中种植荷花。周边为居民设置休闲廊架（见图8-12）。

图8-12　设计节点净池广场改造前（左上）及改造后（右上及下）

（5）城北路以南的五一溪和佛岭寺溪段河道，特色商业水街节点

以明清古建筑风格为本项目的建筑价值取向，借以唤起人们对丽水的集体记忆。它将显现城市精神性格和文化肌理，显现丽水数千年的文化积淀（见图8-13）。

图 8-13　特色商业水街局部透视图及现场照片

如何通过三个步骤来体现古明清风格呢？首先在街巷的空间格局上，街巷有分有合、有曲有折，建筑院落组合进退有致；其次在建筑材料及造型上，清水原色所形成的建筑形态质朴又虚实相间；最后在建筑构件上，充分运用有丽水地方特色的构件如悬鱼、风火墙等元素等。总之，运用恰当的手法创造一个有古丽水特色的商业街。

此外，在设计细节上，建筑的形态并不受限于古代建筑的形制，在学院路入口广场与中心广场处设置了大体量的建筑，以适应现代餐饮功能的要求。所有建筑的内部都摒弃循古的木屋架体系以适应现代建筑的功能和防火、抗震等规范要求。

8.1.4 从城水相依到水城融合

丽水市括州水城位于丽水城东的城市新区，不仅引领着丽水城市发展的未来，也承载着延续城市发展的历史。通过水城的规划设计，好溪堰水系之于城东新区已经不单单是一条穿城而过的城市水系，而是水景与城市业态融为一体的水城融合新场景。

括州水城公园作为以水为特色的公园，不仅在水景及绿地的布局上体现与水的内在联系，项目建筑也表现近水取胜的"水城"风格，同时更将水的特性上升为一种气氛，融入设计中。项目将休闲、养生、健康产业形成的多元产业集群作为公园主导内涵来发展，包括主题酒店、保健商业、教育运动、科技研发元素等，构成了复合型养生商圈（见图 8-14）。

为了实现水城共融的目标，我们主要采用了三种设计理念。首先是理水入城。水是水域的重要特色元素，水域的设计理念之一就是将水与城融为一体，水中有城，城中有水，形成极富魅力的水上城市院落。上位规划显示，水城板块及南北两个湖泊周边多为居住用地，而两湖还具有较为重要的调蓄功能。根据内河水系相关规划，在枯水期水城明星湖水位（平常水位）为 48m，寿元湖为 49.2m；当天气预报有较强降雨时，明星湖、寿元湖水位预降至 47.6m，而 50 年一遇的洪水位，明星湖为 50.36m、寿元湖为 51.02m，水位的落差势必给水城的建筑布置带来较大的困难。为了给水城建筑营造临水而居的效果，增加人们的亲水感，就要将福渚区块的水系进行整体提升，与外部水系进行隔离，形成内部景观水位，减少洪水期水位与常水位之间近 2m 的水位差，为非汛期的水城景观营造一种近水亲水的效果，减少建筑挡墙的裸露面，从而更符合控规中对该区域的功能定位，汛期则按原内河规划中的运行管理模式进行预泄（见图 8-15、图 8-16）。

图 8-14　括州水城鸟瞰图及航拍图

图 8-15　寿元湖与明星湖鸟瞰图及现场航拍图（一）

图 8-16　寿元湖与明星湖鸟瞰图及现场航拍图（二）

宾馆区域则通过多级水位的湖塘湿地，缓解宾馆建筑和湖面常水位的落差。宾馆庭院内部形成亲水水面，其他区域通过草坡入水缓解水位落差。除保证陆上交通外，整个园区还设置升船机，以保证游船在不同水位的湖面通行，并进一步贯通到下游河道（见图 8-17）。

图 8-17　多级湖塘湿地

其次是功能叠合，设计要提倡土地集约、功能混合，打造集旅游、商业、娱乐、文化、居住于一体的水城综合体。水城旅游服务核心位于两湖的中间位置，属于水城旅游服务组团。以祈福塔为中心，打造人流的集散中心，并辐射到与之毗邻的福渚片区。繁荣的滨水商业以及住宅片区，可以发挥水景的价值，实现"居住在丽水、饮食在丽水、休闲在丽水、旅游在丽水、创业在丽水"的目标（见图 8-18）。

图 8-18　祈福塔与福渚

最后是多廊渗透。上位控规显示，用地地块周边路网完善，为提高土地的使用效果，在寿元湖东侧形成一条自由的支路，扩大滨湖景观的接触面。此外，在利用现有干支路网络以及滨水步道系统的基础上，于寿元湖西侧开建联通南北的水上景观廊道，用以沟通整个水城地块慢行系统，从而形成多维廊道（见图8-19、图8-20）。

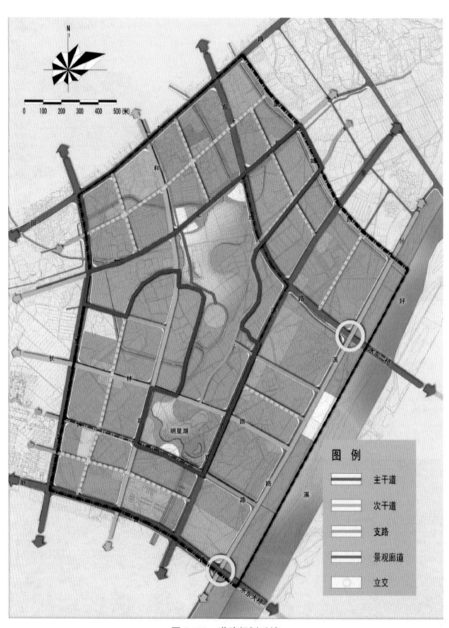

图8-19 道路规划系统

图 8-20　水系管理系统

8.2　缙云好溪干流滨水景观规划

8.2.1　项目现状

好溪发源于磐安县的大岗尖西南麓，其干流流经白竹、雁岭、壶镇、东方、五云、东渡这四镇二乡，至大庭出境过莲都区流入瓯江大溪，大庭庙以上流域面积 1025.4km²，相应主流长度为 100.8km。

近年来，随着经济发展、人口增加，生产、生活对环境的影响不断加剧，致使好溪生态环境不断恶化，阻碍了缙云县好溪沿岸经济社会的可持续发展，并影响到瓯江的水环境及生态环境安全。

因此，治理好溪河段，在好溪干流综合治理规划基础上对好溪沿岸的用地进行综合梳理和分析，科学编制沿河详细规划，对于全面落实科学发展观，整合沿线土地性质，指导缙云县进一步做好流域开发建设工作，确保环境安全和城市土地升值，促进构建资源节约型、环境友好型和谐社会，实现缙云经济社会全面、协调、可持续发展和全面建设小康社会具有十分重要的意义。

好溪流域沿岸大部分为自然山体，山峦环绕，环境优美，空气清新，尤其是壶镇上游段和仙都，自然风光优美，山地景观怪石嶙峋，沿岸农业景观都保留完好，挡墙基本以自然坡岸为主。以城镇段为代表的五云镇、东方镇、壶镇的镇域范围沿河两岸的驳岸基本已经建成，大部分以垂直堤岸为主，局部有亲水平台和下沉广场。仙都镇段水面相对较宽，水量丰富，两岸的植被保留完整，山体连绵起伏，云雾缭绕，风景十分优美，独具特色（见图 8-21）。

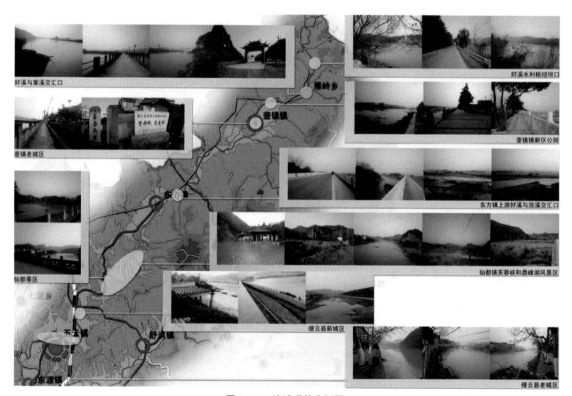

图 8-21　流域现状分析图

上游郊野生态段（潜明水库—壶镇上游）：两侧为山地，有充足的生态用地，河道宽 80 ～ 120m，靠近壶镇段大部分已建好防护堤，两侧均已硬质化。该生态段的整体特点是两岸青山碧水流，以潜明水库为源头，以两侧的山体为屏障，形成了两山夹一水的峡谷景观形态，形成了一条游动、动态的白练（见图 8-22）。

图 8-22　壶镇上游实拍图

　　壶镇城镇景观段（壶镇镇区）：两侧为道路、居住区，绿化带分布不均，河道宽约 80 ～ 100m，已修好硬质挡墙式防洪堤，断面上呈渠化趋势。河道中以大片的滩地为主，这也成为壶镇区段最大的风貌特征。对水坝下游以及沿岸滩地、滩涂进行改造，可以形成以景观滩地为主的功能区块（见图 8-23）。

　　东方镇生态段（壶镇下游—东方镇）：沿河散布村庄、农田，部分河段绕山体蜿蜒而下，河宽 50 ～ 150m，水深相对较浅，多为天然的漫滩、边坡，整体属于乡村郊野型景观。其中，破坏相对严重的是采砂、挖沙遗留下的滩涂地，整体绿化遭到严重破坏，形成了延续线性景观的断层（见图 8-24）。

图 8-23　壶镇城乡风貌现状图

图 8-24　东方镇生态段现状图

仙都景区段（东方镇下游—仙都景区）：自然环境和景观风貌保存较好，沿河怪山奇石、深潭浅滩、植被茂盛、村庄错落，河宽变化较大，在 50～150m 之间，属于特色生态旅游的景观河段。景区内部风景如画，且通过旅游开发，已经初具规模，旅游步道、景观亭廊、农家乐以及一些配套的服务设施已经成形（见图 8-25）。

图 8-25　仙都景区现状图

新城区滨水河道段（缙云二桥—仙都景区入口）：在新城整体大环境中，新城内部腹地与好溪形成明显的山、水、城的南北轴线关系，且现状岸线基本成形，水面较为开阔。其中，除个别拆迁困难较大的地段未建设，右岸新建挡墙基本成形。已建挡墙的基本形式为滨水园路 + 斜坡 + 堤顶路。其中靠近缙云二桥一侧已经建成江滨公园，但是人气相对较弱。左岸以山林地、滩地和村庄为主，风貌相对较为自然（见图 8-26）。

老城区段（新城区—县城老城）：河宽为 80～120m，两侧基本上已建成硬质堤防。由于老城区为缙云人的主要活动区块，沿岸人口密度大和建筑相对较集中。两岸建筑充分体现了缙云条石建筑的特色。此外，河道中的小型桥梁等构筑大部分以缙云条石为主材，具有浓厚的条石文化（见图 8-27）。

图 8-26　五云镇新城现状图

图 8-27　五云镇老城现状图

好溪流域内的历史文化资源丰富：壶镇古民居（包括九进厅、百廿间、美化书院）、壶镇大溪滩古窑址群（浙江省文物保护单位）、苍岭古道、前路慕义桥（浙江省文物保护单位）、白茅进士牌坊（浙江省文物保护单位）。仙都镇以峰岩奇绝、山水神秀为景观特色，融田园风光与人文史迹为一体，是集观光、避暑休闲和开展科学文化活动为一体的国家级重点风景名胜区，其中省级及国家级文物保护单位有多处（见表8-1）。

表8-1 缙云省级及国家级文物保护单位

序号	名称	地点	类别	等级	年代	简介
1	仙都摩崖题记	仙都	摩崖	国家级	唐—现代	题记、题名
2	大溪滩古窑址群	壶镇大溪滩村	窑址	省级	宋、元	青瓷址群
3	九进厅	壶镇工联	古建	省级	清嘉庆	古建筑
4	白茅云衢坊	前路白茅	古建	省级	明永乐	木牌坊
5	贞节坊刻石	新建双港桥	石刻	省级	清咸丰	石刻牌坊
6	河阳古村落	新建河阳	古建	省级历史文化保护区	明—清	古建

此外，缙云非物质文化遗产包括现已查明的1850件，其中具有代表性的有："缙云剪纸""缙云建筑石雕""官店古戏台""硬笔微书""缙云根雕""孔明灯"等民间造型艺术；《中心布龙》《老鼠娶亲》《杨门女将》《迎罗汉》《缙云钿铃》《十八狐狸》《小溪大龙》《哑背疯》《陇坑莲花》《稠峰神马》《铜钱鞭舞》《滚灯》《台阁狮》《钢叉舞》等民间舞蹈；民间杂技"踩高跷"；民间音乐《长蛇脱壳》；民间戏曲《木偶文武八仙》；民俗"轩辕黄帝祭典"。

8.2.2 总体布局

根据总体目标及好溪流域景观资源特色，结合总体规划及现有基础设施及资源的开发情况，确定好溪流域景观体验格局为"一轴、三区、六段，展最美风采；三街、四园、五馆，显人文底蕴"（见图8-28）。

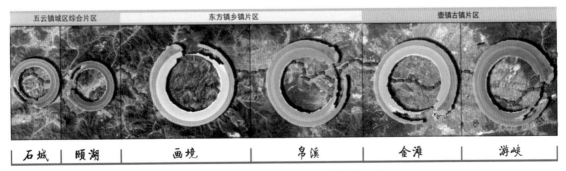

图8-28 好溪干流滨水景观规划总体布局

一轴：以好溪干流为主线的滨水景观轴，打造"一曲溪流一曲闲情"的景观意境。

三区：五云镇城区综合片区、东方镇乡镇片区、壶镇古镇片区。

六段：通过对好溪流域自然景观资源的调查和梳理，从而可以更加准确地对景观资源进行定位，对不同肌理的斑块状景观带进行整合，梳理出六类景观功能区段，通过不同的工程措施达到规划整治的效果，分别是游峡（上游水利枢纽山林段）、金滩（壶镇城乡风貌段）、帛溪（东方镇交通游览段）、画境（仙都景区生态自然段）、颐湖（五云镇新城区风貌段）、石城（五云镇老城历史人文段）（见表8-2）。

表8-2 好溪结构分析统计表

一轴	好溪滨水景观绿轴					
三区	五云镇综合片区		东方镇乡镇片区		壶镇古镇片区	
六段	石城	颐湖	画境	帛溪	金滩	游峡
位置	缙云老城	缙云新城	仙都景区	东方镇	壶镇镇区	壶镇上游
定位	古老美丽的石城	现代养生之城	九曲练溪画境绿廊	生态农家发展典范	绿色文化休闲新城	峡谷避暑胜地
面积（hm²）	18.1	116	201	97.2	193.5	11.2
内容	立面改造、滨水空间提升、街头公园提升	滨水步道改造、滨江公园提升、养生公园建设	旅游产品开发、绿道驿站建设、旅游路线组织	生态修复，绿道贯通，乡村旅游发展	滨水步道改造、古窑遗址综合开发	滨水空间植物群落丰富，园路绿道建设

三街、四园、五馆：在好溪河道景观设计中，利用大型桥梁、广场、道路交叉口、重要建筑物等城市重要节点，结合《县域总规》中绿地公园的规划，通过这些区域与河道的关系，打造口袋公园、特色街道以及特色建筑，形成河道连续不断的景观高潮，通过利用"项链模式"的串联作用，不断在河道线性景观中增加景观高潮点，完善河道景观体系。其中沿岸形成了"三街、四园、五馆"的特色节点（见表8-3）。

表8-3 三街、四园、五馆统计

结构	节点	位置	功能
三街	膳养美食街	缙云新城滨江公园内	展现缙云美食、养身文化为主
	古窑商业步行街	壶镇古窑综合服务区内	以瓷器展览、工艺品出售为主
	古巷探幽（胜利街、复兴街）	缙云老城区	融合石城展示、市井生活体验

结构	节点	位置	功能
四园	啤酒文化园	缙云新城区仙都啤酒厂附近	以啤酒节、啤酒 SPA 等项目为主
	石城山公园	缙云老城区	以老城区市民游乐、休闲为主
	古窑游赏园	壶镇古窑综合服务区内	包括古窑场地、古窑博物馆等
	石滩游乐园	仙都景区内	以溪滩烧烤、漂流等活动为主
五馆	婺剧馆	缙云新城右岸	以婺剧展览、婺剧演出为主
	养生会馆	新城区江滨公园上游	主打养生知识传播、养生项目
	缙云电影展览馆	老城区	以宣传缙云历史、文化为主
	陶瓷博物馆	壶镇古窑综合服务区内	以古窑展览、科普教育为主
	诗画仙都国术馆	仙都景区	以展示仙都名人诗画、传说为主

8.2.3 分区设计

规划共分为六个风貌段（见图 8-29）。

图 8-29 分段风貌

（1）游峡——上游水利枢纽山林段

风貌特点：峡之峻。

好溪水利枢纽工程由缙云的潜明水库、磐安的虬里水库和流岸水库以及潜明水库至永康引水工程组成。潜明水库是好溪水利枢纽的组成部分，工程任务是以防洪、供水（灌溉）为主，结合发电兼顾水环境等综合利用。水库主要提供沿江两岸的城乡生活工业用水、农田灌溉用水，以及本流域的生态环境用水。现有护坡形式多为自然式，山林众多，水面宽阔。遵循总体规划的原则，利用现有水库资源，增加相应的景观配套，以保护水源、保证水质为前提，提升水库景观效果，以体验、参观为主。

（2）金滩——壶镇城乡风貌段

风貌特征：滩之奇。

作为千年古镇，壶镇积淀了浓厚的历史文化，特色的五金产业制造、古窑遗址以及老街、古建等都成为一道道风景。镇区两端多为田园、果林、山林。片区现以乡村田园风貌为主要景观要素，以朴实的自然风貌为视觉点。保留原汁原味的田园风光资源和田园农家生产、生活场景。壶镇人口众多，河道两侧均为直立式挡墙，硬质防洪堤，缺少城市绿地景观。镇区上下游的河道中存在大片的滩地，弥补了壶镇段的河道内部资源。此段在保护城镇古街古迹的基础上，融入当地历史文化碎片，在节点处增加相应的基础设施，增加民众休闲娱乐场所，通过系统整理，有效采取科学保护措施，打造居民休闲景观，改善人居环境。

壶镇段作为该区段的重点设计段，结合上位规划及现状，对整个壶镇好溪沿岸进行资源的重新审视和功能的合理定位，以此为依据对沿岸进行功能及结构的合理布置。在此基础上，结合周边资源，以及未来土地利用性质，科学定位服务对象，融合整个好溪的旅游发展体系，壶镇沿岸景观发展格局终于浮出水面。

以《五金产业区总体规划》两大发展带：壶镇—新碧好溪左岸产业发展带（依托新42省道）、壶镇—缙云好溪右岸旅游发展带（原42省道—东外环）为依托，左岸延续产业定位，将其定位为以"产业文化"为核心的景观片区，右岸主导旅游构架，定位成以"怀旧文化"为龙头的景观片区。结合镇区两端现有的自然资源以及未来规划用地性质，形成好溪沿线的生态景观延续（见图8-30）。

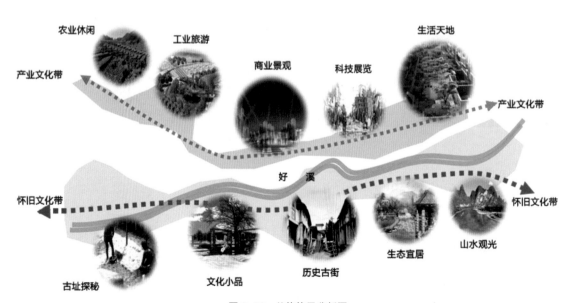

图8-30 总体构思分析图

结合未来规划及现有资源，以及使用人群，提出"一廊两带，显壶镇文化特色；六区多点，领好溪旅游新河"的结构布局（见图8-31）。

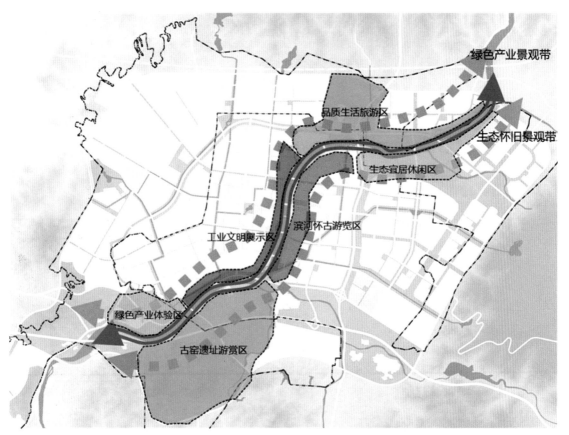

图8-31 总体结构分析图

一廊：以好溪为载体的生态文化景观绿廊。

两带：结合好溪两岸的绿化形成文化景观旅游带，即左岸的绿色产业景观带和右岸的生态怀旧景观带。

六区：根据现状以及规划土地性质，形成六个不同的功能区块，即生态宜居休闲区、滨河怀古游览区、古窑遗址游赏区、绿色产业体验区、工业文明展示区、品质生活旅游区。

多点：主要是结合好溪沿岸绿地形成的不同景观节点，根据不同功能分区形成风貌各异、文化不同、效果丰富的点、线、面景观空间。各节点的设置结合总体规划中控制的滨水公园，将公园打造成富有各自主题的特色场所。

1）绿色产业景观带

绿色产业景观带位于红线范围内好溪右岸，整个右岸在工业园区的辐射下，将整体重点打造以工业文化为主的景观空间，着重表现壶镇作为一个工业强镇的特色文化。并在此基础上，通过绿色产业、生态产业的引入，来加强生态、绿色理念的宣传，集合周边的山地林地以及规划中的休闲设施，打造属于壶镇的新型滨水景观带。

A. 品质生活旅游区

设计策略：满足居民休憩娱乐需要，增加创业机会，丰富项目策划。

设计目标：打造融商业、居住、旅游为一体的品质乡村生活乐园。

设计项目：生活休闲、乡村旅游、农夫果园、花田喜事风光段、瓜果农庄。

在整个品质生活旅游区中，对花田喜事风光段进行重点设计设计。该风光段位于起点下游好溪右岸，现以自然陡坡为主，用地以荒地和农用地为主。结合旅游规划，周边将开发以休闲庄园和水果庄园为主的旅游休闲产品。因此整个花田喜事风光段将以种植瓜果花卉为重心，一方面作为好溪沿岸的点睛之笔，美化沿岸景观带；另一方面也作为和周边瓜果农庄的衔接和过渡，形成风格延续的景观区域，对其他旅游项目起到指引作用（见图 8-32）。

图 8-32　花田喜事效果图

B. 工业文明展示区

设计策略：展现传统工业文明，开创新型产业类型，发展丰富业态。

设计目标：打造以体现科普、商业、工业特色为主的展览景观园。

设计项目：商业步行街、工业文化广场、科普展示馆、市民公园。

该区段由于沿岸绿化用地相对较少，因此把设计的重点转移到沿河滨水园路的改造提升上，主要是对现有垂直挡墙进行绿化柔化以及滨水园路的贯通。右岸滨水步道改造着重挖掘壶镇五金工业的模具特点，将五金文化融入沿岸的景观小品当中，形成文化特色鲜明的滨水景观带（见图 8-33）。

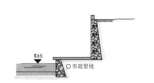

① 现状　　② 元素提取　　③ 相关案例　　④ 改造成果

图 8-33　右岸滨水步道改造示意图

C. 绿色产业体验区

设计策略：以绿色为基础，开拓产业新领域，打造新景观。

设计目标：打造以绿色产业为核心的山水田园景观区。

设计项目：湿地风光、林下空间、休闲吧、博物馆、阳光草坪。

该区段的设计重点位于古窑遗址对岸，在结合周边绿色产业、生态工业开发建设的基础上，沿岸集中打造古窑气息的功能区块，以古窑博物馆、休闲吧为主题。此外，在沿河绿地中，结合旅游规划中的旅游休闲项目，设计阳光草坪、亲子乐园等景观空间，这样即能保证古窑遗址表现的完整性，也能满足市民的活动需求（见图 8-34）。

图 8-34　绿色产业体验区示意图

2）生态怀旧景观带

红线范围内的左岸依托壶镇古街、古建、古窑等历史文化元素，结合周边的生态环境和资源，打造以突出怀旧文化、建设生态景观为目的的滨水景观带。

A. 生态宜居休闲区

设计策略：充分利用山水资源，营造生态、健康、舒适的生活空间。

设计目标：打造壶镇居住组团的后花园。

设计项目：山水观光、生态木屋、田园风光、农家乐。

该区段位于棠溪与好溪交汇口下游，根据现状整体以体现农家风貌和农耕风貌为主。在旅游规划中，在该区段周围着重打造以民俗风情为主的一系列旅游产品。根据沿江景观和规划的延续性，将该地段定位为田园风光段（见图8-35）。

图 8-35 田园风光效果图

B. 滨河怀古游览区

设计策略：梳理建筑风貌，激活古老街巷，引入活力业态。

设计目标：打造集文化仿古、民俗集会、特产购物、古建旅游于一体的新城老街新形态。

设计项目：文化仿古、民俗展示、老街购物、古建展览。

该区段位于壶镇镇区左岸，以改造现有挡墙和提升滨水园路景观品质为主。该段周边有丰富的古建、古街等元素，可通过对这种特征元素的提取，进行文化小品和游憩设施的打造，与右岸形成鲜明的风格对比。

C. 古窑遗址游赏区

设计策略：提升遗址文化档次，重现旧时古窑风貌。

设计目标：打造集科普教育、文化展示、场地体验于一体的古窑游览区。

设计项目：古迹溯源、趣味漫滩、真人场地体验、遗址博物馆、综合服务区、瓷器一条街。

该区段是整个壶镇区段的设计重点，将以古窑遗址为文化基础，利用周边的自然资源和人文资源，大力发展旅游综合项目。通过对周边村庄环境的改造，形成古窑民居点；通过室内外古窑场地的打造，重现当时古窑烧制的场景；通过不同陶瓷产品的展示和项目的开发，将该地区打造成以古窑为核心的大型综合旅游服务区（见图8-36、图8-37）。

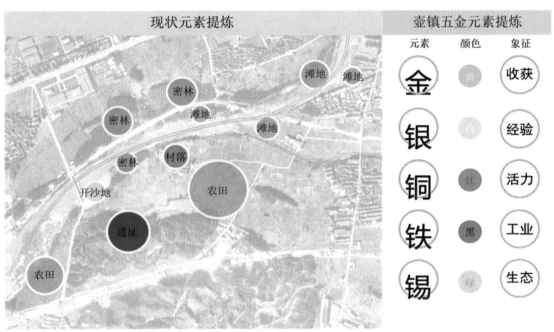

图8-36 古窑遗址区设计理念图

图 8-37　古窑遗址效果图

（3）帛溪——东方镇交通游览段

风貌特征：溪之幽。

帛溪周边人口稀少，村庄散落，河漫滩地众多，有一定规模的香樟、马尾松等防护林。河道存在生活垃圾污染及一定的工业污染。通过生态修复以及水保工程来保持河道及周边原生态的景观风貌，主要通过卓坡入水、自然肌理的大片河漫滩地等生态岸线形式配合防护林带的建设改善河道景观。通过交通游线的组织使城镇与乡村之间、城镇与城镇之间景观节点沟通和串联，促进沿岸人居生活空间的扩张，使人居生活空间不再局限于城区范围以内，满足市民亲山近水的新休闲生活方式。

（4）画境——仙都景区生态自然段

风貌特征：境之美。

此段的现有资源良好，景区建设已相对成熟，景观设计以提升为主，并增加相应的配套设施。此类河道自然生态岸线的保护与修复主要采取"生态治理＋植被修复"的手段。河道生态治理主要针对河道生态修复采用大块抛石、河滩植物补种、沿线植物保护与修复等手段，模拟天然河道形态，通过绿道、驿站等内容的穿插，形成有针对性的岸线景观设计。

练溪仙都景区段沿线分布有大小村落，多沿旅游主干道两侧分布，呈线性或者团状布局。练溪之滨，山、水、人、村、田相互交织。练溪静态的美景中增加了动态的元素，将乡村生活、乡村气息融入自然景色中，构成一幅山水人文的美丽画卷（见图 8-38）。

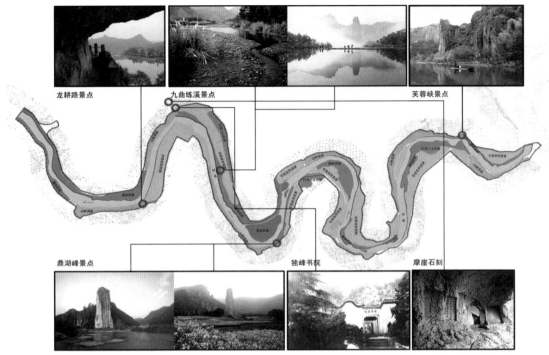

龙耕路景点　　九曲练溪景点　　　　　　　　　　　　　芙蓉峡景点

鼎湖峰景点　　　　　　　　　独峰书院　　　　摩崖石刻

图8-38　仙都景区段资源分析图

（5）颐湖——五云镇新城区风貌段

风貌特征：湖之秀。

此段处于老城与仙都景区交界段，河道两侧均为新建防洪堤系统，局部地区有景观平台，缺少相应的景观基础设施及配套植物设计，缺少相对集中的观景、亲水空间。首先，结合水坝的改善，扩大新城区的湖面，带来全新的景观元素。其次，结合县域旅游服务中心的规划内容，塑造滨水休闲景观带，构建居民休闲娱乐空间，构建新城特色的滨水开放空间。根据居民休闲景观要求以及沿河两岸地块经济开发要求来打造河道景观。由好溪水系用以线串点的形式将几个滨水主题公园的景观节点串联起来，从而在整体上优化好溪流域的景观格局以及改善人居环境。最后结合周边温泉及黄帝文化，融入养生概念，打造有新城区特色的标志性景观功能区块，与周边旅游资源相联结。

结合现有规划、新政府轴线和现有资源以及使用人群，养生产品提出"一轴、两带、八园、多点"，以"回归自然、休闲宜居、养生乐活"为目标打造健康养生园区（见图8-39）。

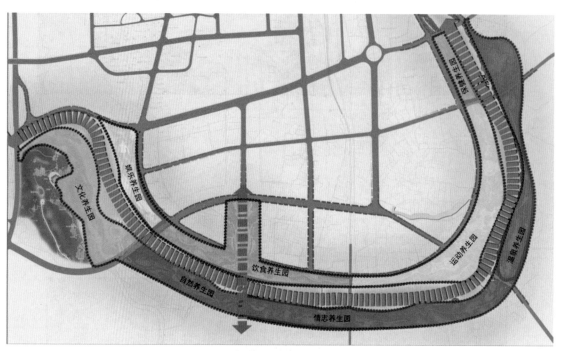

图 8-39　景观结构布局

1）人文风情修身带

在丽水市提出的"秀山丽水，养生福地"的目标引领下，缙云县新城区依托周边丰富的自然山水资源和黄帝文化的发源地，提取黄帝文化精神，结合周边的江滨公园、新城区政府、规划的商业用地、生态小区用地，打造了一条养生文化风情体验带，使人在游览缙云的秀山丽水的同时，领略缙云养生文化的独特，并结合《黄帝内经》打造出不同的文化体验园区。

A. 娱乐养生园

设计策略：利用滨水活力空间，提升滨水活力。

设计目标：提升现有江滨公园的人气。

设计项目：水上游园、戏水区、景观看台。

通过对原有的江滨公园的驳岸进行景观品位提升，由于新建拦水坝，致使好溪水位有所抬高，在原有的亲水栈道平台基础上新建了栈道，与原来的亲水平台形成浅水区，新建栈道平台局部空间丰富，滨水岸线。充分利用现有的水资源，增设水上游线，吸引更多的人来亲水、戏水、观水，并融入一些饮食、购物的商业空间，提升现有江滨公园的活力（见图 8-40）。

图 8-40　挡墙改造效果图

B. 饮食养生园

设计策略：结合养生文化完善公共服务设施。

设计目标：提升新城活力，推广缙云膳食养生理念。

设计项目：美食街、休闲会所、步行街、商业广场。

该区段位于新政府办公楼对应轴线上，作为新城区的重要形象窗口，通过养生文化融入，展示颐湖的养生特色。溪滨的主要用地为商业用地、行政办公用地，结合该地块的未来人群的使用需求，通过设置一些美食街、休闲养生会所和商业广场，推广缙云的养生理念（见图 8-41）。

图 8-41　饮食养生园鸟瞰图

C. 运动养生园

设计策略：贯穿沿江慢行系统，柔化新城滨水界面。

设计目标：丰富休闲游憩空间，倡导运动健身养生。

设计项目：火车绿带、活力乐园、康体休闲园。

由于该区段的未来规划主要是建设居住区，打造运动养生园，因此充分利用滨水资源，把日常的休闲健身运动与养生保健结合起来，通过设置一些儿童乐园、康体休闲园、健身步道、篮球场、网球场、羽毛球场等，满足不同年龄层次人的运动养生需求，另外，还设置了一些室内活动场地、婺剧大观园，通过不同方式、不同的角度来体现养生乐活滨水魅力（图8-42）。

图8-42　运动养生园鸟瞰图

D. 保健养生园

设计策略：结合场地周边的工业园区和商业办公的需求，建设一处健身交流的活动场所。

设计目标：推崇保健养生，弘扬当地啤酒养生文化。

设计项目：保健养生园、啤酒文化园。

结合场地边现有的啤酒工厂，打造一处保健养生乐园，挖掘当地的啤酒文化，设计一些啤酒SPA会所、啤酒文化园、美食广场等，作为颐湖养生的独特体验园区，把养生与保健充分结合，弘扬当地的啤酒养生文化。

2）自然山水养性带

新城区好溪左岸现有的山体资源优越，植被郁郁葱葱，云雾缭绕，自然山体一直延伸到仙都景区，宛如张开的绿色双臂，成为新城区独特的风景线。结合不同区段的山体特色和周边的资源，融合黄帝文化提倡的"自然环境"养生理念，打造不同的养生园区，与右岸的文化养生相辉映，从而达到"阴阳平衡、天人合一"，升华到养生的最高境界。

A. 文化养生园

设计策略：塑造当地特色景观，策划丰富多样的休闲活动。

设计目标：建设集地方形象展示、市民休闲、游客度假等功能于一体的地标性、综合性公园。

设计项目：黄帝始祖广场、五彩谷、阳光水岸、缙云阁、康体养生馆。

文化养生园位于缙云二桥新老城区的交界处，以黄帝文化为主要脉络，融合石城文化、滨水文化，设置不同的游览区，由始祖创纪文化区、丰功伟绩文化区、鼎化升仙文化区、百姓寻根文化区、滨水活力风情区构成，从各个角度来展现黄帝文化的博大精深，突出缙云黄帝文化的特色（见图8-43）。

图8-43 黄帝始祖广场效果图

B. 自然养生园

设计策略：利用场地资源，通过景观空间的塑造，展现养生方式的多样性。

设计目标：打造自然风光养生特色园区，突出当地特色。

设计项目：农业观光、播种体验、果蔬采摘、丰收活动。

结合场地现有农田，通过景观园路打造和空间的梳理，建设特色农业观光园区，融入黄帝养生中的季节养生理念，大自然的春夏秋冬四季交换，使得田园在不同季节有不同的面貌——春天可以体验播种的辛苦，夏天可以观看田园景致，秋天可以体验丰收的喜悦，冬天可以感悟生物的消逝，从而传递"顺其自然、天人合一"养生思想（见图8-44）。

图 8-44　农业观光效果图

C.情志养生园

设计策略：挖掘缙云文化内涵，丰富文化表现形式。

设计目标：推崇自然环境养生观念，提升文化展示档次。

设计项目：云间小筑、山地漫步、林下空间、港湾垂钓、树屋茶田。

利用现有的自然山体资源，根据《黄帝内经》提倡的黄帝养生原则，增设一些自然康体休闲登山步道、利用现有的林地资源打造林下休闲空间，滨水区域设置一些溪湾垂钓场所、农业观光园区和休憩树屋，利用山体静谧的空间，打造环境养生空间，丰富颐湖不同区域的养生形式（见图 8-45 ）。

图 8-45　林下空间效果图

D. 温泉养生园

设计策略：扩展温泉项目，提高温泉品质，高举温泉养生口号。

设计目标：打造以温泉养生为主题的中高端休闲度假区。

设计项目：中药泉池、酒香泉池、矿物泉池、露天娱乐、特色泡池区。

依托仙都景区良好的旅游资源和周边优越的自然环境，结合周边配套的温泉度假小区，打造以温泉养生为主题的中高端休闲度假区。根据不同人群的不同需求，设置各种特色泉池，如中药泉池、酒香泉池、矿物泉池、露天娱乐泉池等，在好溪滨水景观带中打造特色养生园区，丰富滨水休闲活动和养生保健活动体验。

（6）石城——五云镇老城历史人文段

风貌特征：城之韵。

石城人口众多，交通密集，街巷众多，有一定数量的特色古建筑，市井生活气息浓郁，但绿地空间局促，好溪两侧均为直立式硬质挡墙，全线已建成防洪堤系统。此段的规划措施主要是针对好溪的历史文化碎片进行梳理，对当地的历史文化脉络重要信息和历史传统进行保护和恢复，深层次挖掘好溪文化，将文化融入好溪综合治理建设中，结合江滨公园、景观廊道以及绿道系统的建设，使好溪不仅成为生态之河，更以文化取胜。以复兴街——水南街及胜利街为两条历史轴线，对此地块的交通系统进行整体的梳理，减少地块的交通压力，对有保留价值及具有重要历史意义的建筑进行整合与修葺，恢复特色商业，改善居民居住空间环境，增加街头绿地及开发空间，设置滨水景观平台（见图8-46）。

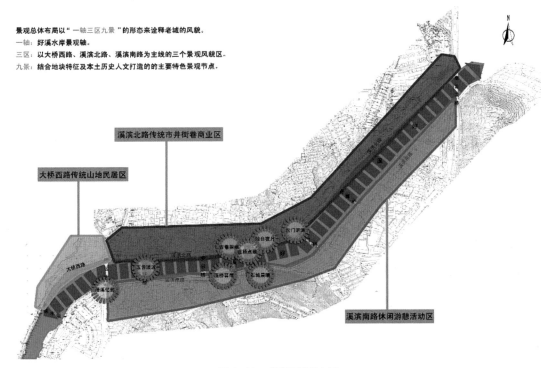

图 8-46　老城区景观布局

九景：

1）东门听溪：在东门桥桥头设置观景平台，将东门桥作为观赏点，欣赏好溪流动的美。

2）曲桥点翠：步云桥至东门桥段，现有直立式硬质高挡墙，临水为混凝土平台。将现有混凝土平台修建后作为下层观景平台，在此基础上，增设弧线型栈道，作为上层观景平台，与对面石城公园形成对景，既丰富了观景空间层次，打破了原有单一的护岸形式，又使得原本狭促的空间得以扩展（见图8-47、图8-48）。

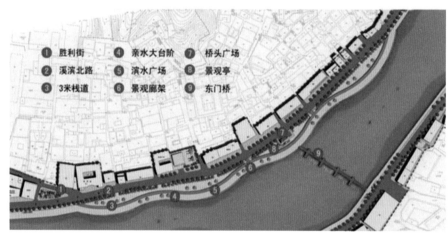

① 胜利街　　④ 亲水大台阶　⑦ 桥头广场
② 溪滨北路　⑤ 滨水广场　　⑧ 景观亭
③ 3米栈道　⑥ 景观廊架　　⑨ 东门桥

图8-47　东门听溪、曲桥点翠平面图

图8-48　东门听溪、曲桥点翠效果图

3）琼台夜月：对现有街头公共平台功能进行调整，将参与性、景观性、商业性作为此处的主要功能。设置休憩座凳及景观构筑物，将人的商业活动与街头景观很好地融合在一起（见图8-49）。

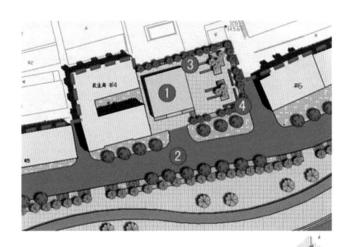

❶ 立体停车库 ❸ 景观廊架
❷ 溪滨北路 ❹ 休憩座凳

图8-49 琼台夜月平面图及意象图

4）石城晨曦：石城公园缺少视野开阔的观景空间及更多的诸如林下空间、山林涉足等的节点，利用石城公园现有的景观资源，如自然资源、现有壁刻等人文资源，重新构建更好的观景及参景空间（见图8-50、图8-51）。

❶ 溪滨南路
❷ 登山步道
❸ 休憩平台
❹ 观景亭
❺ 林下空间
❻ 石城壁刻
❼ 公共厕所
❽ 东门桥

图8-50 石城晨曦平面图

图 8-51 石城晨曦效果图

5）古巷探幽：结合古祠堂、古庙、历史遗址等文化碎片，在胜利街街头以口袋公园的形式开启胜利街、复兴街两条传统街道及其余的众多街巷为主要内容，打造融文化、商业、市井为一体的古巷探幽之旅（见图 8-52）。

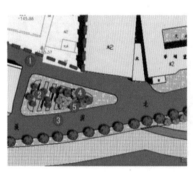

❶ 胜利街
❷ 汀步
❸ 溪滨北路
❹ 景观置石
❺ 民俗雕塑小品

图 8-52 古巷探幽平面图及意象图

6）溪桥暮雨：步云桥边，水面开阔，有时暮雨萧萧，入夜时溪边有点点星光，别有情趣。利用原有图书馆建筑拆除部分，构筑观景空间（见图8-53）。

① 溪滨南路
② 景观花架
③ 健身器材
④ 林下空间
⑤ 市民活动中心

图8-53 溪桥暮雨平面图及意象图

7）步云朴韵：利用步云桥头现有的景观用地，借助拆除建筑的用地，在寺后巷巷口打造标示性入口景观，将当地特有石城文化元素充分地运用到景石、景墙的设计中，体会老城独有的韵味（见图8-54、图8-55）。

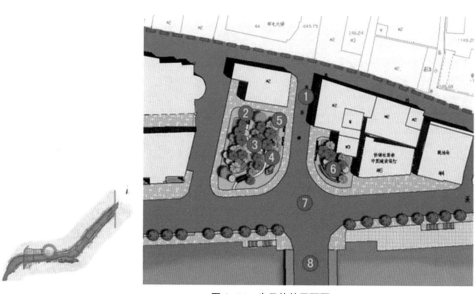

① 寺后街
② 景观花架
③ 园路
④ 景观置石
⑤ 休憩座凳
⑥ 文化景墙
⑦ 溪滨北路
⑧ 步云桥

图8-54 步云朴韵平面图

图 8-55　步云朴韵效果图

8）五云漾波：五云铁桥处，古为龙津渡，是五云镇上的一个标志性建筑。采用廊桥的形式来强化其作为标志性建筑的地位，给予人更多的观赏休憩空间，廊桥本身也是一道别致的风景。

方案一：保留桥梁本身的钢网架结构，在此基础上结合廊桥的形式体现简约美（见图 8-56）。

图 8-56　五云漾波效果图（方案一）

方案二：拆除现有桥梁，对桥梁整体进行重建，树立令人耳目一新的特色形象（见图 8-57）。

图 8-57 五云漾波意象图（方案二）

9）清溪忆影：建议将电影院改造成缙云电影历史展览天地，利用建筑拆除部分所提供的空间构筑景观空间，以电影历史为打造点，作为电影展览天地主题的景观配套（见图8-58）。

1. 缙云大桥
2. 溪滨南路
3. 树阵广场
4. 电影历史展览天地
5. 民俗雕塑小品
6. 停车场
7. 五云铁桥
8. 水南古街

图8-58　清溪忆影意象图及效果图

8.2.4 产业融合发展

随着"美丽中国""生态文明"等国家方针和建设目标的颁布和落实,浙江省大力推广、推进"四边三化"政策。由于"四边区域"主要分布在农村地区和城乡接合部,环境卫生水平整体不高,已成为浙江省生态文明建设的薄弱环节。好溪作为"四边"中"河边"的建设内容,承担着水环境、水景观、水生态、水经济、水文化等多重功能。

好溪河床全为五色岩板,两岸青山,碧水澄清,曲折迴环;阳光照射,水光山色,分外妖娆,酷似一条彩练。相传,一天八洞神仙云游到仙都,众仙对仙都的奇峰异石赞叹不已,唯独无流水相映,于是,吕洞宾化何仙姑的彩带为溪水,终成今日九曲练溪。

然而,随着经济发展、人口增加,生产、生活对环境的影响不断加剧,致使好溪生态环境有所恶化,阻碍了缙云县好溪沿岸经济社会的可持续发展,并影响到瓯江的水环境及生态环境安全。

因此,治理好溪河段,要在好溪干流综合治理规划基础上对好溪沿岸的用地进行综合梳理和分析,科学编制详细规划,对于全面落实科学发展观,整合沿线土地性质,指导缙云县进一步做好流域开发建设工作,确保环境安全和城市土地升值,促进构建资源节约型、环境友好型和谐社会,实现缙云县经济社会全面、协调、可持续发展和全面建设小康社会具有十分重要的意义。

本案例通过实施水利工程、环境工程、景观工程建设,实现了好溪干流"水清、堤固、园靓、路畅、岸绿、房美"的总体目标。通过将防洪功能与滨水景观融为一体,使生态景观特色与人文历史相呼应,打造游憩和旅游相结合的城镇溪流,强调好溪作为缙云人民母亲河的重要意义。通过打造以"绿野盈城、秀美融镇、蜿蜒好溪、连绵画卷"为愿景的滨水廊道,在好溪整治的基础上为周边百姓带来切实的利益和优美的环境,以城乡统筹发展为契机,让沿线百姓自愿参与到好溪的保护与利用中来,形成两岸百姓塑造"最美练溪"的共同愿景,达到河流防洪安全、水质洁净优良、生态系统良性循环、景观文化永续的多重目标。

第 9 章
杭州"城湖"关系案例研究

"杭州之有西湖,如人之有眉目。"一湖千年,沉淀了这座历史文化名城多少深厚底蕴,让人心驰神往。2011 年 6 月 24 日,第 35 届世界遗产委员会大会执行主席戴维森·赫本敲响了手中的小槌。这一槌代表杭州西湖入选世界遗产。杭州西湖正式成为中国第 41 处世界遗产,也是目前我国列入《世界遗产名录》的世界遗产中唯一一处湖泊类文化遗产。这一刻,西湖走上了世界的舞台,成为全人类共同呵护的瑰宝。人们提及杭州,总是绕不开西湖。纵观整个杭州城的发展历史,不难发现城与湖之间总是存在微妙的共生关系。历史上的杭州,城市的发展总是围绕着西湖进行,"湖城共治"成了历代贤臣仁吏最大的政治默契。本章将探讨杭州与西湖"城湖"关系的前世今生,着重解析新时代背景下城湖滨水空间的产城融合之道。

9.1 西湖滨水空间价值特征

9.1.1 历史沿革

杭州西湖原为钱塘江入海口处由泥沙淤积而形成的"潟湖",历经数个朝代的开发,如今,西湖成为一座特大型、开放性的天然山水园林。其中西湖滨水景区总面积 14.61km²,占西湖风景名胜区总面积的 42.75%,是西湖风景名胜区的核心和精髓。

西湖的形成原因,历史上一直众说纷纭,其中最具代表性,也被大家广泛接受的是"潟湖"说。1920 年,著名科学家竺可桢考察西湖地形之后,在《科学》杂志第六卷第四期发表的《杭州西湖生成的原因》中说:"西湖生成原因,可以断定是一个潟湖……一切沉积土尚未沉淀下来之时,现在杭州所在的地方还是一片汪洋,西湖也不过是钱塘江左边的一个小湾儿,后来钱塘江沉淀,慢慢地把湾口塞住,变成一个潟湖。"文中推测,西湖大致形成于汉代。在西湖完全封闭以后,水体逐渐淡化,变成一个普通的湖泊。

历史上的西湖比现在大一倍,汉唐时面积约 10.8km²,宋元时约 9.3km²,明清时减至 7.4km²,现在仅 6.4km²。这是由于三面山区中的溪流注入,所夹带的泥沙逐渐填充西湖,导致湖面逐渐缩小。竺可桢先生曾不无感慨地说:"西湖若没有人工的浚掘，一定要受天然的淘汰，现在我们尚能泛舟湖中，领略胜景，也是人定胜天的一个证据了。"而9世纪，白居易第一次疏浚西湖时，在今天少年宫一带筑起一道长堤，湖堤高出原来的堤岸数尺，这条长堤的修筑，标志着西湖真正演变成了一个人工湖泊。

由于历史的兴衰，20世纪以来，社会动荡，战乱连连，整个社会处于一种无政府状态之下。在这样的历史背景下，西湖风景区也处于一种万物萧条、满目疮痍的境况之中，湖水淤浅，山荒岭秃，景点残缺，古迹湮没。

由于自清朝嘉庆以来的150年内，西湖一直都没有得到较好的疏浚，以至于湖泥淤积，葑草淤塞。1949年的调查结果显示，西湖湖水的平均深度仅为0.55m，蓄水量413.22万m³。大部分游船只能在固定的航道内行驶，游船过处，泥浪滚滚。湖的西南部，几乎成为洼塘沼泽，到处杂草丛生，蚊蝇肆虐，一片荒芜。环西湖沿线有不少土地被占为农田和坟地，湖岸坍塌，湖边的树木也多数倾倒，长势很差。

西湖西南侧3817.4hm²的群山，由于日本侵华时被大肆砍伐，在国民党统治时期又遭到严重破坏，已不复历史上林木参天、修竹万竿的美景，大部分山头裸露，甚至连树桩、树根也被挖掘一空，水土流失严重，加速了西湖的淤积。

中华人民共和国成立之后，为迅速绿化荒山，广大城乡居民加入了义务植树造林的队伍。1950—1957年，累计植树造林1956.2万株。经过采取封山育林、人工造林、林相改造等措施，西湖山区出现了林木参天、色彩斑斓的景观。为使西湖彻底摆脱沼泽化困境，1952—1958年，政府实施了有史以来清除淤泥量最多的一次疏浚，721万m³的淤泥被清除，湖水从0.55m加深到1.8m，蓄水量由疏浚前的413万m³增至1027万m³。

与此同时，西湖周边景点及古迹经整修、复建，大多得以重现光彩。西湖十景、苏白二堤、湖中三岛、孤山、玉皇山、灵隐、虎跑、净慈寺、六和塔、保俶塔、岳庙、刘庄等景点和历史遗迹不仅恢复了旧貌，还增添了很多内涵。西湖环湖沿岸区域总面积256.1hm²，在20世纪80年代，约有80多hm²被占用，建筑零乱破旧，严重影响景观。自1983年起，实施环湖动迁、绿化工程，显著改善了西湖环湖景观的面貌。

进入21世纪，一项传承历史文化、保护生态环境的宏大工程——西湖综合保护工程正式启动。自实施西湖综合保护工程以来，西湖风景名胜区新增公共绿地超过100hm²，水域面积恢复到6.4km²；共保护整治一百多个景点；西湖的景点格局和分布更为合理，西湖的人文内涵更为深厚，实现了还西湖以真面目，还西湖以真历史的世纪梦想。

9.1.2　人文遗产

（1）题名文化

西湖十景形成于南宋时期，基本围绕西湖分布，有的就在湖上。苏堤春晓、曲院风荷、平湖秋月、断桥残雪、柳浪闻莺、花港观鱼、雷峰夕照、双峰插云、南屏晚钟、三潭印月。它们有世代传衍的特定观赏场所和视域范围，或依托于文物古迹，或借助于自然风光，呈现出系列型观赏主题和情感关联，分布于西湖水域及其周边地带，是"自然与人的联合作品"，属于中国原创山水美学景观设计传统"题名景观"留存至今的最经典、最完整、最具影响力的作品，并具有突出的"文化关联"特性。西湖十景各擅其胜，组合在一起又能代表古代西湖胜景精华，所以无论杭州本地人还是外地游客都津津乐道，流连忘返。

中华人民共和国成立以后，特别是改革开放以来，随着西湖的整治和建设，西湖面貌日新月异，新景区、新景点不断增多（见图9-1）。在杭州市委、市政府的支持和广大市民的参与下，1985年评出了"西湖新十景"，即阮墩环碧、宝石流霞、黄龙吐翠、玉皇飞云、满陇桂雨、虎跑梦泉、九溪烟树、龙井问茶、云栖竹径、吴山天风；2007年又评选出"三评西湖十景"，即灵隐禅踪、六和听涛、岳墓栖霞、湖滨晴雨、钱祠表忠、万松书缘、杨堤景行、三台云水、梅坞春早、北街梦寻。

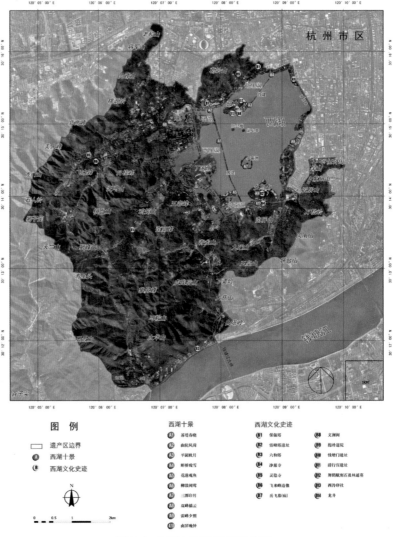

图9-1 西湖文化景观遗产分布图

（2）山水文化

西湖自然山水由西湖的外湖、小南湖、西里湖、岳湖、北里湖五片水域（639hm²）与环抱于湖的北、西、南三面丘陵峰峦组成（3000多hm²），既是整个"西湖景观"基本的自然载体，又是景观的组成要素（见图9-2）。

图9-2　西湖自然山水

（3）茶文化

西湖龙井是杭州西湖地区所产的绿茶。西湖龙井村周围的山中，气候温和，雨量充沛，有利于茶树的生长发育，茶芽不停地萌发，全年可采茶30批左右（见图9-3）。

图9-3　西湖龙井

龙井茶的历史最早可追溯到中国唐代，当时著名的茶圣陆羽所撰写的茶叶专著《茶经》中，就有杭州天竺寺、灵隐寺产茶的记载。北宋时期，龙井茶区已初步形成规模，当时灵隐山下天竺香林洞的"香林茶"，上天竺白云峰产的"白云茶"和葛岭宝云山产的"宝云茶"已被列为贡品。乾隆帝游览杭州西湖时，对西湖龙井大加赞赏，并把狮峰山下胡公庙前的十八棵茶树封为"御茶"。

（4）史迹文化

在上千年的持续演变过程中，由于政治、历史、区位，更因西湖特有的吸引力和文化魅力，西湖融汇和吸附了大量中国儒释道主流文化的各类史迹，在现存上百处文化史迹中最具代表性的有14处：保俶塔、雷峰塔遗址、六和塔、净慈寺、灵隐寺、飞来峰造像、岳飞墓（庙）（见图9-4）、文澜阁、抱朴道院（见图9-5）、钱塘门遗址、清行宫遗址、舞鹤赋刻石及林逋墓、西泠印社、龙井。它们分布于湖畔周围与群山之中，承载了特别深厚和丰富多样的传统与文化。

图 9-4　岳飞庙

图 9-5　抱朴道院

（5）植物文化

西湖在我国风景名胜区和城市园林中，植物景观的丰富及其表达出的千年以来植物景观的真实性和延续性的艺术手法，具有典型的代表性。两堤"桃柳相间"的景观，南宋流传至今的春桃、夏荷、秋桂、冬梅的四季花卉观赏主题，以及承载中国茶禅文化的"龙井茶园"景观，与自然山水、人工景物一起，构成了西湖景观的代表性物质表象。春花夏荫、秋叶冬枝，在湖光山色中交替绽放、飘香，随时序变化，给人以生命的律动。

9.1.3 城市格局中的地位

秦朝的钱塘县可以追溯为杭州城市最早的雏形，其位于灵隐山下，西湖则在城市的东侧。隋朝杭州人口迅速增长，使城市向湖东地区扩展，西湖成为支撑城市发展的唯一淡水资源，于是有了李泌开六井，白居易疏浚西湖并重开六井，苏轼、杨孟瑛、阮元一次又一次疏浚西湖的记载。同时，其天然的胜景，激发了众多诗人的诗性，他们留下千古佳句，使西湖园林提高了知名度。在南宋时，西湖形成了著名的西湖十景，发展成为风景旅游胜地。今天的西湖园林，对于整个杭州的贡献和意义远超过供水这一单纯的意义，奠定了杭州城市发展的总体方向和目标，成为城市建设的基础（图9-6～图9-8）。

图9-6　西湖与杭州的城湖关系（一）

图 9-7 西湖与杭州的城湖关系（二）

图9-8 西湖与杭州的城湖关系（三）

经过历代的积累和演变，西湖这一人工湖泊与城市、自然山林之间的关系逐渐清晰，形成了从自然山林过渡到西湖风景区，再过渡到城市，渐次衔接和变奏的城市空间格局，这是杭州城市总体布局上最富戏剧色彩的华章。杭州仍保留着"依江带湖""三面云山一面城"的特有环境风貌，形成了湖在城中、城在园中的景观格局。

9.1.4 价值特征

（1）园林艺术的影响

经过长达千年的苦心经营，西湖风景区作为一处大型园林，已经日臻成熟，其造园艺术上所取得的成就深刻地影响了中国园林艺术的发展，特别是清朝时期，其整体的山水格局奠定了众多北方皇家园林的造园基础，众多景点被巧妙地移植到皇家园林之中。

康熙和乾隆两位皇帝都曾多次南巡来杭，尤其是乾隆皇帝，特别向往西湖的美景，在1750年，曾命画家董邦达绘制了《西湖图》长卷，并亲自题写诗词，诗中已隐约流露出模仿西湖景观建园的意图。同年，颐和园的前身清漪园开始建设，这是一座大型的皇家自然山水园，而它的模板恰恰正是杭州西湖。对于这一点，乾隆御笔题写的《万寿山即事》可作为佐证："面水背山地，明湖仿浙西。琳琅三竺宇，花柳六桥堤。"从清漪园的平面图中可以清晰地看见，园内昆明湖（一度曾叫西湖）的水域划分，万寿山与昆明湖的位置关系，西堤在湖中的走向，堤上的六桥烟柳以及周围的环境都像极了杭州西湖。这种模拟不仅表现在园内山水地形的整治上，还表现在前山前湖景区的景点、建筑的总体布局乃至局部的设计之中。当然毫无疑问，颐和园的模仿是极其成功的，在借鉴了西湖整体山水关系的同时，并不拘泥于简单的形似，结合自身的有利条件和造园的宗旨，呈现出完全不同于西湖的大气景象，达到了皇家园林造园艺术新的高峰。

除了这种整体格局上的模仿，清朝时期皇家园林内还再现了西湖风景区内的众多著名胜景。例如，在颐和园内就有效仿西湖苏堤春晓的西堤烟柳，而圆明园中更是有十处景致全都以西湖十景来命名。

由此可见，在整个中国传统造园艺术的发展史上，西湖除了自身所取得的突出成就以外，还深刻地影响了集传统造园艺术之大成的清代大型皇家园林，大大提高了皇家园林从总体布局到局部景点的立意和规划设计水平，因此确定了其在中国园林史上不可取代的地位。

（2）社会性

历史上，西湖实际并不位于杭州城内（位于城墙的西侧），但由于其具有突出的社会性和公共性，融入了市民的日常生活，因而成为城市不可或缺的一部分。

西湖经过历朝历代的建设和开发，发展到宋朝已成为市民文化休闲的中心。西湖作为公共园林，一年四季，游湖活动频繁，成为杭州市民的生活空间。休闲活动的兴盛，使各种具有杭州风情、西湖特色的游园活动结合各类节气成为每年固定的节日盛会。再加上佛教的兴盛，西湖也成为善男信女进香朝拜的圣地。由于积累了丰富的市民生活片段，西湖的社会性进而发展成为一种具有强烈归属感的文化情结。

（3）理想山水园林城市模型

由于东晋隋唐以来地方官员不断建设杭州，疏浚西湖，植树造林，再加上兴旺的佛教事业的发展，杭州逐渐发展成为"绕郭荷花三十里，拂城松树一千株"，闻名全国的风景旅游城市。同时，经过苏轼的疏浚、筑堤工程，南宋规模宏大的皇家园林建设等，杭州逐渐变成了全国政治、文化、经济的中心，人口开始迅速增加，商业进一步繁荣。由于这一时期的积累，杭州奠定了其在以后各个朝代无可取代的风景旅游胜地地位，城—湖关系不断得到加强，形成了著名的"三面云山一面城"的特殊景观。

经过历代的建设，杭州成为名副其实的"不出城郭而获山水之怡，身居闹市而有林泉之致"的山水生态城市。再加上城南"一江流碧玉，两岸染红霜"壮丽的钱塘江依城而过，城北和东北面沃野千里、田园如画的杭嘉湖平原，京杭运河等十余条古河道和数不清的池塘纵横在城乡之间，一派水乡城市风光。杭州逐渐发展成为一座典型的山水园林城市，其独特的城市格局在古今中外的城市发展史上都是十分罕见的。

9.2　西湖滨水空间形态特征

9.2.1　空间形态演变

（1）封建社会

在封建小农经济占统治地位的情况下，杭州西湖园林除了游赏功能以外，还有重要的水利功能。水利功能有时候甚至占首要地位。这一阶段又可以分为三个历史分期。

五代以前的杭州西湖园林。这一时期是西湖园林从开始建设到趋于成熟的时期，为西湖园林的整体面貌奠定了坚实的基础。

宋代的西湖园林。宋代是杭州西湖园林的成熟时期。特别是南宋时期，西湖园林建设达到了顶峰，西湖十景和苏堤的出现成为这一顶峰的标志。

元明清到近代开端的西湖园林。元明清到近代开端的西湖园林经过了几次大的疏浚，清代对西湖园林的品题有力地推动了西湖园林文化的对外传播（见图9-9）。

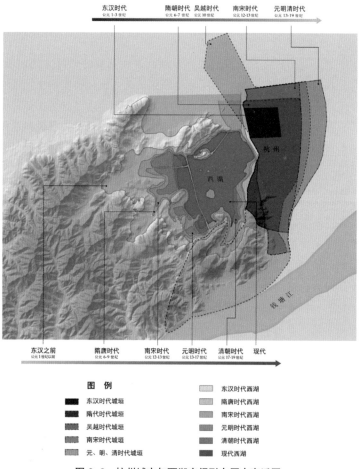

图9-9　杭州城市与西湖空间形态历史变迁图

（2）民国时期

1911 年 11 月，杭州"光复"。旗营作为清政府在杭州的武力支柱，也随之覆灭。同时开辟了新市场，修造了湖滨路等城市道路，形成最初的路网格局。1929 年 6—10 月，杭州举办了第一届西湖博览会。在战火的洗礼下，西湖见证了中国近代历史的变迁，而其本身也受到社会变迁的巨大影响。中西文化在西湖边产生剧烈碰撞，1929 年的西湖博览会是西湖历史上的一件大事，新的思想和技术有力地推动了西湖声誉的传播。西湖白堤、苏堤拱桥改为平桥，并且开通了从湖滨到灵隐的汽车交通线。雷峰塔的倒塌使得西湖园林中著名的十景之一"雷峰夕照"不复存在。而西湖博物馆的建立和孤山公园改名为中山公园表明，新的园林思想已经渐渐在西湖周围"扎根"（见图 9-10）。

图 9-10　民国时期西湖全景图

（3）中华人民共和国成立以后

中华人民共和国成立以后，特别是改革开放以来，对西湖进行了大规模疏浚，并实施了西湖综合保护工程，包括湖滨新景区综合整治（见图 9-11、图 9-12）、环湖南线工程（见图 9-13、图 9-14）和西湖综合保护工程，恢复了西湖杨公堤和西湖大块水面。1985 年和 2007 年又评选出了"西湖新十景"和"三评西湖十景"。

图 9-11　西湖湖滨路景观（一）

图 9-12　西湖湖滨路景观（二）

图 9-13　西湖南山路景观（一）

图 9-14　西湖南山路景观（二）

2008—2009 年，在两年多的申遗准备过程中，对西湖开展了一系列整治工作。整治主要分为三个层面：核心层面是"西湖十景"的修缮和整治，其次是清雍正"西湖十八景"及清乾隆"钱塘二十四景"中玉带晴虹、梅林归鹤、鱼沼秋蓉、湖心平眺、小有天园及阮公墩六景的修缮和整治，再次是六和塔、飞来峰造像等历史文化遗产的保护与整治。推出"西湖十景"＋"西湖文化史迹"模式。这些景点或依托文物古迹，或借助于自然风光，呈现出一系列观赏主题和情感关联，分布于西湖水域及其周边地带，是"自然与人的联合作品"，是西湖景观中最具创造性精神和艺术典范价值的核心要素。

9.2.2 空间形态特征

（1）空间结构特征

"三面云山一面城"高度概括了西湖的总体格局，西湖西、南、北三侧被群山包围，山体奔趋有致，主峰高耸，形成了"乱峰围绕水平铺"的意境。而湖的东侧平地临城，和群山形成虚实的交替对比，体现了中国传统绘画"以不尽尽之"的深邃哲理，给人留下无限遐想。

经过千百年的营造，西湖的园林艺术称得上绝妙，她的美不仅停留在亭台楼阁的点滴之间，更体现在整体的山水景观格局之中。占地 6.4km² 的西湖，水面纵深不超过 3km，周围群山高度均不超过 400m，在湖中看山景，视觉观看仰角在10° 以内，比例尺度恰到好处，整体空间疏朗，视野开阔，形成了以湖面为中心的具有一定内聚性的空间形态。湖上蜿蜒的苏、白二堤，和海拔 35m 的孤山，将湖水划分为 5 个大小各异的水面，即南湖、西里湖、岳湖、北里湖和面积最大的外西湖。而外西湖上则又分布着小瀛洲、湖心亭、阮公墩三座小岛，这一山、两堤、三岛极大地丰富了水面的空间形态：苏堤、白堤是湖面上两条秀丽的锦带，一横一纵，突出了西湖线性空间的独特魅力；而湖中的三岛和孤山则像璀璨的珍珠，镶嵌在西湖的柔波中，分外妖娆。这种点、线、面的完美结合，使西湖湖面异彩纷呈，成为自然山水美学中的典范。

杭州的山，几乎都是围绕着西湖而连绵展开的，从西湖四周的任何一个地方上山，都能感受到西湖文化的魅力。而山上苍翠的树林、挺立的古塔，和群山一起形成了西湖最壮美的轮廓线。湖南的吴山、凤凰山，一个自古以民俗风采取胜，另一个至今仍残留王者之气。山虽然都不高，却承载着厚重的历史、丰富的文化。修建在吴山顶上的城隍阁，飞檐翘角，姿态婀娜，为西湖南侧的轮廓线增添了新的色彩，无奈体量过于庞大，略显臃肿，降低了山势。西湖南部的标志性建筑雷峰塔的重建，更是使西湖南部的轮廓线华彩迭出。湖西是风景区内山峦最为集中的地区，其中南北的高峰，一南一北突出于群山的环绕之中，构成主景，成为湖西整个轮廓线上的高潮。两山上原本各有一古塔，构成"双峰插云"美景，无奈双塔倒塌已久，湖西的轮廓线因此黯然失色。北侧的葛岭紧紧地依偎着西湖，山势虽不高，但因为离湖最近，视角大而显得高耸。加之宝石山上矗立的保俶塔，是西湖的点睛之笔。徜徉在白堤，近处著名的断桥和湖中碧荷，远处宝石山顶上那刺破青天的塔影，构成了整个西湖轮廓线的最高潮（见图9-15、图9-16）。环湖的轮廓线经过这些建筑的点染，犹如长卷展开的巨幅烟水迷离的风景图画，富于节奏的变化，同时高潮迭起，成为西湖景观中的精华之一。

图9-15 西湖北山路景观（一）

图 9-16　西湖北山路景观（二）

形成于宋代的西湖十景全部围绕湖面展开，各自独立又相互串联，使整个环湖景区高潮迭起。各景点具有鲜明的主题和特色，同时又在西湖的碧波中和谐共生，交相辉映，形成了丰富的景观效果（见图9-17）。

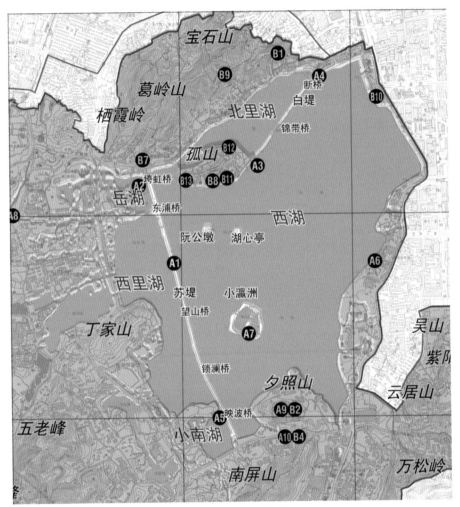

图9-17　西湖景观格局

（2）城市肌理特征

古代杭州城的发展自始至终是在自然经济条件之下演变的，空间形态肌理的改变应属量的变化，其中，自然地理环境对城市的各层面发展都有深刻而重要的影响。秦汉时期，杭州城池的确立就取决于自然地理环境以及交通便利程度。在封建社会的大环境下，无论在哪个朝代哪个时期，杭州城池的发展都被"钱塘江—西湖—沿江群山"的山水格局限制，从而导致城市空间范围难以大幅向外扩张，杭州古城区的空间长久以来并未产生太大迁移，只是以自然增长为主。

（3）土地利用特征

西湖综合保护工程重塑了湿地生态系统，扩大了水系面积，增设了多个大小岛屿，大量种植水湿生植物，形成了典型的江南湿地生态系统，达到了优化西湖景区生态环境和改善西湖水质的目的。同时，综合保护工程是一项传承西湖的发展历史和地域资源全面整合的工程，实现了人与自然的和谐统一，有利于西湖景区的可持续发展。此外，杭州西湖综合保护工程的实施效果对我国景区环境治理和生态修复具有很好的示范和借鉴作用。

（4）道路结构特征

西湖景区面积为 60km²，常住人口约 2 万，流动人口约 8000，辖一个街道、5 个行政村。景区道路总长 70.5km，辖区内共有隧道（含在建）8 条，有红绿灯路口 23 个，公交线路 35 条。景区道路的特点为"四多一少"，即桥多、洞多、山路多、低等级路多、停车场少。

随着西湖南线景区的建设、雷峰塔的重建、西湖综合保护三大工程的改造，进入西湖景区的国内外游客日益增加。双休日、"五一""十一"、元旦、春节等节假日，春秋旅游旺季以及每年香客进香的时期，大量车辆进入风景区，道路交通常出现拥堵的现象。北山路、南山路、灵隐路等道路一到节假日车满为患，车速有时达 3km/h；主要拥堵点以交警值勤岗计有长桥岗、白沙岗、九里松岗、曙光岗。许多外地司机在景点附近找车位要花上 30 分钟，各个风景点的行车难、停车难问题十分突出，这使杭州的旅游质量大打折扣。

西湖风景区的道路交通近年来已经得到较大改善。针对西湖景区交通问题，近年内先后建设了普福岭路、梅灵北路、之江路、三台山路，开通了灵溪隧道、梅灵隧道、西湖隧道、五老峰隧道、九曜山隧道、吉庆山隧道和万松岭隧道。这些道路和隧道的建成和投入使用，大大改善整个景区的道路通行能力，使西湖风景区的行路难问题得到缓解。例如以前灵隐是个断头路，缺少一条便捷的输出通道，大量旅游客车到达灵隐后，不得不在原地掉头，原路驶回。梅灵、灵溪两条隧道打通以后，进出灵隐有了三条通道，缓解了灵隐地区的交通拥堵。

（5）景观结构特征

西湖山水空间的完整性除了自然风貌以外，适当的人工营造也是一个重要因素。人们依据西湖自身的特点不断对西湖进行景观空间的扩展，尤其是恰如其分的视域空间组织。例如，利用堤、岛、桥、建筑、植物等形成视觉屏障，以将视距与视角限制在一定范围之内，划分并围合出一定大小的水域空间，保证良好视野的同时也屏蔽了不积极的景观面。在重要景点或景观轴线设置视线走廊，强化主题景观，创造合适的距离、角度，形成最佳观赏点，例如，湖心亭面积虽小，却是一个极佳的观赏点。西湖园林运用借景的手法，将城市景观纳入游人视野，使西湖与城市融为一体。

西湖群山最显著的特点是从西北、西南和东南三面环抱西湖，呈向东北开口的马蹄形状。这些山起伏有致，层次分明。山体自然天际轮廓线，形成多个层次的起伏变化，几个层次山体通过远近关系和高差关系融为一体，犹如演奏，具有韵律节奏感，极大加强了整体立面的景观空间层次性。由于西湖特殊的地理位置，从风景角度而论，从东向西、南向北，山色处在阳面，景物宜人，因此，西山、北山是西湖景观最佳的风景面。西湖的自然美，还在于与湖和谐结合的逶迤绵连的群山。视角从湖上向外延伸多在 3°～12° 之间，湖山尺度比例适当，呈现多层次的景观，给人曲曲层层、高低起伏、面面皆入画的亲切感觉。

9.3　典型案例：杭州西湖南山片区滨水空间产城融合发展

9.3.1　历史沿革

杭州作为南宋的都城，将宫城建于南面山上，由于多山、多河流、多湖泊，无法照搬建造成北京城那样九经九纬的格局，路网的棋盘状特征较弱。杭州老城区道路的建设有相当一部分是沿山依水而建，路网并不平直，有很多道路不能用南北向或者东西向简单描述，而是两者都有，不断变化，形态比较自然。比如灵隐路、梅灵北路、曙光路、绍兴路、登云路、闻涛路、东信大道以及本节重点介绍的南山路。

南山路位于杭州市上城区，西湖的东南面（见图 9-18）。南山路北起解放路，与湖滨路相连，南接玉皇山路折而往西，与杨公堤路、虎跑路相接。东与西湖大道、开元路、河坊街、清波街、万松岭路等相邻。因西湖南部诸山统称南山，而路环湖傍山而行，故得名南山路。南山路大部分路段有双向两车道，两侧设置非机动车道及人行道。全段人行道的行道树为悬铃木，多处路段在人行道与建筑之间设置了绿化带以实现过渡（见图 9-19、图 9-20）。

图 9-18　南山路地理位置

图 9-19　南山路鸟瞰图

图 9-20　南山路夜景图

据历史记载，南山路所处位置在南宋、元末、明清时期为杭州古城的西城墙。钱塘门、清波门、涌金门由南往北分布于此段城墙。由于南宋时的皇宫建在凤凰山、万松岭一带，当时吴山周边和南山路东侧成为政治、经济中心，有许多官府办公场所以及达官贵人的住宅。此后，元、明、清、民国乃至今天都非常繁华。民国时，清波门以北路段的古城墙被拆除，改建后名为涌金路、南山路，清波门以南路段是通往净寺和西南山区的必经之路。

9.3.2 人文经济

南山路的人文经济脉络较为清晰，可概括如下：以中国美术学院（见图9-21）、浙江美术馆（见图9-22）为代表的国内最高水准的视觉、书画创作、设计、学术交流活动为主要内容的美术、艺术、学术文化，及已经形成的人文经济产业链；以杭州西湖风景区、西湖历史博物馆及南山路现有自然、人文、历史、景点为特色的历史文化，及已经形成的旅游经济产业链；以西式建筑风格和传统中国建筑风格、园林绿化为主基调的建筑、园林文化，及形成的物业租赁经济产业链；以南山路现有商业业态为平台的休闲、时尚、娱乐、酒吧、咖啡文化，及促进发展的衍生经济产业链；方兴未艾的名车、工业文化，及初步形成的高端工业化消费经济产业链；有望成为南山路新的经济产业链的会所文化、会所经济。它们相互促进、相互支持，使南山路不但具有广泛的精神内涵的包容度，而且具有较广的经济产业宽度。

图9-21 中国美术学院

图 9-22　浙江美术馆

9.3.3　文化气息

（1）历史文化

南山路是西湖风景区中环境容量最大、历史积淀深厚、景点类型最完整的景区。这里有汉代传说的金牛出水池、唐代李泌开凿的引水闸遗址、奉祀吴越三代五王的钱王祠（见图9-23）、南宋皇家花园聚景园、明代回族诗人丁鹤年墓亭、清代八旗子弟骑射练武之地，还有古代城门遗址、民国名人旧居，丰富的历史遗迹与美丽的神话传说，这充分体现了南山路的历史遗韵。

（2）艺术文化

南山路拥有丰厚的艺术文化底蕴。历代文化名人如宋代词人张先、女词人李清照、词人周密、宫廷画师刘松年、著名画家郑起和郑思肖父子、"西湖竹枝词"创始人——元代诗人杨维祯、清代女诗人陈端生、《清波杂志》著作者周辉、近代书画大家潘天寿等，都曾先后在这里居住和进行创作；还有南宋临安府学和明代文庙（杭州碑林）以及已有近百年历史的中国美术学院。该地长期浸润在浓厚的文化艺术氛围之中。

图 9-23　钱王祠

（3）民俗文化

杭州一向民生殷实，四时八节的活动很多；南山路处于城景接合带，曾是古时达官贵人集聚之地，也是百姓出城游湖的必经之路，蕴藏和浓缩了丰厚的人文底蕴，具有浓郁的传统气息。充分发掘此类特色资源，将民族的、历史的与现代的人文风貌汇集在当下时空，能使市民和游人在此领略到杭州独特的韵味。

9.3.4　历史与现代相结合

合理布局建筑景观与自然景致，完美融合历史遗存与现代建设。城市建设独特的人文气质主要取决于历史格局的保持程度，具体表现在对城市建设发展史上有影响、有特色的标志性建筑的保存。杭州南山路文化旅游休闲街在改造过程中，从空间轮廓和自然景物出发，划定平面上的保存范围，使新建筑尽量适应老景观的原有风格，本着建新如旧、修旧如旧的原则力求使各元素之间保持协调，以突出整个街区的特色，如潘天寿故居（见图 9-24）、广福里一带的青砖小楼、柳营路口"三三医院旧址"的黄房子、蒋经国居住过的别墅小绿楼和"恒庐文化中心"、茅以升旧居等。南山路东侧坐落着不少这样的建筑，俨然有一种贵族风范，风华绝代、高贵而不颓废。

图 9-24　潘天寿故居

9.3.5　开发特色经济

　　大力开发特色经济，精心设置业态组合。南山路的柳浪闻莺公园历来是进行大规模园林展会的场所，钱王祠建成、沿湖公园全面开放后，更适合组织民俗节庆及园林展会活动。目前，南山路已形成五个特色区块，分别是以浪漫茶吧为主的"南山情怀"、以工艺字画为主的"南山撷奇"、以艺术风情为主的"南山艺苑"、以风味餐饮为主的"南山百味"、以休闲娱乐为主的"南山寻悠"。南山路文化旅游休闲街在保护、开发与利用之间找准结合点和平衡点，以旅游和文化为龙头，鼓励发展品牌店、专业店，适度发展餐饮业、服务业，把城市建设同旅游、文化、娱乐、餐饮茶业等经济形态有机组合，建立起繁荣健康、和谐有序、充满活力的商业运作模式，形成国际知名品牌集中、国内特色店铺集聚的时尚浪漫街区。这是"西湖模式"的缩影，也是杭州"大气、开放、精致、和谐"的城市精神的体现。

9.3.6　未来发展

　　未来南山片区的业态定位为依托西湖，形成自然景区、人文艺术资源与咖啡馆、酒吧、餐馆、娱乐场所有机融合的世界品质文化休闲街区；将南山路固有的传统青砖瓦房与新业态相交融，形成具有杭州特色和国际范儿的商业特色街。

第 10 章

滨水空间产城融合理论总结：发展模式与策略

　　"产城融合"是在我国经济转型升级的背景下，为了破解城市与产业发展"两张皮"的难题而快速兴起的一种发展模式，已成为当前我国高质量发展背景下新型城镇化建设领域的热点问题。生态文明新时代，随着城市和产业发展对滨水空间功能和定位的不断升级，滨水空间长期忽视与产业联动的发展模式已经无法承载区域格局变化和新经济发展带来的新要求，亟须探索建立新的滨水空间产城融合发展模式。根据前面各章对杭州与丽水两座城市"城江""城河"与"城湖"三大滨水空间产城融合发展类型的理论探讨与案例分析可知，受到水系流域时空异质性的影响，城市地区及其腹地的滨水空间具有不同的自然禀赋和资源配置，因此城市地区与城市腹地滨水空间产城融合发展的模式与策略也有差异，应当分别进行探讨。

10.1　城市地区滨水空间产城融合发展模式与策略

10.1.1　混合有住型发展模式

10.1.1.1　混合有住型发展模式的整体思路

　　本节无须回顾简·雅各布关于混合用途对于激发城市多样性的作用的精彩论述，也不用一一列举功能混合在诸多城市交通、居民就业等方面的益处，因为，城市滨水空间更新不是要将功能"纯净化"。混合并不意味着混杂，只有有机混合才能发挥最大的效力，反之，如果各功能要素彼此间缺乏支持，甚至相互制约，则会阻碍各自功能的发挥。

　　所谓混合有住型滨水空间，是集聚混合型既有住区滨水空间的简称，其针对的场地在物质景观和社会环境方面的特征总结如表 10-1 所示。此类滨水空间有着多样化的功能、多样化的居民构成、多样化的建筑形态。从住区功能组织和建筑类型来看，此类滨水空间更多地体现为混乱无序和相互干扰。从时间范围来看，指 20 世纪 90 年代中期以前形成的住区，从住宅存量和改造再利用的价值来看，以 20 世纪 70 年代末—90 年代初所建住宅组群构成的住区为主。

表 10-1   混合有住型滨水空间的基本特征

要素	基本特征
物质景观	住区形态碎化，无明确规划结构，各住宅组群随机集聚而成
	各住宅组群界线模糊，道路连通度低，交通组织混乱
	公共空间缺失，公共服务设施配置失衡
	不同层次、建造年代的住宅无序并置，各住宅组群之间居住品质差异大
社会环境	住区人口构成复杂，阶层分布两极分化特征明显
	住区缺乏凝聚力，居民缺乏归属感，不能够形成住区亚文化
	住区组织发育不完善，各住宅组群各自为政，管理难度大、管理效率低
	不同群体间存在明显的冲突，易引发矛盾

10.1.1.2　物质形态发展策略

（1）住区功能优化

住区功能优化不是将混合住区的功能"纯净化"，混合有住型发展模式的功能调整应在维系其功能多样性的前提下，改变住区功能混杂的现状，实现住区功能的有机混合，即住区功能优化是基于这一思路的住区功能有机化过程。同时，应综合考察住区内各种功能对城市与住区的作用和影响，分析各种功能的结合是否有利于综合效益的发挥，不因某一局部利益而损害住区的整体利益。再者，住区内不同功能区应作适当分隔，使之相互支持而不是相互制约。最后，可考虑将住区内部分居住功能置换为其他功能，以满足住区发展的需要。同时，结合周边城市地区更新，妥善解决因功能置换而导致的居民居住问题。

（2）公共空间重构

公共空间是居民日常休憩、活动、交往不可或缺的场所。按照住区公共空间的功能特征，可将公共空间划分为绿化、广场等外部空间和住区公共服务设施两类。需要说明的是，本书并无意进行严格的概念区分，实际上，在住区中二者常常同时存在。

混合有住型发展模式的显著特征之一是原始地块内公共绿地、休闲健身设施、公共服务设施等住区公共空间匮乏或配置失衡。不同居住组团"背对背"的无机组合使得有限的公共空间更加支离破碎，限制了住区公共空间交往媒介作用的发挥，居民在住区内找不到适合的交往与休憩场所，逐渐失去了走出室内进行沟通、交流的兴趣，从而进一步加剧了居民间疏离与隔阂的程度。因此，住区更新应从现状问题入手，通过住区公共空间的优化配置，探索促进居民交往、融合的适宜途径。因此，公共空间重构需要点、线、面结合，优化滨水公共空间。

首先，点空间建设，化余留空间为公共交往空间。所谓余留空间有两方面的含义：一是由于规划欠佳而在住区建筑群体组合中产生的边角余留碎地，尤指宅旁空间，如住宅山墙或背对背的间距空间、绿地边角地带、空间连接处等；二是指在住区形成过程中产生的不同住宅组群之间的余留空间。对于第一类余留空间，相关研究已多有论及，如将住宅与围墙间的空间用作停车场，在靠近道路的零星场地设置配电站、调压站等小型市政公用设施等。而第二类余留空间是混合有住型发展模式中主要改造与利用的空间，这类余留空间或废弃不用，垃圾遍地、杂草丛生；或由栏杆围墙封闭，被据为己有，用来堆放物品甚至进行违章搭建。这些余留空间又常在人的视线范围之外，成为住区内的不安全因素，而正是这些各构成单元之间的边缘空间，最有可能被"活化"利用，成为有吸引力的公共交往空间，如通过设置绿化、健身设施和环境小品等，增加其使用频度，明确空间的公共属性，使其变成相邻住宅组群之间共享的公共交往场所。这一空间的转化利用不仅改善了住区环境，更为重要的是借助由此产生的相遇、相识机会，增进了居民之间的了解，促进居民交往行为的发生。

其次，线空间建设，促进街道生活的形成。在混合有住型发展模式中，可寻找各住宅组群共同使用的一些通路，在这样的道路上，通常有行人、车辆来来往往，有小商小贩摆摊叫卖，临街也会自发形成一些小店铺，可以说具备线型公共空间的基本特征，若能加以整治，巧为利用，其完全可以成为一条充满活力的生活性街道，成为消弭各住宅组群之间隔阂的一道"黏合剂"。从这层意义上看，对于这类街道的改造会超越街道环境整治的层面，在改造内容和方式上更加注重形成丰富多彩的街道生活，使之成为一个可停留、可观赏、可通行的复合型生活交往空间。

最后，面空间建设，公共绿地与活动场地形成。这里所说的面空间是指相对于前述的零星点状与线型住区外部空间而言，规模更大、布置更为集中的公共绿地与活动场地。混合有住型发展模式中最需要的就是这类规模较大的绿地和公共交往活动空间。只有规模化的公共开敞空间才能够提供多样性、多元化的游憩交往环境。然而，大规模公共空间的形成在既有住区中受到很大的限制，既有住区建筑密度很大，通常少有大块空地可用，单靠拆除违章建筑是不能形成这样的大空间的。所以居住区共享的大规模绿地及公共交往空间的形成常需要大量的资金和较多的人力、物力的投入，需要结合居住区总体改造规划（用地布局）逐渐更新。

（3）道路系统组织

阿兰·B.雅各布斯的著作《伟大的街道》中第一句话就开宗明义地指出："总有一些街道，要比其他街道更不一般：置身其间，你胸中了无挂碍，可以随心所欲地做自己想做的事情。"正如他紧接着提出的，街道"不仅是一种线性的物理空间，不只是允许人流或货流经由通达的途径，街道调节着都市社区的形式、结构及舒适度，它以一种最基本的方式为人们提供了户外活动的场所，是非常主要的社交场所"。随之，他又提出了他所认为的"伟大的"街道的标准：它"必须有助于邻里关系的形成，促进人们的交谊与互动，共同实现那些他们不能独自实现的目标；一条伟大的街道在物理环境上应该是舒适与安全的，最好的街道会鼓励大众共同参与……"。

街道上人的行为模式大致可分为穿越行为、出行／抵达行为、自由行为和停顿行为四种类型。这一行为模式划分方法可以帮助我们理解住区道路上所发生的各种行为：穿越行为是目的地不在住区内的通过行为，住区内的活动一般仅作为过渡，其交通轨迹意愿趋向于便捷的直线型；"出行／抵达行为"指出发地或目的地在住区内，由住区出发向特定目的地行进或从某一地点回到住区的交通活动，是动机与目的非常明确的行为；"自由行为"主要指居民在住区内目的性不明确的出行行为，如散步、游览等，其特点为行进速度不快、节奏舒缓；停顿行为指在住区内特定地点的停留行为，包括等候、交谈、休憩等，多呈现明显的生活性特征。通常情况下，道路上的出行／抵达行为所占份额越高，说明该道路活动的规律性越强，空间气氛趋于冷淡；穿越行为的数值越高，说明该街道在组织步行交通中的地位越高，生活节奏越快，街道趋于繁忙；而自由行为和停顿行为的发生率通常反映出街道的亲和力，慢节奏的散步等自由行为和等候、交谈、休憩等停顿行为有利于促进交往行为的发生。

道路系统组织需要根据人在街道上的行为模式更好地满足居民街道生活的各种诉求。

首先，形成多种交通方式并存的道路结构体系。住区内交通和住区外短距离交通，不论属于出行／抵达行为还是自由行为，都应该提倡步行或非机动车出行的绿色出行方式，通过道路调整将住区内各种公共设施和公共场地有效地连接起来，增强设施和场地的可达性，同时加强住区与城市系统的联系，确保居民很方便地抵达这些区域。住区外较长距离交通应更多地利用公交系统，这就要求一方面进一步完善城市公交系统，提高住区周边交通站点的覆盖率；另一方面，要通过道路结构调整，加强住区内部道路之间的联系，提高公共交通站点的易达性。

其次，实现人车有机共存的道路结构体系。人车分行与人车混行是住区交通组织的两种基本形式。住区人车分行的交通组织方式是在机动车大量出现以后产生的，进入 20 世纪后，随着小汽车的广泛应用，以往街道上人车合流、彼此相安无事的平静局面被打破，大量机动车的出现不仅使得道路拥堵、环境恶化，而且事故频出，孩子们不敢到街上玩耍，人们的日常出行也受到影响。在此情形下，一些建筑师开始寻求对策，人车分行的方式应运而生。C. 佩里在他的邻里单位理论中着重点强调了城市交通不穿越邻里的原则，体现了交通性街道和生活性街道的分离。C. 斯坦（Clarence Stein）和 H. 莱特（Henry Wight）在新泽西州的雷德朋（Radburn）首先建立了人车分流的道路系统。人车分流道路系统较好地解决了人车矛盾，因而成为西方国家一段时间内处理居住区内部交通的典范。然而将居民多样性的出行行为分门别类地限定在两类性质完全不同的单一功能道路上，与人个性化的行为方式和生活习惯是不相符的。步行的出行 / 抵达行为、自由行为和停顿行为很难在车行道路上发生，以致除了车辆偶尔匆匆驶过以外，道路上空无一人，缺少了住区道路应有的生机和活力。因此，20 世纪 60 年代后，住区规划理论开始以更加均衡的理念来重新审视交通问题与住区生活，进行了卓有成效的探索与创新。至此，人车混行的思想再度被提出，其中较为典型的是荷兰的"生活庭院"（Woonerf）交通体系。"生活庭院"是一种"努力在步行条件下综合地区性的机动交通"的规划理念，街道设计步行优先，小汽车虽然可以开到住户门前，但只能在规定的地点停留以及在游戏区域内缓慢行驶，小汽车在步行者的领地中是"客人"。"生活庭院"交通体系的意义是使住区街道生活功能复归。

最后，完善住区内部交通系统。按照活动范围来划分居民的日常活动，可粗略地分为住区内的活动和住区外的活动两大类。其中，住区内的活动对于增强居民的社区归属感、促进居民交往有更重要的意义，故而这里接着讨论住区内部交通系统对促进居民交往的作用。"人们相互接触的次数和机会决定了社会交往程度"，作为人们接触和交流联系的通道，住区道路设计会提高或降低人们交往行为发生的频率，因而完善路网结构、优化道路设计将会对居民交往有极大的促进作用。具体来说，一方面要将各自分离的局部道路网络适当连接，打破各住宅组群间彼此隔离的状态，形成有机的住区内部交通系统，同时结合公共设施与场地的设置，为各群体提供公共交往空间，减少群体间的隔阂，促进群际交往发生；另一方面，理顺各住宅组群内部的道路网络，将道路与建筑入口及活动场地有机连接，促进群内交往的发生。因此，住区道路结构调整不仅是为了增加可达性，方便居民使用，还是为了通过这些调整促进群际互融与群内互融，最终促进居住融合。

（4）建筑空间整合

建筑空间整合主要分为建筑组群空间形态整合和建筑形态更新两个方面。

其一，住宅组群空间形态整合包括院落空间优化设计、宅前空间优化设计两方面。要充分发挥院落空间在居民生活和交往方面的作用，首先是在庭院中设置必要的休息座椅和儿童游戏、活动设施，吸引居民来使用这一空间；其次，在庭院内结合人的出行轨迹设置若干可供停留的空间节点，从上述分析可知，在院落空间中能够发生停顿、交往行为的场所是道路局部膨出的地段，在这里人们可以停下来而不影响正常通行，所以结合道路的空间节点设置能够诱发交往行为的发生；最后是改变道路与庭院之间过于生硬的分隔。对于宅前空间的设计，需要满足以下要求：出入方便、紧靠住宅前有良好的逗留区；紧靠住宅前有事可做，并有一定的设施。因此，在规划设计中要把住区设计理解为住宅单体设计和室外环境设计相结合的共同体，在私密性和半私密性空间之间考虑中间层次和空间的过渡，通过改造设计在很大程度上进行改善，建立起良好的室内外联系，创造更易于人亲近的功能复合的空间。

其次，建筑形态更新过程中不应孤立地看待建筑单体的形态更新，要改变以往的做法，不仅仅注重沿街住宅建筑"涂脂抹粉""穿衣戴帽"，而是要从住区整体出发，建立住区整体视觉秩序。此外，要立足现状，不追求视觉效果完全一致，根据不同住区特点确定主导建筑风格，达到多样统一的效果。具体更新方式一般可分为保留、修饰、更新外饰面材料以及结合改扩建进行更新两种。其目的是塑造滨水空间的风貌特征。

建筑记载着一座城市发展的历史，住区风貌是城市风貌的重要组成部分，既有住宅区的整体环境风貌是在住区发展过程中逐渐形成的社会、经济、政治、文化和生活特征的综合体现，住区物质和空间形态表征反映出当地的社会习俗、风土人情及居民生活方式的变迁。住宅建筑形态更新应从整体环境风貌的角度着手，将住宅外观更新作为构建住区整体环境风貌的重要手段，而不是单纯的形式更新或功能提升。因此，在更新中应体现和融入一定的地域文化特征，以便于塑造住区整体环境特色。

10.1.1.3 社会形态发展策略

（1）人口构成及空间分布调整

彼特·布劳认为，社会流动会引起社会变迁。居住迁移作为一种社会流动的方式，无疑对社会结构的变化有促进作用，这就为我们通过更新规划来控制与引导住区居民迁移，进而实现住区合理的人口构成提供了依据。

首先，居民阶层类型及其比例调整。

社会特性差异过大的群体间极易产生相互排斥，而住区更新应致力于减少排斥与促进融合。这里我们尝试借鉴相关理论，从住区阶层类型调整方面来实现这一目标。彼特·布劳在他关于异质性的论述中指出，社会交往取决于人们接触的机会，而社会交往会促进社会关系的建立，这些机会越多，人们之间发生随机交往的概率就越大，其中，有些随机交往可能会进一步发展为正式交往，带来亲密的社会交往的增加；异质性越大，不同群体成员间发生偶然社会接触的机会就越多，即异质性的不断增加提高了群际交往的可能性。这表明，混合有住型滨水空间更新应注意在保持住区居住主体异质性的基础上进行调整。

虽然人口构成及空间分布调整不能以某一固定的比例来取代既有混合住区居民构成的多样性，但可以根据每一更新住区的具体情况来确定一个住区居民构成的合适比例范围，通过持续渐进性的更新来引导住区居民构成不断接近这一相对理想的居民构成比例，并避免住区发展的同质化趋向。具体可采取以下三种方式。①改善住区环境与公共设施配置，避免高收入群体大规模迁出。高收入群体对住区环境与设施的要求更高，当其居住需求得不到满足时，他们会倾向于搬离住区，从而引起住区的进一步衰败，因此改善住区环境与设施水平，是保持住区居民构成多样性的前提之一。②通过功能混合来调整住区人口构成比例，如在住区内建写字楼，可吸引白领阶层就近入住。③通过住区局部更新来调整住区人口构成比例等。

其次，不同阶层空间分布形态调整。

混合有住型滨水空间更新是在现状基础之上的调整，深受住区及周边现有条件的限制，因此只能在一定程度上改善与渐进实施来达成目标，将现有住宅组群"解构"为若干小规模"同质社团"，再组合重构为"异质社区"，由于同质与异质就地平衡不易实现，因此，可从以下三点加以考虑：①适宜的更新目标；②渐进的更新过程；③灵活的更新方式。

（2）完善住区管理体系

住区的主体是人群，需要通过某种制度安排及管理方式，使运行高效、人际关系和谐。这有赖于社区组织的完善以及组织功能的充分发挥。

1）构建社区组织及其管理体系

目前，我国城市社区管理一般由三种社区组织协同运作。这三种社区组织分别是：第一，行政组织，包括作为政府派出机构的街道办事处以及与社区相关的政府各职能部门基层办事机构，如房管所、工商管理所、派出所等；第二，自治组织，包括居民委员会、业主委员会、各类社团及志愿者团体等；第三，经济组织，包括各种营利性组织（如物业管理公司等）和非营利性组织（如法律培训、就业培训等）。其中，居民委员会、业主委员会和物业管理公司是社区中的核心组织，与居民的日常生活关系最为密切。

整合物业管理区域，提高物业管理的效率和质量，整合物业管理区域就是在现状基础上，通过调整、归并等手段，合理划定物业管理区域，从居民和住区建设角度，提高物业管理的质量和水平，从物业管理公司运营的角度，实现规模经营，降低管理成本，提高物业管理的效率。合理划定物业管理区域是基础，按照相对集中、方便管理的原则，充分考虑物业的共用设施设备、建筑物规模、社区建设等影响因素来合理划定物业管理区域后，物业管理成本高、管理质量低等问题将迎刃而解。

2）完善自治组织及各种非营利性社会组织，积极开展多样化的社区服务与文体活动

第一，建立沟通联系的有效方式，搭建住区志愿者服务信息资源共享平台，降低志愿者活动的盲目性，提高住区志愿服务的效率和功能。第二，拓宽服务范围，开展各种专业化志愿者服务。尤其要注重增加老年人比较陌生而又有切实需求的服务项目，在集聚混合型既有住区中，老年人口的比例较高，对于一些新兴的娱乐、学习项目参与的热情很高，但苦于缺乏技能。如在电脑使用方面，如何接发邮件、如何聊天等，解决这些问题对于年轻人而言只是举手之劳，但可以解决老年人的大问题：空巢老人也许因此能通过网络经常与远在外地或国外的儿女联系，少了许多思念之苦。第三，积极倡导、鼓励在业人员加入志愿者团体中来。离退休人员发挥余热固然重要，但这会将居民交往的范围局限在老年人的圈子里，志愿者服务应吸引各年龄段的居民参加，一方面可利用在业人员的专业技能为社区居民提供服务，另一方面有利于促进广泛深入的居民交往。

10.1.2 功能置换型发展模式

10.1.2.1 功能置换型发展模式的整体思路

"时空轮转,众说纷纭,但我们认为我们处在永恒变化中则是共识。"20世纪90年代以来,由于土地批租、市政建设和旧城改造大规模进行,再加上产业结构"退二进三"的调整,中国城市掀起一场以用地功能置换为标志的空间结构调整高潮。城市用地功能置换,是城市更新型的一种开发模式,也称城市再开发(redevelopment),是城市空间新陈代谢的过程,往往涉及原有用地功能的变更,并伴随着大量建筑的拆建和部分具有保留价值的建筑的改造。当前,城市用地功能置换为我国城市滨水空间建设提供了绝好的机会,在提高滨水空间使用效率,补历史的"旧账"的同时,可实现滨水空间经济、社会、文化生态的良性循环。

滨水空间功能置换型发展模式可分为三种置换类型,即港口休闲功能置换、工业区产业置换和城市功能替代置换。这三种置换类型并非独立存在的,有时在同一滨水空间中三种置换类型均有涉及。

10.1.2.2 物质形态发展策略

(1)港口休闲功能置换

将货运的功能"搬迁"出去之后,继续保留滨水码头设施的基本属性,将旧码头区功能改造成为以客运服务为主的码头,包括游艇、轮渡、水上快速交通、综合客运码头等,同时陆域配合规划建设大型综合性客运中心、旅游休闲中心、滨水餐饮商务中心、文化展览中心等,以提供综合性客运旅游服务及发挥延伸功能。为持续优化滨水空间各层次的生态环境,应在已构建的基本生态网络的基础上,进一步促进市域绿地和海岸线的融合发展,提升滨水空间环境吸引力,为城市居民和游客创造更多可达的生态公共空间。

例如,新加坡河沿岸克拉克码头的改造在20世纪80年代完成。这一地区原有的旧仓库被新的现代设施所取代,包括宽敞的走道,一系列商店、饭店和酒吧、俱乐部等娱乐场所,四周是茂盛的植被。这个工程通过海滨走道以及水上快船将该码头与新加坡中部连接起来,成为新加坡河改造的一部分。

(2)工业区产业置换

仍保留老工业区属性,通过升级改造最大限度利用现有工业区设施,将老港区功能置换为低碳经济、高新科技产业。在集约紧凑型的空间扩展模式和生态环境空间瓶颈的双重压力下,一方面利用规土合一的政策契机严保生态底线,另一方面以系统化思路构筑生态空间网格体系。从世界港口城市的创新实践案例来看,大力发展媒体、生物技术和新能源等产业是多数滨水老工业区功能置换的主要动力。滨水老工业区的未来可以推进低碳衍生制造业、低碳衍生服务业的发展,从而进一步优化城市空间结构。

例如，威尔士加的夫湾内陆港首期改造工程占地面积达 200 英亩。按照规划，该工程沿已有堤堰依势形成内湖，在周边布置各种建筑。为避免因铺设道路造成区域的分隔，该工程设计了地下隧道作为与市区的交通联系。这些耗资巨大但有远见的规划方案使得该区成为豪华的新市区。1995 年起，科学技术中心、NCM 信贷保险、威尔士大众健康服务中心以及新剧院等相继在此选址建设。工程完工后，预计可容纳约 3 万人在这里工作，配套建设 6000 套住宅，由此带动附近的老虎湾及商业地区的进一步开发。

（3）城市功能替代置换

将滨水空间原有的功能"搬迁"出去之后，旧滨水空间的岸线及陆域资源变得与滨水空间完全无关。结合城市整体滨水区域的功能，如购物中心、海洋娱乐中心、博物馆、艺术馆、星级酒店、国际公寓、酒吧街等各类公共配套设施，通过重大文化设施项目带动城市更新，保护并延续历史街区的文化遗存，推动文化服务产业的发展，有利于促进产业的融合发展，以实现城市功能的整体性。

例如，日本东京的 Takeshiba 码头位于隅田河入口处，与美丽的 Hamarikyu 公园毗邻。由于经济发展的需要，市政当局对码头进行了彻底的城市化改造，其占地面积比原有港区扩大了近三倍，达到 14 英亩，投资达 1.77 亿美元。在布局上，新建的四幢超过 21 层的高层建筑分别矗立在海洋公园的两边，一侧是酒店和办公楼，另一侧是综合健康娱乐中心。建筑的周围簇拥着各色商店和饭店，周边蔚蓝的大海以及中部繁花似锦的海洋公园使该区的建筑在东京最为抢手。Takeshiba 码头是老港城市化改造较为成功的范例。

10.1.2.3 社会形态发展策略

（1）充分发挥政府主导作用

在旧工业区功能置换更新改造的过程中，改造主体主要是开发商和业主，政府主要通过政策制定、产业引导来发挥主体作用。然而，开发商和业主仅从自身利益出发，很难考虑到公众利益，因此只有发挥政府的主导作用，才能保证公共服务设施、居住、开放空间等其他类型的改造顺利进行。

政府作为改造主体，通过收回收购等手段将土地产权收回，决定改造的类型，保障实施，确保旧工业区功能置换成公共配套和市政基础设施顺利进行。并且，根据触媒理论，该类改造项目对周边的整体配套设施和物质环境起到很强的提升作用，将带动周边地区联动发展。

如为经营性项目的改造，可在自愿、平等协商的原则下以市场价进行收购，然后按新的规划条件出让。但是，政府必须管理或参与改造，比如，可以由政府部门出面或委托组建制订开发计划的专业公司来拟定开发计划，协调解决政府部门与开发商之间的关系。这样既可以使政府部门了解开发商的经营过程、投资意向和开发活动规律，同时也可以使开发商可以更好地和政府部门沟通，从而保证非商业产业类旧工业区改造顺利进行，实现改造类型的多样化。

（2）容积率奖励，开发权转移

开发权转移是指为实现城市公共利益，引导相关利益主体在原来可以获得空间开发收益的土地上放弃一部分收益，并将相关收益转移到其他空间的开发。由此，可以避免开发项目由于开发利益主体复杂而导致开发零散和低效。开发权转移技术在国内已有相应的应用，比如，上海新天地更新项目中，将容积率的损失转移到了太平桥地区的开发强度中，由此保留了里弄空间和公共绿地。

现实中，城市核心区滨水空间功能置换往往开发压力大，开发利益高，我国传统的刚性控制由于欠缺灵活性，对大规模而改造主体改造意愿不一，各方利益亟待平衡的城市产业密集区的滨水空间功能置换难以进行灵活调整。容积率技术的引入，为平衡各方利益，保障公共利益，比如实现单元内公共服务设施的均衡建设，为功能置换的整体实现提供了技术保障。

（3）就业市场建设，集聚人气

就业市场建设作为一种社会驱动策略，通常是通过功能置换更新改造过程形成相应的就业市场，反过来，就业市场的发展集聚了人气，也带动了整个滨水空间的繁荣发展。例如，埃姆歇国际建筑展将就业市场策略主要应用在项目订单的分配上。景观改造、废弃物的清除、城市和住宅建设项目都必须与为失业者提供职业培训所采取的措施相结合。它的最高目标是，在初级就业市场上为失业者大量集中的社会阶层提供帮助。滨水空间功能置换更新改造也可以考虑运用社会资源，进行自发式自我更新。

10.1.3　文化保护型发展模式

10.1.3.1　文化保护型发展模式的整体思路

文化是城市发展的根本动力所在，随着全球化所引发的城市竞争，文化策略已经成为当今城市生存的关键所在。回应居民的文化需求，回应地方的文化特色，这是滨水空间在文化保护建设中的必然之路。

（1）推进产业文化化，形成现代产业

产业发展的实践证明，产业与文化是一个辩证统一体，产业的持续健康发展离不开文化。随着文化对促进产业发展的作用日益增大，人们自觉地调整、利用和升华文化要素，使各行各业的产品与服务都成为一定文化的载体，使区域文化资源通过应用技术的嫁接和科学方法的渗透为产业创新服务，以文化的凝聚力、渗透力和辐射力来增强产业的竞争力，提高产业的附加值，这一过程就是产业文化化的过程。

（2）培育文化先导力，开启现代生活

文化先导力是在分析当前我国社会出现的物质发展与精神生活不适应、我国国际地位与文化落后现状不适应的现实中，以"发挥观念更新的先导作用"为基

础，进行学术概括和理论提升后形成的概念。文化先导力凭借基于现实的前瞻性和预见性，可以促进文化和艺术的大发展和大繁荣，而且可以通过发挥文化的领航、指向和疏导作用，推动社会的全面进步和人的全面自由发展。

（3）提升文化竞争力，建设现代滨水空间

产城融合的载体是城市。21世纪是城市经济的时代，区域竞争突出表现为城市之间的竞争。城市之间的竞争中，文化的竞争尤为激烈。通过提升文化竞争力，实现建设现代都市的目标，科学把握城市文化的内涵是前提。法国著名学者潘什梅尔说：城市既是一个景观、一片经济空间、一个生活中心，也是一种气氛、一种特征、一个灵魂。这种气氛、特征和灵魂，就是指城市文化。城市文化的结构大致上分为相互影响、相互作用、相互联系的物质文化、制度文化、精神文化三个层次，它们共同构成了一个有机的整体。

10.1.3.2 物质形态发展策略

城市的物质文化是城市的"外衣"，城市的发展离不开诸如房屋、街道、交通、公共建筑等物质文化要素。"地域文化"是相对于一定地域的时空纬度而存在的，影响着人类地域聚居演进的一系列思想观念及其外在呈现，并集中体现在城市文化和城市特色等方面。城市文化是地域文化的集中体现，具有地域文化的一般性形态构成，是以城市为载体的具有典型性、代表性的地域文化。城市文化在进化与传播、内源与外源互动的过程中获得发展，影响人们的聚居心理和思想理论，并呈现出城市物质空间的形态特色。而人类能动性的规划设计与空间实践，既反映出人类对人与自然关系的认识，又体现出城市建设活动对文化发展的作用。

对于城市文化与形态的研究，必须树立科学的"文化伦理观念"，即客观、平等地对待聚居演进过程中的各种文化模式（包括抽象的观念、具象的形态等）。在漫长的历史中，"当代"只是一个相对短暂的"瞬间"。因此，当代城市文化研究与空间形态建设的重要原则应是"传承中的创造"，即在可持续发展前提下的当代城市空间形态与文化的创造性规划与塑造。一方面，我们要尊重、保护、继承、发扬传统文化；另一方面，还要着眼于为未来城市文化与形态的持续发展留有余地和空间。

（1）结合文化设施建设

文化保护政策主导下的滨水空间产城融合中最常见的类型就是通过文化设施建设，改善城市形象，以此来发展文化旅游以及银行业、保险业、服务业等行业，从而带动地区的发展。20世纪末期是一个文化设施大量建设的时期，博物馆、文化艺术中心、剧院、公众集会场所、节日庆典公园等城市文化设施的兴建在世界范围内出现了一个高潮。在美国，很多城市的再发展计划，如洛厄尔、费城、旧金山以及洛杉矶，都聚焦于博物馆的建设。

以文化设施带动城市发展的最典型案例莫过于西班牙北部的港口城市毕尔巴鄂。通过古根海姆博物馆和一系列重要项目的建设，毕尔巴鄂从一个默默无闻的

衰败港口城市发展成为文化旅游的重要目的地。可以这样说，文化设施的建设扮演了使城市经济和环境重生的角色，为毕尔巴鄂赢得了世界级声誉。

（2）建造地方文化风格

城市建筑是一定区域内社会形态和文化内涵的载体，是城市设计中的重要一环。要想提高地区建筑的识别度，就要充分吸收本土文化的特色元素，再结合现代的技术和设计方法，营造特色建筑风格。

（3）提炼地方文化符号

城市设计包括城市景观设施建设，如地铁站的出入口、公交站牌、路灯、路边的垃圾桶和座椅等。虽然这些个体体积都很小，但是胜在数量多，同时也是城市设计中不可或缺的东西。这些设施不仅具有市政设施的使用功能，还要符合民众的审美。杭州的地方本土文化种类多样，地方文化艺术类型丰富。城市设计可以对其进行归纳、糅合、凝练，最终形成文化符号，将其应用于当下的城市设计之中。

10.1.3.3 社会形态发展策略

科学制定城市更新模式。为了有效传承文化，在城市更新进程中一定要科学制定城市更新模式，既要保障城市在新时代背景下的长期稳定发展，也要避免文化传承受到阻碍。对城市更新区域进行全面而深入分析，既要考虑城市整体发展趋势和前景，也要深入研究更新区域的文化价值。如果更新区域包含大量高价值文化内容，那么必须进一步考虑文化传承，尽量选择整治改善和保护两种更新模式，避免再开发而直接破坏传统文化。

（1）结合文化活动发展

举办大型文化活动也成为城市获得发展的途径之一。这些大型活动的举办对于城市而言意味着城市面貌的改善，意味着旅游经济的发展，意味着城市知名度与地位的提高，意味着吸引更多的投资与人才。因而，政府对大型文化活动的举办投入了相当高的热情，我们可以由奥运会、世博会等世界性以及一些地区性的大型活动中城市的激烈竞争发现这种趋势。

（2）结合文化产业发展

尽管"文化产业"一词最早是以被批判的方式出现的，但是，随着文化产业在城市经济发展中日益变得重要，越来越多的城市开始积极探索文化产业的发展。英国谢菲尔德的城市委员会于1986年把城市中心区边缘一个占地75英亩（约合30公顷）的衰败工业区作为城市文化产业区（CIQ）的发展用地，文化事务成为城市更新发展策略的中心环节。到目前为止，20多年的发展历程表明，文化产业区成为一个富有活力而不断发展的城市中心。尽管它的发展面临来自城市其他区域诸多的挑战，但它仍然在英国政府工作报告中被当作好的实践案例；同时谢菲尔德的发展历程也表明以文化策略为主导的城市更新能够利用本地的文化资源，推进劳动力雇佣和复兴本地区的文化认同。

（3）提高居民文化认同感

文化政策主导下的城市更新对于旗舰类文化项目和文化消费空间的建设青睐有加，这些项目能够较快地改善城市面貌，能吸引大量的参观者，对于所在的城市有着重要的符号意义和经济意义。由于这些项目通常是为更大区域或者国家范围内的参观者提供服务，同当地居民生活之间的联系并不十分密切，因而当地居民通常会产生一种复杂的感情。一方面，环境的改善会使居民的自信心增加；另一方面，这些旗舰类的文化设施会提高文化活动的成本，阻碍低收入居民参与这些文化活动。

不能得到当地居民认同的城市文化策略是不可持续的。正如在格拉斯哥的大规模城市文化投资中，首先，由于没有顾及当地居民的文化需求，同城市原有的工人阶层文化传统之间缺乏有机的联系，基于社区的文化项目几乎都没有发展起来；其次，文化政策侧重文化消费的提升，对于文化生产的忽略使得规划中的城市文化产业一直没有发展起来，而文化生产的发展对于解决当地居民的就业具有更加积极的意义。

（4）探索文化创新，打造文化品牌

促进文化传承的多样化发展。文化传承需要尊重多元文化，构建多样化发展的优秀文化体系，以免城市文化过于单调甚至故步自封，这也是新时代背景下文化发展的必然趋势。故而在城市更新中，有必要做好文化更新规划，针对不同区域实际情况构建多元化的城市文化体系。

基于传统文化打造特色文化品牌。传统文化是城市更新中文化传承的重点，应当尽可能保护传统文化。这就要求城市更新设计需要深入研究传统文化生态，并在城市更新的过程中建立和实践与之相匹配的模式，尽量在推动城市更新发展的同时减少对传统文化的破坏。与此同时，城市更新还应当充分利用传统文化资源，并在此基础上打造特色文化品牌，打造全新城市名片。

积极探索文化创新实践。文化保护不是简单地保留和利用传统文化，还要基于时代发展特征创新文化，构建动态化的文化传承模式，为传统文化注入新鲜活力，让其在新时代依旧能发光发亮。

10.1.4 水域整治型发展模式

10.1.4.1 水域整治型发展模式的整体思路

城市水空间的整治是一个长期的历史过程，涉及的面比较广，关系到城市经济发展和社会健康的方方面面。在城市发展的不同历史阶段，水空间的整治和管理都有很大的区别，综观人类治水和利用水资源的历史过程，大致经历了原始治水、工程治水、资源治水和生态治水四个阶段。各阶段的特色和观念都不一样，采取的手段也不尽相同。现阶段，随着人类对水空间的认识不断深入，根据可持

续发展的理念和社会发展目标的重新定位，城市水空间的整治逐渐向深度和广度发展，主要表现为整治原则和方法的多样性和协调性。城市水空间整治的具体原则集中表现在环境经济学、生态环境工程、景观游憩和政策监管方面。这些整治原则的相关原理也构成了城市水空间整治的基础。

基于自然进程的城市水空间整治的核心是恢复城市水空间的自然进程属性。要想满足自然进程的恢复要求，就要调整城市水空间的结构存在方式，它包括垂直流动结构和水平流动结构。适应自然进程的结构调整表现为对水空间地域特征进行重构，从而形成一个平衡的综合水域生态系统。这个系统不但符合自然进程运行的需要，同时也促进了城市的进步发展。在此，自然进程的恢复是城市水空间整治的出发点和根本保障，地域特征的重新确立是为了减少城市活动对自然进程的不利影响。最后，为了减少人类生产和生活对自然进程的干扰和降低影响程度，我们还需要协调城市功能和自然的关系，最终实现城市水空间的可持续发展。

10.1.4.2 物质形态发展策略

城市水空间的整治对象是自然界的水，恢复洁净的水质是环境优美的基础，同时也应把人的生存和生活空间质量提高作为整治的目标。如果生活在其中的人没有获益，那么，这样的水空间整治是不完善的。城市的滨水空间休闲是体现城市文化的重要组成部分，不但关系到城市生态环境的优化，还与城市居民的室外活动质量密切相关。人们的亲水游憩活动，提高了城市空间的生活价值。

（1）滨水景观建设

过去，人们惧怕河水，河流堤岸总是修得又高又厚，将水远远隔开，而随着科学技术的发展和研究的深入，人们已经较好地掌握了洪水的特性和控制洪水的方法，因而亲水性规划设计成为可能，现代滨水景观更多地考虑了"人与生俱来的亲水特性"。城市亲水景观的建设要充分考虑城市居民的要求，建设一些与城市整体景观相谐调的滨水公园、亲水平台、亲水广场等，使城市滨水空间成为最引人入胜的休闲娱乐空间。

从空间层次上，城市亲水景观分为居住区、中心城区、城市地区三个层次，不同层次亲水景观的规划侧重点不同。居民居住区水景观规划侧重于具体的社区休憩计划和社会游憩空间规划，直接影响居住区形态、休闲空间和绿地规划。中心城区水景观规划侧重于各类水景观的空间布局，促进城市水系结构的形成。郊区水景观规划立足于水资源和生态环境特征，以完善城市休憩系统结构为目标，规划设计一些大型水景观空间，如水源保护区、水生态园区、风景休憩地、水上乐园、湿地保护区等。

人的生活随经济、社会、文化、科学技术的发展而不断变化，城市水空间也因人类活动的影响而发生变化。所以城市亲水景观规划必须具有动态性，不断适应生活的变化和生活的需求，同时随着水空间的生态系统的演化进程和区域环境特征的变化，城市水景观也应产生动态的变化。

滨水游憩是城市生活的重要部分，要充分发挥水给人带来的愉悦和健康。滨水游憩包括休息、锻炼、观景、科普、集会等。滨水游憩需要考虑到交通游线和观景点、休憩场所及其他相关服务设施，既要有静态观景点如平台、亲水步道等，又要有动态观景点如车、船等。亲水景观涉及自然、生态、环境、绿化、文化、历史、体育、教育、娱乐、休闲、观赏等诸多内容。除此以外，水景观的开发和维护还需要生态系统的完善作为保障，所以城市亲水景观游憩是一项复杂的系统工程，具有高度的综合性。

（2）生态水环境治理

目前造成水环境污染的主要因素是城市生活污水和工农业污染，治污措施重在"截污"，但在当今社会的实施过程中难度较大。为此，可从保持河流水体清洁入手，关键要做到两点，一是污染水体的修复；二是提高河流的自净能力。传统的环境治理技术多以物理、化学治污为主，污水治理是环境学的工业流程。治理的成本高、投资大，对环境造成的影响也较显著。生态生物治污是利用水生动植物和土壤的净化功能形成的治理技术，现已成为研究和实战的主要方向。例如，底泥疏浚、底泥覆盖、营养盐固定、水动力学控制、气载污染控制、曝气充氧技术、植物修复技术、生物膜技术、人工生态浮岛等。

不同的地段特征决定了水空间自然进程表现的不同形式。为了恢复水空间的自然进程，减少人类和城市活动对自然进程的不良影响，需要采取不同的整治措施。

1）自然区域：重点是保护水源地，消除各种人类活动的干扰和污染，促进水的垂直流动，通过植被和土壤涵养水源。对自然进程恢复采取的措施，主要是增加地段储蓄水的能力，净化水源。

2）郊区：需要结合农业生产的灌溉要求，改良人工引水渠，恢复河流与周边用地的地域特征。根据水的流动，建立水与土及植物之间的联系，让河流和地下水相互渗透补给，形成良性的水空间垂直流动。对于河道可以增加曲折度，降低流速，形成有利于水平连续流动的条件。

3）城区：位于人口密集区和工业地段，首先要促使水的自然流动，即形成连贯的水系，沟通河道沟渠。对于建设密度较大的地段，可以通过暗管的形式加以连接。这一地段的水要处理好"雨水、地表径流、地下水"三者的关系，既要滞留雨水，减少地表径流对城市排水的压力，还要让雨水和地表水充分补给到地下，构成水空间的垂直流动。因为城市的高度集中化和巨大的用水量，对于这一地段的自然进程的恢复，不可能仅仅依靠自然中水的流动来实现。为了降低自然进程被破坏带来的影响，必须利用人工技术实现水的净化，尤其是净化工业污水。在微观环境中，用技术辅助水的自然进程的恢复是城区水空间整治的主要特点，这也是与郊区和自然地域不同之处。城市水空间自然进程的恢复对于流域或整个地域水环境的循环又具有重要意义。

10.1.4.3　社会形态发展策略

目前，国际上对于河流水域环境整治的重点，在于恢复自然复兴能力，建立领土景观特征，以及扩大河流水域影响范围，促进城市、乡村区域经济等的发展。

对于城市水空间，从地理分布上看，它首先是流域的一部分，宏观尺度上的生态流域规划要求人类的生产和生活与流域复合系统的结构与功能相适应，体现生态学的思想。一是从流域系统的高度，对流域生态系统的结构和功能进行识别，确定流域保护核心区域、重点区域和一般区域，保证流域生态系统的结构和功能完整。二是根据流域生态系统的结构和功能要求，按照江河湖泊系统的空间分布及其特点，通过合理规划林、田、路、渠、防护林网带、沿岸绿化带、湿地、自然保护区等生态要素，在城镇、乡村与流域保护核心区、重点区之间建立缓冲带和过渡区，使城镇和乡村与流域生态系统和谐共生。三是在城镇和乡村内部，要按照生态系统理念，规划出不同的功能区，在满足生产和生活需要的前提下，尽量减少对自然生态系统功能和结构的干扰，使城镇及乡村与流域生态系统和谐共生。

（1）政策监管

城市水空间因为具有城市的功能特征，在具体的规划和管理执行上都需要社会的关注和引导。政府作为大众的管理机构，也应对涉及城市居民生活的整体环境进行规范和约束。综观城市水空间治理较好的国家，它们有一个重要的共性，就是有关水空间的法律法规比较健全，而且能够严格执法。例如，美国、加拿大、英国、法国、澳大利亚等发达国家的水域管理体制虽不尽一致，但有一个共同点：法律法规比较健全，社会各界都能严格遵守，一切水事活动依法办事，水域管理井然有序。尽管各国水域景观、城市水域管理的法制化程度、管理体系等存在差异，但多数国家能做到依法保护水域景观，对违规排水予以处罚。美国的《野生和游览的河流法》，制订了将河流中的剩余水量或河流水量的一部分引入联邦水系统的基本框架。根据该法，各州建立了供野生和游览的河流系统，使该法得到了具体体现和完善。

（2）使用者的生态参与

人类文化学者罗伯特·雷德菲尔德认为，"城市的作用在于改造人"，原始社会自然也有改造人的作用，但这类社区一旦形成自身特有的模式之后便不再希图进一步的变化，而城市中的情况则相反，缔造和改造人类自身，正是城市的主要功能之一。

在生态背景下，环境使用者的角色是参与到城市的自然环境之中，管理和经营自然栖息地，培育恢复场地的自然进程，并成为关键力量之一。人类社会和自然之间相互关联的理念，已经深深植根于民众心中，即"所有的事物都是环环相扣的"，也就是说更熟悉自己的家园，这也需要更大范围地保护生物多样性，而不是仅仅局限于自己生活的环境之内。城市居民是城市水空间治理与生态建设中最直接的利益相关群体，其需求和意见应得到充分满足与尊重，应充分提供居民参与城市水空间整治和生态建设的规划、治理、管理的机会及渠道。

城市水空间的整治是一项系统的工程，目的是实现自然和城市和谐发展。按照国际生态恢复学会的定义，生态修复是帮助研究和管理原生生态系统的完整性的过程，这种完整性包括生物多样性的临界变化范围、生态系统结构和过程、区域和历史状况以及可持续的社会实践等。城市功能和人类活动不同程度地影响了城市水空间的自然进程，城市水空间自然进程的修复离不开城市经济活动和人的参与。

10.2 城市腹地滨水空间产城融合发展模式与策略

城市腹地，也称城市吸引范围、城市势力圈或城市影响区，是指城市的吸引力和辐射力对城市周围地区的社会经济发展起着主导作用的地域。城市腹地滨水空间发展模式是多种因素综合作用的结果，一般受自然资源、经济资源、历史文化以及政策等因素的影响和制约。由于我国幅员广阔，地域差异较大，不同地区的城镇化发展模式受地域差异性影响明显，呈现出多样化发展特点。因此，不同地区的城市腹地滨水空间的发展，需选择与之相适应的产城融合发展模式，才能推动这些地区的转型发展。本章将选取三种主要的发展模式——产业导入型发展模式、生态保护型发展模式及文化延续型发展模式作为研究对象，分别阐述这三种发展模式的整体思路和物质形态发展策略。

10.2.1 产业导入型发展模式

10.2.1.1 产业导入型发展模式的整体思路

城市腹地滨水空间发展需要具有一定的产业基础，一个地区的第一产业、第二产业和第三产业必定有一定优势，区域发展过程中第一、二、三产业之间具有密切的联系。依托本地区的优势资源进行发展必然要形成相应的发展模式。根据这种分类方法，城市腹地滨水空间发展模式可以分为农业产业化带动型、工业带动型及第三产业主导型。目前在我国实际发展过程中，以工业带动型为主的发展模式相对较多，这是因为工业带动型模式可以在短时期内带来城市腹地经济的高速增长。而近年来随着国家对第三产业的扶持，第三产业带动型也呈现较快增长的态势，并有与农业产业化带动型相结合的趋势。

产业导入型发展模式中，自然资源、资金、人力资本和社会资源等是依靠城市腹地滨水空间自身开拓、积累与扩展的，因此，其自身就具有长期的生存机制。此外，产业导入型发展模式还注重对外来资源的利用，依附区域之外的人力资本、资金、技术等进行发展，控制地区发展中的内部力量和外部力量，统筹区域间的发展，城乡互动，推进产城融合发展。

产业导入型发展模式的整体思路为伴随着工业化的发展，通过产业发展提升城市腹地的经济水平、城镇化水平和居民生活质量；与此同时，城镇化也为产业发展补充了大量劳动力，形成巨大的集聚经济效应，支撑产业转型升级，促进第三产业发展，这表明两者相互促进、相互影响，实现了协调发展。

10.2.1.2　物质形态发展策略

认清自身条件，合理选择产业。城市腹地的产业发展首先要做好导入产业的选择工作。在选择导入的产业时，需要进行科学论证，以客观的眼光尊重地区的现实基础、满足市场需求；以敏锐的眼光和科学的思维把握产业发展前景；以超前的眼光突破传统深化改革，加强创新驱动，促进特色产业领先发展。

把握产业发展战略，合理规划空间布局。选定导入的产业类型后，通过科学分析，推进产业发展战略布局，而作为产业载体的城市腹地滨水空间，应遵循产业发展战略，进行合理的空间布局，为产业发展提供适宜的空间环境。

促进产业发展，打造完善的产业链。利用政策法规支持和引导产业发展，挖掘深加工潜力，延伸产业链条，把产业逐步做精做强，发展产业的核心优势，强化产业链配套，营造良好的产业生态。

扩大产业辐射面，建设产业集群。"规模优势"是产业稳定发展的保障。规模效益是在产业发展基础上，全面提高"低成本生产优势"和"低成本运作优势"，在产业研究、产业应用、产业服务、产业营销方面形成集群发展，在市场竞争中形成规模优势，保持竞争优势，获得持续稳定的发展。

10.2.2　生态保护型发展模式

10.2.2.1　生态保护型发展模式的整体思路

生态保护型发展模式立足生态型非城市用地优质的生态环境与特色资源，以生态文化旅游为统领，以改善当地人民生产生活条件为重点，以不破坏生态资源为开发的基本原则，进行低密度开发建设。同时，以市场为导向，树立旅游业在区域内产业发展中的地位，实现产业对接，形成度假经济，培育发展生态旅游、观光、度假、养老等多种类型的旅游产业，拓宽当地人民增收渠道。完善旅游服务配套设施建设，形成具有当地品牌特色的生态旅游产业，逐渐将旅游业培育成地区经济发展的支柱产业。生态保护型发展模式注重对景观结构、景观格局与各种生态过程、土地利用等乡村景观资源的分析与评价、开发与利用、保护与管理，从而使人与自然和谐，使发展与环境共存共生。

10.2.2.2　物质形态发展策略

尊重当地生态资源。以优质生态环境为基底，挖掘城市腹地生态型地域文化，强调因地制宜，充分利用当地特色生态景观打造休闲娱乐空间，将特色景观植入休闲观光空间。

完善基础设施。以"人"的需求为导向，坚持以提升城市腹地生活、生产、生态环境质量为目的，完善基本公共服务设施及道路、给水、电力等基础设施建设，积极完善旅游服务配套设施建设，优化区域空间布局，规划建设游客服务中心、停车场等基础配套设施。

打造特色景点，重视旅游线路设计。与当地的文化资源特色相结合，打造人文特色景观。另外，充分发挥生态型城市腹地这一主体效应，将特色文化经典与自然生态经典串联作为特色旅游线路，突显生态型城市腹地的生态产业发展和生态建设优势，发挥其生态品牌效应。

旅游的产业化发展。依托生态保护型城市腹地现有的耕种、畜牧养殖等传统优势产业，进行农业生产转型升级，大力发展以体验农业、民俗文化为核心的创意旅游业等第三产业，使第一产业和第三产业、城市腹地和城市地区找到最佳结合点，促进第一产业、第三产业有效互动，推进产城融合。

10.2.3 文化延续型发展模式

10.2.3.1 文化延续型发展模式的整体思路

文化延续型发展模式的基本内涵是，通过将地区文化资源与市场相结合，以及产业化的运作，实现文化附加值的增加，带动地方经济社会的整体发展。地区综合实力的提升给当地文化资源的保护与发展提供了保障，又反作用于文化传承。这种方式既能满足本土居民的生活改善需求，又能体现本土文化的价值，是一种文化与经济社会的可持续协调发展方式。

文化延续型发展模式需要满足一定的条件，即具有特殊人文景观，包括古村落、古建筑、古民居以及传统文化的地区，其特点是文化资源丰富，具有优秀民俗文化以及非物质文化，文化展示和传承的潜力较大。

城市腹地作为人类早期集聚地，是中华文明的原始发源地，地方文化的各构成要素是在长期的历史发展过程中积累和沉淀下来的，因此新型城镇化背景下的城市腹地发展，需重视乡土文化的传承与弘扬。

城市腹地旅游的本质是文化，地区传统文化会对游客的旅游决策产生重要影响，而由此衍生出的文化体验是产生旅游行为的动因。在旅游开发中应注意强化浓郁的城市腹地文化意象，可采用文化观光型模式、文化体验型模式或文化综合型模式开发出文化旅游系列产品。其中，田园景观、农耕文化、建筑文化、饮食文化、手工艺文化、家庭文化、艺术文化等具有浓郁的乡土气息，从而构成了旅游独具特色的核心吸引物，成为开发的重点。

10.2.3.2 物质形态发展策略

树立产业意识，创新文化传承形式。产业意识的树立需从三个方面加以落实。

（1）产业氛围的营造
地方政府应鼓励文化产业发展，打造利用文化资源为文化生产服务的局面。

（2）政策的先导

各级政府根据自身情况研究制定本地区文化产业投资政策，探索以市场运作方式发展文化产业的新途径。同时要构筑良好的政策法制环境，依法加强对地区文化产业和市场的管理，营造良好的地方文化产业发展环境。

（3）设施的完善

文化产业的健康发展需要完善的基础设施，基础设施能保障地方经济的正常运转，是文化产业发展不可或缺的重要条件。

结合资源特点，推行差异化发展。差异化发展是指各地区根据自身的资源特点和条件选择不同的发展内容，使不同文化资源呈现有差别、分等级的发展态势。这种发展模式可以有效利用区域内的资源优势，有利于提高文化资源的利用效率，避免文化产品的重复和浪费，同时还能最大限度地减少同质化竞争，实现区域内产业发展的良性竞争。

建立互哺机制，促进传承与发展的良性循环。文化产业主导的文化延续型发展模式的两个基本目标：一是文化传承发展，二是地区整体实力提高。实现这两个目标最有效的措施是建立一种互哺机制，使两者通过互相促进，实现文化传承与经济发展的良性循环。

滨水空间产城融合综合实践：
丽水瓯江国家河川公园规划

　　丽水是浙江的生态屏障，是瓯江、钱塘江、飞云江、灵江、闽江、椒江六大水系的发源地，被誉为"六江源头"。瓯江水系为丽水市的主干水系，市域内干流长 309.4km，流域面积约 1.3 万 km²，占行政区面积的 3/4。瓯江国家河川公园的建设串联了河流上下游，构建了河流两岸"山水林田湖草村城"的廊道，发挥了其在生活—生产—生态方面的综合价值，已经成为全流域统筹视角下水城融合的新方式。瓯江把散落的资源串珠成链，成了大花园建设的基底。为了开发瓯江，丽水市委、市政府委托华东勘测设计研究院有限公司进行了《瓯江国家河川公园》即丽水大花园建设策划。本章是全书理论与案例的集大成者，全面系统地阐述了从乡村到城市的滨水空间产城融合的全流域治理。

　　流域是一个重要的水文管理空间单元，包含区域内全部类型的陆域生态系统，是区域山水林田湖草等生态要素的重要载体，也是上下游城市与乡村等社会经济要素的重要载体。流域已经成为国土空间规划的操作单元，而河川公园建设是对流域保护与发展编制的总体规划，除与生态现状、社会经济、人文发展与政策导向相适应外，还必须与现有的瓯江及沿江城镇相关规划相协调。河川公园也从单目标到多目标，从分散的点状治理到综合的点线面结合治理，从防洪排涝、水资源调配到水污染防治、水景观打造、水经济发展、水文化保育。河川公园建设对于可持续发展和生态文明建设至关重要，是未来可持续发展的重要方向之一。

11.1　丽水水城融合发展思路

（1）政策背景

　　国家层面：全面贯彻落实党的十九大提出的"习近平新时代中国特色社会主义思想"，坚持人与自然和谐共生原则。根据国家生态文明建设总体要求，丽水在新时期发展中应结合自身优势，加快绿色崛起，秉持新时代的新使命、新要求，坚持绿色发展，提升城市生态环境质量，促进生态产品价值转化。

　　浙江省层面：落实全省大花园及美丽河湖的建设要求，提升规范区域内的整体生态环境，优化沿线空间格局，促进绿色经济发展，提高人民幸福指数，探索生态产品价值实现机制，为丽水打造"世界一流生态旅游目的地"而努力。

丽水市层面：依托大花园与美丽河湖的建设契机，结合"一带三区"战略规划要求，通过统筹全流域的水生态系统保护与修复，以水域廊道建设为核心，统筹资源开发，立足特色产品，强化业态发展，优化设施配套及要素力量配置，通过规范区域内水利、生态、景观、乡村发展、交通旅游、产业配套等方面的统筹协调，重点促进龙泉、庆元的经典文创发展，促进遂昌、松阳的乡村振兴发展，促进云和、景宁的特色风情发展，合力实现跨山统筹、创新引领、向海借力，打造丽水大花园最美核心轴。

（2）规划意义

根据全省大花园建设要求，落实《浙江省大花园核心区（丽水市）建设规划》《浙江（丽水）绿色发展改革创新区总体方案》、"美丽河湖"建设指导意见及"丽水改革"的相关任务，在新时代的机遇与挑战下，瓯江国家河川公园规划承担着重要使命。

1）探索瓯江绿色生态产品价值转换的实施路径

该规划以瓯江水为核心载体，融合一江两岸区域，以瓯江水安全、水生态、水资源、水环境的系统性保护为基础，积极探索多元化水资源利用方式，为瓯江绿色生态产品价值转换探寻实施路径，最终实现水景观提升、水文化彰显、水活力重塑、水经济增强。

2）激活丽水绿色创新改革发展的内生动力

瓯江是丽水市绿色生态发展的中心轴线。瓯江国家河川公园规划以瓯江为脉络串联沿线多元化的城市、景区、园区、度假区、特色小镇、美丽乡村等，实现以线聚点，辐射到面，激活丽水绿色创新改革发展的内生动力。

3）打造浙江大花园建设的核心走廊

作为践行"绿水青山就是金山银山"的全国标杆和"诗画浙江"的鲜活样本，丽水是浙江大花园建设的"核心园"、浙江绿色发展改革的创新区、生态产品价值实现机制的国家试点。瓯江作为丽水的核心空间轴、精神轴、时代轴，无疑成为大花园建设的核心载体和引擎。

11.2 项目现状

（1）自然生态

优质的生态环境孕育着瓯江流域众多的动植物资源，其中不少为国家乃至世界级的珍稀动植物资源，也是瓯江流域的生态核心。

山水资源方面。瓯江水系为丽水市的主干水系，市域内干流长 309.4km，流域面积约 1.3 万 km²，占市域总面积的 75.86%。瓯江水系河流形态丰富，拥有峡谷、浅滩、人工湖泊、人工水库、平原湿地、高山湿地、岛屿、池潭溶洞、瀑布 9 种河川生境类型。

物种资源方面。瓯江沿线共有 1 种世界濒危动物、1 种世界濒危植物、1 处世界农业文化遗产、5 种国家一级保护植物、11 种国家一级保护动物、34 种国家二级保护动物；拥有国家级水利风景区 5 处，国家级自然保护区 2 处，国家级风景名胜区 1 处，国家级森林公园 1 处，国家级湿地 1 处，国家 AAAA 旅游景区 22 处，分布于沿线各个县、市、区。

（2）人文历史

丽水，古称处州。百年来，处州人民与自然做斗争、开拓进取、不畏艰险建设家园的精神，孕育着丽水的精髓，是丽水人民的精神支柱。

瓯江是物产运输的黄金水道，滋养了丽水千百年来的发展。瓯江水道作为青瓷之路的始发地，悠久的历史和独特的文化内涵对古代处州乃至中国的经济、文化发展产生了重大影响，留下众多的人文典故、历史遗迹，在全国范围内都具有代表性。据统计，沿线拥有各类堰坝 20977 条，其中著名古堰有 34 条；古廊桥现存100 多座；还有各类古埠、古镇、古村落、古城墙及五大全国知名的人文资源点。

瓯江流域覆盖丽水下辖县（市、区）绝大部分面积，村镇、人口和耕地等要素向沿江集中。丽水市域以瓯江为轴，一江双城，而下辖的龙泉、青田、缙云、云和、松阳、遂昌、景宁等各县（市）无一不是依江而建，拥有众多的人文典故、历史遗迹，孕育着丽水十大文化艺术。

（3）社会发展

瓯江曾是"青瓷之路"的黄金水道，使得青瓷、宝剑、茶、竹、莲、石雕等物产走向世界，促进了几乎全球范围内的文化往来。

随着绿色发展理念的深入实践，丽水结合自身优势，早在 2006 年就率先编制了《瓯江干流水生态系统保护与修复规划》，确保瓯江干流沿线滩涂、湿地、林带的良性循环，保障山水秀美、生态健康、文化永续、周边城市与河流和谐共处、持续健康发展。随着丽水绿化发展的不断探索与实践，瓯江也走出了一条符合自身发展实际的可持续发展之路，陆续打造出"瓯江溪鱼""披云水品牌""美丽瓯江""处州白莲"等一系列品牌；如今瓯江沿线已拥有 28 个主导产业示范区、48个特色农业精品园，带动沿线 235 个行政村的绿色发展。随着"绿色发展综合改革"及"生态产品价值实现机制"的不断深入落实，古老的瓯江将在生态文明建设中绽放耀眼的光芒。

目前，瓯江沿线产业依托优质的资源环境和产业发展条件，使丽水的社会经济水平逐年上升，第一产业，尤其是油料、药材、花卉园艺、牲畜、家禽等产值增长较为迅速；工业以制造业为主，其中通用设备制造业、黑色金属冶炼和压延加工业、文教、工美、体育和娱乐用品制造业企业数在制造业中排名前三，而部分高污染、高耗能的传统制造业，科技含量、工业附加值较低；部分产业如节能环保（智能型）装备制造业、生物医药产业和以生态合成革为主的生态轻工产业和一批单体比较大、科技含量高、经济效益好的项目和现代高端服务业项目集聚明显；旅游业发展态势良好。

丽江产业发展也存在诸如企业规模较小，技术创新能力弱；工资水平、教育条件、娱乐条件、医疗水平等相对较差，无法吸引和留住高端人才；农民收入增量低等问题。

（4）旅游交通情况

现有瓯江干流沿线汽车及轨道交通相对较为便捷，布置有省道和高速公路，分布有 2 个火车站、6 个客运枢纽；支流除松阴溪、好溪周边交通较为发达，分别布置有 8 个客运站、2 个客运站及 2 个火车站以外，其他支流区域交通闭塞。总体来说仍存在主要景区景点间交通联系不够紧密，游览体系不完善，区域换乘交通体系缺失的问题。重要的景区景点到达的交通设施较为单一，主要以自驾车为主，公共交通不便，存在换乘站距离景区较远及发车较少的情况。

（5）沿线乡村现状

瓯江沿线村落资源丰富，部分村落通过改造，已具有一定的产业基础，但大部分村落仍存在无序建设、破败的情况，无明显特色，急需提升改造。丽水市历史建筑遗迹丰富，留存的传统民居对于研究乡土传统民居建筑、乡土建筑，具有重要的价值。瓯江流域两岸的民居数量庞大，成为丽水市乡村底蕴的重要组成部分，其中，纳入中国传统村落名录（第一批至第四批）的共 158 个，纳入浙江省省级传统村落名录（不含国家级）的有 198 个，共计 356 个，均为重点建设村落。丽水市的传统村落共计 81 个。

11.3 规划范围

规划范围包含瓯江干流（丽水境内）、瓯江一级支流（丽水境内）、乌溪江（遂昌境内）、松源溪等 15 条水系，全长约 1232km，包含沿线与河流密切相关的湿地、林带、景区景点等，总体规划范围约 900km² （见表 11-1）。同时，河道中心线两边山区段以第一照面山脊线为界，城市段以第一街区为界。

表 11-1　　　　　　　　　　规划水系

河道	水系分级	长度（km）	河段起点	河段讫点	所属区县
龙泉溪	瓯江干流				龙泉
青田瓯江	瓯江干流	309.4	锅帽尖西麓	温溪大桥	青田
大溪	瓯江干流				莲都
祯埠港	瓯江一级支流	35.0	大坑	祯埠	青田
船寮港	瓯江一级支流	41.0	火烧坑	船寮	青田
四都港	瓯江一级支流	29.7	汤垟乡	东溪口	青田
八都溪	瓯江一级支流	44.0	苏百坳南坡	李家圩	龙泉
均溪	瓯江一级支流	27.0	高桥	豫章村西	龙泉

河道	水系分级	长度（km）	河段起点	河段讫点	所属区县
岩樟溪	瓯江一级支流	28.0	大枫岙山尖宫头村南	西街街道	龙泉
好溪	瓯江一级支流	124.7	壶镇	紫金街道	莲都、缙云
松阴溪	瓯江一级支流	119.0	北园岙	大港头	松阳、遂昌
宣平溪	瓯江一级支流	37.0	丽新畲族乡	港口村	莲都
浮云溪	瓯江一级支流	28.0	坑头	局村	云和
小安溪	瓯江一级支流	41.3	雅溪镇	苏埠	莲都
小溪	瓯江一级支流	218.0	大毛峰	湖边	景宁
松源溪	闽江一级支流	59.0	百山祖	马蹄岙水库	庆元
乌溪江	衢江一级支流	60.5	长年坑	湖南镇水库	遂昌

结合周边各项生态系统功能区域，划定生态协调区范围，原则上以河道中心线两边 2km 为界，结合丽水市生态保护红线的各项生态系统功能重要区和生态系统敏感区的划分成果，包含沿线的自然保护区、水源涵养区、水土保持区、生物多样性维护区等，总面积约 1500km² （见图 11-1 ）。

规划期 2019—2025 年，展望到 2035 年。

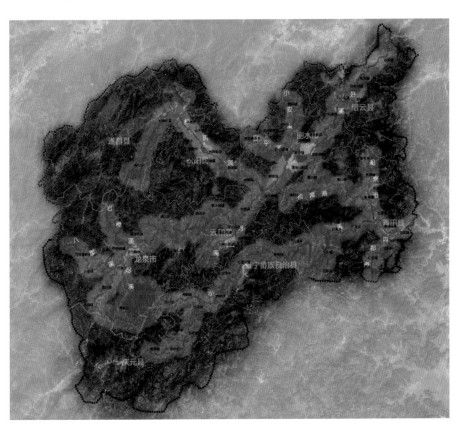

图 11-1　规划范围与生态协调区

11.4　理念策略

该规划旨在通过水域网络构建、生态屏障维护、河川脉络梳理、游览及监管体现的完善，打造河流风景中的一处理想生活体验区，并希望通过瓯江国家河川公园建设探索瓯江绿色生态产品价值转换的实施路径，激活丽水绿色创新改革发展的内生动力，从而成为引领浙江大花园建设的核心载体。

（1）指导思想

深入学习贯彻习近平新时代中国特色社会主义思想和党的十九大精神，牢固树立和贯彻落实新发展理念，围绕绿水青山就是金山银山的理念，着眼瓯江本底生态环境以及一江两岸公共开放空间，坚持世界眼光、丽水特色，坚持生态优先、绿色发展，保护并弘扬丽水传统文化，延续历史文脉。

生态优先，探索生态产品价值转换机制，实现资源利用与环境保护相协调，把生态文明理念全面融入瓯江国家河川公园开发，让人和城市融入大自然，实现生态空间山清水秀、生活空间宜居适度。

以人为本，从人的多层次需求出发，以构建和谐丽水、生态瓯江为基本目标，提升一江两岸环境品质，完善公共服务设施，打造宜居、宜游、宜休、宜养的理想家园环境。

特色塑造，强化独具特色的瓯江水文化特征，塑造"山—水—城"融合的空间格局，保持低丘、山地、水网、田园等生态要素，实现人文环境与自然山水和谐统一，加强丽水历史文化遗产的传承、保护和利用。

创新引领，以绿色发展综合改革创新为引领，探索绿色生态产品价值转换路径，推动形成绿色发展方式和生活方式。

（2）技术路径

以战略眼光创造河川公园规划新高度，突破行政界线的传统限制，以瓯江流域生态保护为核心，探索绿色生态产品价值转换机制，建立瓯江系统性保护与绿色开发新格局。

1）立足瓯江流域，以水安全、水生态、水环境、水资源保护和优化为基础，探明生态底线，明确生态保护目标。

2）以水为脉，以一江两岸公共空间为枢纽，串联沿线城区、景区、园区、村落等资源节点，以"河川公园"为统领，做足水文章，提升一江两岸综合品质；打造一个具有丽水特色的原生态、高品质、智慧化的真山真水大花园，构建丽水市全域旅游开发、绿色生态产品价值实现的核心平台。

（3）规划策略

该规划充分利用现有场地调查分析结果、河湖生态系统健康性评估与生态安全格局分析结果、风景资源评价分析结果及现有功能分区分布情况，提出六大规划策略。

科学保护河川——以河湖健康评价结果、生态安全格局构建结果为导向，确定原生河段位置、确定重要的生态源地、生态廊道及战略点，提出针对河川生境、生物多样性保护与促进的措施。

统筹治理河川——根据场地调研实际与河湖健康评价结果综合进行梳理和分析，针对现有主要胁迫因子——水土流失、河湖连通性、人工干扰度、河湖岸带生态化、植被覆盖率等问题，提出系统性的修复、治理措施。

有序管控河川——规划在对沿线河流资源梳理、两岸生态景观板块研究、产业类型分析的基础上，结合"三线一单""生态保护红线"的相关要求与划分成果，统筹考虑河流生态"保护"与"利用"的关系，从产业发展、周边风貌、滨水空间建设强度、河流本地保护措施等多方面提出合理的分区管控方案。

系统串联河川——通过对一江两岸生态资源、人文资源、产业资源、交通资源的全面梳理，整体思考河流沿线生态动植物资源、人文遗迹资源、景区景点资源、产业特色资源、交通通达性的分布情况，有针对性地营造特色河流景观，并将其串联整合，展现瓯江河川魅力。

数字孪生河川——结合规划建设，构建起瓯江全流域一体化智慧信息平台，实现瓯江国家河川公园空间数据一网集成、调度决策科学高效、公众服务全面覆盖、系统应用多端便捷、运行维护稳定可靠的现代化、智慧化管理，从而有效提升水务管理部门的协同工作效率和瓯江国家河川公园整体运营管理水平。

绿色探索河川——规划结合联合国《千年生态系统评估框架》，对瓯江沿线的生态系统服务要素进行分类，并结合生态系统服务的四种服务类型，提出针对性的绿色生态产品价值转化路径。

11.5 总体布局

科学维护瓯江河川原生自然风貌。规划通过河湖生态系统健康性评估、生态安全格局与自然格局的研究，从宏观层面系统性分析上、中、下游的自然风貌形态：上游龙泉溪干流河长197.5km，两岸山体陡峭、迂回曲折；中游大溪干流河长92.5km，两岸圩洲众多，水面豁然开朗；下游瓯江干流河长98km，两岸城镇众多，江流浩渺，是瓯江的原始自然基底。从中观层面系统分析沿线自然地貌：瓯江沿线整体以低山、中山、丘陵及盆地为主，其中盆地区段沿线水流平缓、自然河道形态多样、生态资源密集，是瓯江的重点河段，其中以碧湖——丽水盆地为最大，此段河道形态丰富，融山、水、林、田、湖、城、镇、村为一体，是瓯江的"黄金河段"。从微观层面，规划系统性地普查、梳理瓯江沿线众多的河流、湖库、湿地的水土流失强度、水质、连通性、蜿蜒度等指标，并结合丽水市"三线一单"划线成果，形成原生保育、次生修复、生态开发、环境控制四大生态功能分区，制订差别化的区域开发和环境管理策略，确保生境有序共生、江河平稳通畅。

活态延续瓯江两岸水文化特色。规划在维护瓯江原生自然生境的基础上，系统梳理与研究了瓯江流域的县志、传记、人文遗迹、治水史记、景区景点、"三区三线"等资料,并通过沿线资源的整合串联,打造了十大河川理想家园,延续瓯江两岸因水而兴、临水而居的传统生活方式,激活沿线城镇、乡村、田园活力;保护与恢复沿线591处水文化遗产点,使其再现历史真貌,复活河湖文化;恢复瓯江"黄金水道"的水运功能,展现千年海上丝绸之路及沿线廊桥、剑、瓷、茶、船帮、石雕等众多的传统文化,勾勒出属于瓯江的最美河流风景及理想的生活状态与方式,提升和丰富全流域的景观品质和文化内涵。

有序探索瓯江绿色生产生活方式。规划结合统计年鉴、土地利用、地形及植被覆盖等资料对规划研究范围内的GEP进行核算——总量约为2064亿元,并结合生态功能区的划分,提出差异化的绿色发展模式,重点打造生态种植业、生态养殖业、生态渔业、清洁能源、水环境保护、人文生态旅游、养生养老等多方面的生态产品与服务价值实现体系,形成河川生活、丽水乡鱼、瓯江溯源、瓯江水秀、千里绿道、水上瓯江、垂钓之都等特色品牌,促进产城融合,实现全域旅游。

瓯江国家河川公园将形成"一江丝路盛景,十城秀美河川,百里滨水画卷,千村碧水映绕"的总体规划布局。

一江丝路盛景:即瓯江—丽水的山水诗之路与展现丽水特色的四条廊道。从源头起始,绵延八百里贯通丽水全域,构建河川公园的主脉络。结合沿线资源特色,将瓯江主干流打造成一条展现丽水自然山水格局的山水廊道,展现处州千年历史文艺的人文艺廊,承载海上丝绸之路,带动沿线发展的产城通廊,激发城市引领时代脉搏的智创新廊(见图11-2)。

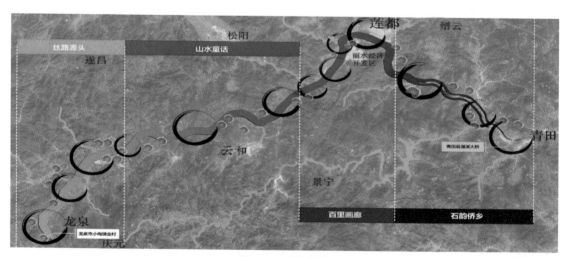

图11-2　丝路盛景

十城秀美河川:即四大生态功能分区与十条特色文化水脉。结合瓯江沿线的生态功能区划管控要求,打造原生保育区、次生修复区、生态开发、环境控制区四大生态功能分区。并结合十条与城镇空间关系密切的河流(田园茶香——松阴溪、人文璀璨——八都溪、灵动太极——宣平溪、一吻千年——小安溪、山水童话——浮云溪、原色原乡——乌溪江、三乡廊道——四都港、炫彩秀丽——小溪、九曲绿廊——好溪、醉美桥溪——松源溪等），形成瓯江国家河川公园的十条特色水脉，串联全域美景（见图11-3）。

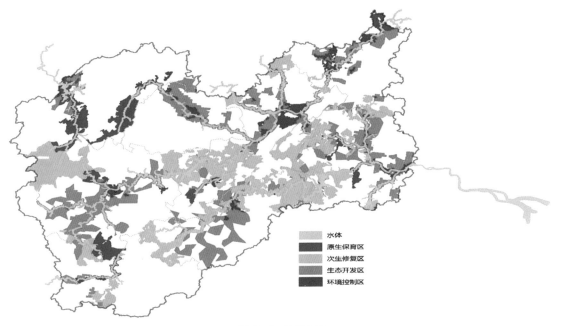

图11-3 功能分区

结合丽水所辖莲都区、丽水经济开发区及庆元、龙泉、云和、景宁、遂昌、松阳、缙云、青田；依托"十城"打造六大功能板块，营造不少于10条特色河道，以线带面，带动沿江全域发展（见图11-4）。

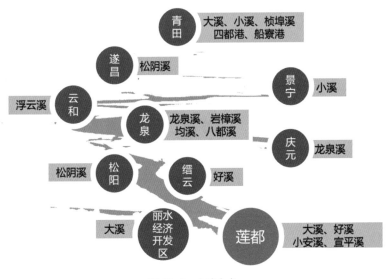

图11-4 十城十水

百里滨水画卷：玉溪大坝—开潭大坝，全长约42km，两岸环线周长约110km。以"瓯江画廊、丝路印象"为规划理念，通过防洪编织、生态编织、文化编织与产业编织等策略，构建起属于丽水自己的"0578"百里立体画卷，犹如一幅幅流动的画卷组成的自然、人文的艺术长廊，展现着真山真水的自然景色、千年文化的积淀与传承、处州人民的生活态度与不变的精神家园（见图11-5）。

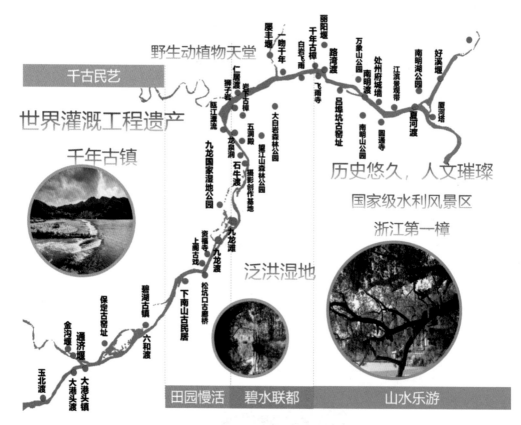

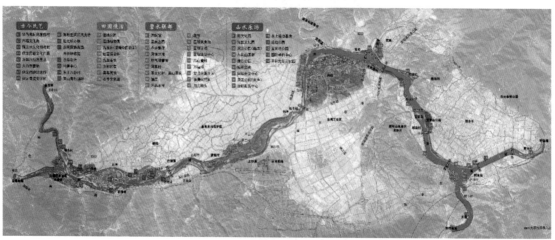

图11-5 玉溪大坝—开潭大坝百里滨水资源（上）和规划（下）

千村碧水映绕：据统计，瓯江沿线有1600多个村落，占全市村落总量的61.5%，河川公园建设将根据各村落实际，通过绿道网络建设，带动美丽田园、美丽乡村、田园综合体等发展，通过千村改造，特色农业产业发展等，实现千村碧水映绕，并串点成链，助力乡村振兴发展。留存的传统民居对于研究乡土传统民居、乡土建筑，具有重要的价值。瓯江流域两岸的民居数量庞大，成为丽水市乡村底蕴的重要组成部分，其中，纳入中国传统村落名录（第一批至第四批）的共158个，纳入浙江省省级传统村落名录的（不含国家级）有198个，共计356个，均为重点建设村落（见图11-6）。

图11-6　瓯江沿线传统村落（部分）

11.6　河川公园布局

十园十品秀河川：即十大河川理想家园与十大特色文化品牌。通过对瓯江流域沿线自然人文特色的整合串联，勾勒出属于河流风景的理想生活状态与健康生活方式，展现多样河川风景；并对其现有特色产业、产品进行梳理定位，打造十大文化品牌，促进产业融合发展。重点打造十大河川理想家园（原生秘境、田园牧歌、童话家园、山哈部落、冒险乐园、水上渔家、颐养天地、小城拾光、山居人家、处韵乡愁）（见表11-2），展现多样河川风景；并与沿江产业发展相结合，打造十大河川特色文化品牌（河川生活、瓯江溯源、瓯江水秀、丽水乡鱼、千里绿道、瓯源探险、仙宫梦境、瓯越寻迹、水上瓯江、垂钓之都），促进产业融合发展（见图 11-7）。

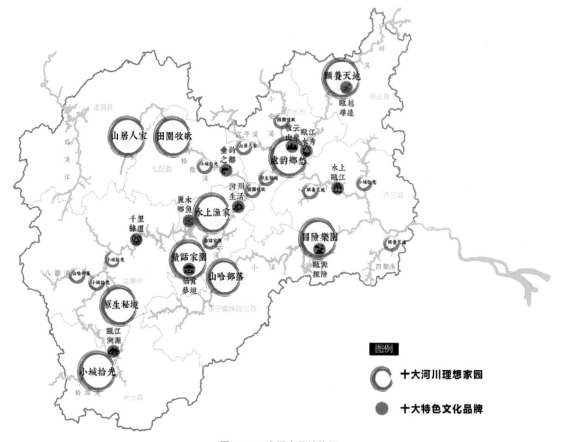

图 11-7　十园十品结构图

本次景观游赏规划提出"唤醒瓯江"的理念，力求保护与恢复场地内的动植物资源，"唤醒"处州大地的勃勃生机；梳理与整合场地沿线自然山水景致，"唤醒"百里河山的秀美风光；挖掘与重塑两岸历史人文典故，"唤醒"海上丝绸之路的市井繁华；拓展绿色资源科学转化途径，"唤醒"绿水青山的生态产品价值。本次景观游赏规划提出四点规划策略，即"突出生态优势，强化河川特色，构建游览网络，强化业态建设"。

1）突出生态优势

优良的绿色生态环境是瓯江最具有价值的资源，坚持保护优先，牢固树立"山水林田湖草是生命共同体"的理念，加强对生态环境的保护。在瓯江国家河川公园的游览、休闲、体验、探索等活动中，应以保护生态环境为前提，减少其带来的负面影响。重点保护山林、水体、动植物等，特别是水源涵养区、水土流失防止区、生态敏感点、保护栖息地、滨水林带、溪、潭、湖、瀑等。同时结合现有生态优势，开展科普教育、生态观光、休闲度假、探索体验等游览活动，既让人感受到自然山水之美，又可减少环境压力，提升区域经济水平。

2）强化河川特色

瓯江发源于龙泉市与庆元县交界的百山祖西北麓锅帽尖，一路奔涌向前绵延八百里，是一幅诗画丽水的山水长卷，是一部跨域千年的治水史记，是一带绚烂多彩的丝路盛景。瓯江国家河川公园的规划是基于现有场地发展现状，通过调研、普查、资料收集、评估等方式，发现现有自然、人文资源在建设发展中的薄弱环节，统一规划协调，强化特色，集聚发展。通过该规划的系统性构建，多层次展现瓯江河川在绿色生态、人居环境、历史遗迹、传统物产等方面的特色，保证河川特色凸显，场地具有识别性。

3）构建游览网络

自然多山的地理条件，多样的自然风貌及多彩的人文积淀，既给予瓯江"天生丽质"的景致，又存在联通不便的困难。该规划应重点考虑游憩感受，根据场地资源分散、城镇距离较远等实际情况，在游憩网络的构建中，"以点串线、以线带面"，形成较大面积的游览体验区，并结合游览行程、季节、主题等突出场地主题。在交通体系建设方面，规划认为可依托防汛通道建设，打通干流游憩网络，恢复"海上青瓷之路"；同时依托各县（市、区）的中心辐射优势，构建旅游集散网络，开通旅游专线，直达核心游览区域。

4）强化业态建设

瓯江国家河川公园的建设既是全省大花园建设的要求，又是生态产品价值实现机制的实践。该规划应结合"丽水改革"的相关要求，通过瓯江国家河川公园的建设，立足传统，加强各县市特色物产的输出；丰富业态，将传统古村落保护、美丽乡村、生态精品农业的建设与河川公园建设相结合；探索实践，建设适用于瓯江国家河川公园的管控体系，促进生态产品价值的转换与实现（见表11-2）。

表 11-2 十大理想家园统计表

序号	理想家园类型	特色区块	所属河道	建设区域（市、县、区）	备注
1	原生秘境	万翠之源	均溪	庆元	代表性区块
		九龙寻鹭	瓯江大溪段	莲都	
		桃园岩樟	岩樟溪	龙泉	
2	田园牧歌	古驿茶园	松阴溪	松阳	代表性区块
		太极锁水	宣平溪	莲都	
		古堰画乡	瓯江大溪段	莲都	
		溪畔茶乡	小安溪	莲都	
		香溢村舍	小安溪	莲都	
3	童话家园	九曲云环	浮云溪	云和	代表性区块
		童话老街	浮云溪	云和	

序号	理想家园类型	特色区块	所属河道	建设区域（市、县、区）	备注
4	山哈部落	畲乡风情	小溪	景宁	代表性区块
		悠居竹垟	八都溪	龙泉	
5	冒险乐园	千峡观澜	小溪	青田	代表性区块
6	水上渔家	船语夜泊	瓯江龙泉溪段	云和	代表性区块
7	颐养天地	画境仙都	好溪	缙云	代表性区块
		养生兰巨	均溪	庆元	
		天门慢都	四都港	青田	
		翠谷仙潭	祯埠港	青田	
8	小城拾光	桥韵菇城	松源溪	庆元	代表性区块
		太鹤梦桥	瓯江青田段	青田	
		原乡翠谷	乌溪江	遂昌	
		古镇瓷韵	八都溪	龙泉	
		金滩壶镇	好溪	缙云	
		独山水情	松阴溪	松阳	
		留槎晴雨	瓯江龙泉溪段	龙泉	
		石雕小镇	四都港	青田	
		桑梓清岸	船寮港	青田	
9	山居人家	十八里翠	松阴溪	遂昌	代表性区块
		沙舟竹海	宣平溪	莲都	
		龙溪剑鸣	瓯江龙泉溪段	龙泉	
		云坞古村	岩樟溪	龙泉	
		古村觅迹	松阴溪	松阳	
		林荫农家	松源溪	庆元	
		苍翠双溪	八都溪	龙泉	
		文韵山村	八都溪	龙泉	
		沁凉秀湾	祯埠港	青田	
10	处韵乡愁	南明夜月	瓯江大溪段	莲都	代表性区块
		石门怀古	瓯江青田段	青田	
		忆故归乡	船寮港	青田	
		青冥瓷秀	瓯江龙泉溪段	龙泉	
		侨邦漫步	四都港	青田	

（1）原生秘境

原生秘境主要分布于河流源头，拥有大面积的原始森林，具有较高的生态意义和景观价值。以览胜、科普科研、写生、摄影等为主要的游赏内容（见图11-8）。

景观风貌：壮美、神奇、秘境。

典型景观资源：凤阳山国家自然保护区、岩樟溪源头——龙泉饮用水水源地等。

图11-8　百山祖

特色区块：共涉及万翠之源、九龙寻鹭、桃源岩樟三个特色区块（见表11-3）。

表11-3　　　　　　　　　　　　　　原生秘境

序号	特色区块	所属河道	建设区域	备注
1	万翠之源	均溪	庆元	代表性区块
2	九龙寻鹭	瓯江大溪段	莲都	
3	桃园岩樟	岩樟溪	龙泉	

代表性区块万翠之源的景观赏游规划如表11-4所示。

表 11-4　　　　　　　　　　　万翠之源景观游赏规划

序号	景点名称	景点保护和建设内容	主要游赏项目
1	凤阳山摄影创作基地		
2	凤阳山瀑布		
3	凤阳山菇神庙		
4	欧冶子铸剑遗址		
5	凤阳山古杉林		
6	巨石滩		
7	绝壁云梯		
8	悬崖栈道		
9	凤阳顶景区		
10	猎户山庄		
11	绝壁奇松	保留景点，现有龙泉山旅游区要求进行保护开发和建设，局部增设新的游赏节点，提升配套服务设施，增设游人、服务导购中心	览胜、游赏、摄影、观山戏水、餐饮、住宿
12	七星潭		
13	娃娃鱼保护区		
14	绿野山庄		
15	空中天桥		
16	森林剧院		
17	森林别墅		
18	小田坪		
19	凤阳庙		
20	上站观景台		
21	龙泉山索道		
22	龙泉大峡谷		
23	龙泉山避暑养生度假区		
24	福兴桥	保留景点，以保护为主，增加标志牌	文化寻迹、摄影
25	均益村	根据传统乡土村落方向发展，注重特色文化保护、适度发展，注重文化传播载体的搭建	游赏、慢生活体验、休闲
26	横溪村		
27	凤阳庙	保留景点，以保护为主，完善配套设施	游赏、摄影、观光
28	旅游配套服务点	新增景点，完善配套设施，提供全面服务	休憩、交通换乘、穿梭巴士、电动观光车停靠站

序号	景点名称	景点保护和建设内容	主要游赏项目
29	均溪一级水库水电科普馆	新增景点，科普馆内介绍水电站发展历程及龙泉溪水资源情况，同时结合库区条件，适当建设游览步道和水库科普牌	科普、观景、休闲
30	金龙村	根据景区依托型村落发展方向，注重完善配套设施，提升道路交通水平，结合乡村自身特点开发特色乡村旅游产品	住宿、慢生活体验、考察
31	均山梯田	保留景点，对现有梯田景观进行改造，增加休憩空间、文化景观小品等	览胜、休闲、摄影

（2）田园牧歌

田园牧歌主要依托于河流两侧星罗棋布的村落、广袤无垠的农田及耕地，具有惬意的景观氛围，可开展摄影、民俗体验、住宿、展示等景观游赏项目（见图11-9）。

景观风貌：惬意、悠然。

典型景观资源：大木山茶园、龙泉兰巨乡等。

图 11-9　松阴溪

特色区块：共涉及古驿茶园、太极锁水、古堰画乡、溪畔茶乡、香溢村舍 5 个特色区块（见表 11-5）。

表 11-5   田园牧歌

序号	特色区块	所属河道	建设区域	备注
1	古驿茶园	松阴溪	松阳	代表性区块
2	太极锁水	宣平溪	莲都	
3	古堰画乡	瓯江大溪段	莲都	
4	溪畔茶乡	小安溪	莲都	
5	香溢村舍	小安溪	莲都	

代表性区块古驿茶园的景观游赏规划如表 11-6 所示。

表 11-6   古驿茶园景观游赏规划

序号	景点名称	景点保护和建设内容	主要游赏项目
1	大木山茶园	依托茶园基底开展茶园观光、茶园品茶、采摘制茶体验、养生度假等活动，并提供休闲骑行和专业骑行等体验服务	览胜、摄影、科普、体验
2	界首村	依照传统乡土型村落，进行特色文化保护及原真维护，并适度发展。同时建设具有特色的村民广场，进行文化传播	民俗体验、展示、宣传
3	石莲屏		
4	飞佛洞		
5	石杖峰		
6	响石廊	根据万寿山景区规划的建设要求，通过增设游览步道及游览服务设施，将万寿山景区发展成可赏怪石、探洞穴、登山顶的与松阴溪紧密联系的景区	寻幽、览胜、观景
7	五松岭		
8	双鱼滩		
9	滴玉岩		
10	德馨阁		
11	落霞亭		
12	大石村	按照景区依托型村落，与万寿山景区共同开发，增加指引性标志，开发特色乡村旅游产品，满足游客吃、住、行、游、购、娱的要求	民俗体验、展示、住宿
13	狮子口村	新增景点，依托产业特色型村落进行产业特点挖掘、节点打造，设置驿站	民俗体验、展示

序号	景点名称	景点保护和建设内容	主要游赏项目
14	后周包村	新增景点，依托产业特色型村落进行茶叶产业发掘，设置漂流码头	民俗体验、游览
15	章家村	依托产业特色型村落，挖掘农耕文化，加强宣传，提高产品知名度，在村中设置村民舞蹈广场	展示
16	茶青品茗	新增景点，依托上安茶青市场整合打造融品茶、科普、交易为一体的特色茶艺市集	品茶、购物
17	古二村	对古市遗址以保护为主，设置说明牌；同时依托产业特色型村落，挖掘农耕文化、竹木文化、茶文化、古市文化，加强宣传，提高产品知名度	民俗体验、宣传
18	黄圩村	新增景点，依托产业特色型村落，宣传其黄金芽茶叶，设置驿站、村民文化中心、黄圩茶叶科普馆等	科普、民俗体验

（3）童话家园

童话家园依托梯田风光和木艺加工，通过景观游线梳理和景点提升，凸显世外桃源的景观风貌，提升木玩产业影响力，开展家庭出游活动，提供摄影、休憩、览胜等景观游赏项目。

景观风貌：野趣、世外桃源。

典型景观资源：云和梯田、云和木玩等。

特色区块：共涉及九曲云环、童话老街两个特色区块（见表11-7）。

表11-7　　　　　　　　　　童话家园

序号	特色区块	所属河道	建设区域	备注
1	九曲云环	浮云溪	云和	代表性区块
2	童话老街	浮云溪	云和	

代表性区块九曲云环的景观游赏规划如表11-8所示。

表11-8　　　　　　　　　　九曲云环景观游赏规划

序号	景点名称	景点保护和建设内容	主要游赏项目
1	埠头后村	保护为主，在保留现有建筑、整体风貌的基础上适当增加公共配套设施等	游赏、摄影
2	梅源村	保护为主，在保留现有建筑、整体风貌的基础上适当增加公共配套设施等	游赏、摄影
3	梅源村菇类产业	对现有村落内的菇类种植基地增设相应的科普、体验、购买场所，宣传周边的菇文化	游赏、科普、展示

序号	景点名称	景点保护和建设内容	主要游赏项目
4	戏水堰坝	对梅源村现有堰坝及汀步进行修缮，提升相关自然风貌，增加游憩空间	游赏、摄影、戏水
5	梅源叶宅	对原有建筑进行修缮，同时增加景点标识和介绍该景点的说明牌，适当增加公共配套设施等	游赏、摄影、科普
6	金山寺	保护为主，在保留现有建筑、整体风貌的基础上适当增加公共配套设施，开发当地特色产业等	游赏、摄影
7	崇头村综合营地	适当开发，增加配套活动设施以及活动场地	野营
8	崇头村夫人殿	保护现有建筑为主，增加景点标识和介绍该景点的说明牌，适当增加公共配套设施等	游赏、摄影、科普
9	朱源村	保护为主，在保留现有建筑、整体风貌的基础上适当增加公共配套设施，开发当地特色产业等	游赏、摄影
10	大派村	保护为主，在保留现有建筑、整体风貌的基础上适当增加公共配套设施等	游赏、摄影
11	九曲云环	保护为主，保留梯田的原始风貌	游赏、摄影、写生
12	崇头村文化礼堂	对现有崇头村文化礼堂进行改造、提升、扩展	游赏、科普、休憩
13	崇头漂流	增加配套活动设施以及活动场地，设置安全防护设施	漂流
14	王家村	保护为主，在保留现有建筑、整体风貌的基础上适当增加公共配套设施，开发当地特色产业等	游赏、摄影
15	垟背村	保护为主，在保留现有建筑、整体风貌的基础上适当增加公共配套设施，开发当地特色产业等	游赏、摄影
16	三内垟背村	保护为主，在保留现有建筑、整体风貌的基础上适当增加公共配套设施，开发当地特色产业等	游赏、摄影
17	双坑口村	保护为主，在保留现有建筑、整体风貌的基础上适当增加公共配套设施，开发当地特色产业等	游赏、摄影
18	村头村	保护为主，在保留现有建筑、整体风貌的基础上适当增加公共配套设施，开发当地特色产业等	游赏、摄影
19	云和梯田景区	以梯田为主题的自然田园风光景区	游赏、摄影、写生、骑行
20	七星墩	保留梯田的原始风貌，适当增加相应的配套设施以及活动空间	游赏、摄影、写生
21	白银谷	适当增加相应的配套设施以及活动空间，增加景区安全设施	游赏、摄影、写生
22	广三亭	适当增加景点标识、景点的说明牌以及相应的游客休息观赏平台	游赏、摄影

序号	景点名称	景点保护和建设内容	主要游赏项目
23	乌涧飞瀑	保护当地植被资源，适当增加相应的配套设施以及活动平台，增加景区安全设施	游赏、摄影、览胜
24	望鹤台	适当增加活动平台，增加景区安全设施	游赏、摄影
25	银官桥	设置科普说明，保留现有桥梁	游赏、摄影、科普
26	梅竹村	保护为主，在保留现有建筑、整体风貌的基础上适当增加公共配套设施等	游赏、摄影
27	七星墩观景台	七星墩景点，适当增加景点标识、景点的说明牌以及相应的游客休息观赏平台	游赏、摄影、休憩、览胜
28	三都银厂	七星墩景点，和采矿有关的场地记忆，增设景点科普栏以及相应的游客休息观赏平台	游赏、摄影、科普
29	日出云海	九曲云环景点，保留梯田的原始风貌，适当增加相应的配套设施以及活动空间	游赏、摄影、写生、览胜
30	天籁云和	九曲云环景点，保留梯田的原始风貌，适当增加相应的配套设施以及活动空间	游赏、摄影、写生
31	芒种开犁	九曲云环景点，保留梯田的原始风貌，适当增加相应的配套设施以及活动空间	游赏、摄影、写生
32	湿地公园	九曲云环景点，保留梯田的原始风貌，适当增加相应的配套设施以及活动空间	游赏、摄影、写生
33	坑根老茶坊	白银谷景点，扩大茶坊规模，在保留原有风貌的基础上提升景观层次，吸引大量游客	游赏、休憩、品茗
34	坑根村	保护为主，在保留现有建筑、整体风貌的基础上适当增加公共配套设施等	游赏、摄影
35	老泉井	白银谷景点，保护为主，与传统村落风貌相统一	游赏
36	梯田公社农家乐综合体	经济型住宿	休憩、住宿
37	田园牧歌农家乐	经济型住宿	休憩、住宿
38	云上五天	精品民宿	休憩、住宿
39	云和隐想家梯田民宿	经济型住宿	休憩、住宿
40	山下垟溪滩	设置溪滩游憩活动平台以及相关活动设施，提升周边景观水平	游赏、摄影、戏水
41	云和梯田游客服务中心	扩大游客中心规模，增加商业街配套设施，提升消费水平	游赏、休憩

（4）山哈部落

山哈部落依托于畲族聚居区，以畲族文化与历史为切入点，展示与体验中国畲族文化和民俗风情，设置畲族博物馆、浮伞仙迹等景点，开展览胜、科普、民俗体验等景观游赏项目。

景观风貌：民族风情。

典型景观资源：畲族博物馆、畲乡之窗、畲乡风情度假区。

特色区块：畲乡风情、悠居竹垟（见表11-9）。

表11-9　　　　　　　　　　　　　　　山哈部落

序号	特色区块	所属河道	建设区域	备注
1	畲乡风情	小溪	景宁	代表性区块
2	悠居竹垟	八都溪	龙泉	

代表性区块畲乡风情的景观游赏规划如表11-10所示。

表11-10　　　　　　　　　　　　　　畲乡风情景观游赏规划

序号	景点名称	景点保护和建设内容	主要游赏项目
1	下渡村	根据产业特色型村落发展方向，努力提高产业的知名度、提高村落产业的竞争力、提升旅游服务水平	休闲、游赏、采摘体验、娱乐
2	金兰村		
3	畲乡之窗	保留景点，完善配套设施，增加休憩空间	民俗体验、游览、休闲
4	大均堤		
5	大均渡		
6	浮伞祠	根据水文化普查成果新增景点，以保护为主，增设配套服务设施	游赏、寻迹
7	伏坑渡		
8	白锄坑渡		
9	大均村		
10	伏叶村	根据传统乡土村落发展方向，注重特色文化保护、适度发展，注重文化传播载体的搭建	休闲、游赏、采摘体验、娱乐、住宿、餐饮
11	外舍村		
12	新增旅游设施服务点三处	新增景点，完善配套设施，提供全面服务	休憩、交通换乘、穿梭巴士、电动观光车停靠站
13	大赤坑廊桥	保留景点，以保护为主，完善配套设施	休闲、寻迹
14	凤凰古镇	保留景点，增加古镇休憩空间，增加游赏节点，完善配套设施	游赏、慢生活体验、餐饮、住宿

序号	景点名称	景点保护和建设内容	主要游赏项目
15	石印山公园	保留景点，增加休憩空间，完善配套设施	览胜、游赏、摄影、观山戏水、餐饮、住宿、极限运动
16	寨山烈士陵园		
17	封金山景区		
18	印象山哈实景剧场	新增景点，增加 3D 互动体验活动，完善配套服务设施	互动体验、休闲、观赏
19	惠明寺	保留景点，以保护为主，完善配套设施	览胜、寻迹
20	金丘村	保留景点，根据现有景宁畲族风情旅游度假区要求进行保护、开发和建设，局部增设新的游赏节点、提升配套服务设施，增设游人、服务导购中心	览胜、游赏、摄影、观山戏水、餐饮、住宿
21	东弄村		
22	包凤村		
23	惠明寺村		
24	漈头村		
25	敕木山村		
26	大张坑村		
27	汤北村		
28	周湖村		
29	后双降村		

第11章 滨水空间产城融合综合实践：丽水瓯江国家河川公园规划

267

（5）冒险乐园

冒险乐园分布于河流中上游次生修复区、水源涵养地内，两侧山峦叠翠，风景壮美。主要开展体验式绿色游览项目，如寻迹、摄影、览胜、慢生活体验、野营等。

景观风貌：壮美、广阔。

典型景观资源：千峡湖、山地健身休闲等。

特色区块：千峡观澜（见表 11-11）。

表 11-11　　　　　　　　　冒险乐园

特色区块	所属河道	建设区域	备注
千峡观澜	小溪	景宁	代表性区块

代表性区块千峡观澜的景观游赏规划如表 11-12 所示。

表 11-12　　　　　　　　　千峡观澜景观游赏规划

序号	景点名称	景点保护和建设内容	主要游赏项目
1	巨浦村	根据产业特色型村落发展方向，努力提高产业的知名度、提高村落产业的竞争力、提升旅游服务水平	休闲、游赏、采摘体验、娱乐、住宿、餐饮
2	环湖滨水绿道	新增景点，依托现有村道、乡道，打造一条融骑行道、步行道为一体的环湖滨水游线	体验、休闲、游赏
3	北山国际度假小镇	已规划区域，根据千峡湖区域发展总体规划要求建设	览胜、游赏、摄影、观山戏水、餐饮、住宿、极限运动
4	万国风情度假社区		
5	千峡湖游艇俱乐部		
6	配套旅游码头、停车场		
7	九龙旅游接待中心		
8	山水度假社区		
9	三维欢乐港湾		
10	千峡镇		
11	白马镇		
12	水上运动休闲		
13	千峡渔村		
14	神道门镇		
15	山地健身休闲		
16	九龙山拓展训练基地		
17	龙公岙		
18	游客集散中心		
19	旅游度假酒店		
20	旅游度假社区		
21	小呈山		
22	大岩下村	根据传统乡土村落发展方向，注重特色文化保护、适度发展，注重文化传播载体的搭建	游赏、慢生活体验、休闲、住宿
23	冷水坑村		
24	陈山村		
25	泉山村	根据现代社区型村落发展方向，对农居房屋进行分类立面整治，并进行道路、河塘溪渠整治，无害化卫生厕所建设、古树名木保护、消防设施建设	休闲、养生、住宿、餐饮

序号	景点名称	景点保护和建设内容	主要游赏项目
26	滩坑水电科普馆	新增景点。发展历程及小溪水资源介绍	科普教育、参观、游赏
27	直升机游览	新增景点，完善配套设施，提供全面服务	极限运动、游赏、览胜
28	旅游配套服务点 3 处	新增景点。完善配套设施，提供全面服务	休憩、交通换乘、穿梭巴士、电动观光车停靠站

（6）水上渔家

水上渔家位于紧水滩库区，依托于渔家生活体验，感受惬意悠然的渔家生活，开展摄影、休闲、游船、慢生活体验等多种游赏项目（见图 11-10）。

景观风貌：水天一色、仙境。

典型景观资源：仙宫湖、三潭景区等。

图 11-10　紧水滩水库

特色区块：船语夜泊（见表 11-13）。

表 11-13　　　　　　　　　　　　　　　　水上渔家

特色区块	所属河道	建设区域	备注
船语夜泊	瓯江龙泉溪段	云和	代表性区块

代表性区块船语夜泊的景观游常规划如表 11-14 所示。

表 11-14　　　　　　　　　　　　　　　船语夜泊景观游赏规划

序号	景点名称	景点保护和建设内容	主要游赏项目
1	长汀村（长汀沙滩）	根据休闲旅游特色村落发展方向，严格限制人口增长规模，加强生活污染防治	摄影、览胜、游赏、写生、游船
2	木垟村	根据传统特色村落发展方向，严格限制人口增长规模，加强生活污染防治	摄影、休闲、览胜、慢生活体验
3	三潭景区	新增节点，对区域的古村落进行严格保护和修缮，以修旧如故为原则，展现古村落洗尽铅华之美	摄影、览胜、游赏、休闲、慢生活
4	局村（童话渔村）	根据传统特色村落发展方向，严格限制人口增长规模，加强生活污染防治	摄影、休闲、浸泡式体验、游船、垂钓
5	溪口古韵	根据传统特色村落发展方向，严格限制人口增长规模，加强生活污染防治	摄影、览胜、寻迹、休闲、写生、游船
6	山水之舟	根据传统特色村与溪口村景区的建设要求进行保护，局部增设休憩设施和配套设施，严格限制人口增长规模，加强生活污染防治	摄影、览胜、游赏
7	养生山庄		览胜、品茗、休闲、养生
8	亲水农家		摄影、游赏、农家体验
9	滨水绿道		骑行、休闲、览胜
10	溪口古民居		摄影、科普、寻迹
11	生态田园		休闲、农事体验
12	溪口商业街		摄影、夜游
13	溪口花海		摄影、览胜、游赏
14	慧云寺	保护为主，增设景点说明牌	览胜
15	桃源仙境	新增节点，依托秀美的山水风光和具有年代感的古村建筑，展现现代桃花源之美	览胜、摄影、游赏、寻迹、休闲、农事体验
16	石浦码头	根据传统古村保护和船帮古镇景区的建设要求进行保护，局部增设休憩设施和配套设施；严格限制人口增长规模，加强生活污染防治	游船、览胜、游赏
17	农事体验区		农事体验、休闲
18	石浦村（船帮古宅）		摄影、览胜、游赏、寻迹
19	贵圩坝村	根据传统特色村落发展方向，严格限制人口增长规模，加强生活污染防治	游赏、慢生活体验、摄影、休闲

序号	景点名称	景点保护和建设内容	主要游赏项目
20	菖蒲垄村	根据传统特色村落发展方向，严格限制人口增长规模，加强生活污染防治	游赏、慢生活体验、摄影、休闲
21	青龙潭村	根据传统特色村落发展方向，严格限制人口增长规模，加强生活污染防治	游赏、慢生活体验、摄影、休闲
22	青龙潭码头	对原有码头进行优化设计，提升码头景观质量，丰富码头文化	游船、览胜、游赏
23	岭脚码头	对原有码头进行优化设计，提升码头景观质量，丰富码头文化	游船、览胜、游赏
24	金水坑村（渔人天堂）	根据特色休闲旅游小镇的发展方向，设置旅游度假小镇的配套设施，完善整体的服务体系。严格限制人口增长规模，加强生活污染防治	游赏、慢生活体验、摄影、休闲、览胜、观山戏水、垂钓
25	金水码头	对原有码头提升设计，优化码头景观，增加码头文化	游赏、览胜、游船
26	仙宫湖度假村	完善整体配套设施，通过营销策略，提升知名度，打造仙宫慢生活体验区	游赏、慢生活体验、摄影、休闲、览胜
27	仙宫花海	根据景点配置的要求，增设摄影点、休憩场所等	览胜、摄影、写生
28	双曲拱坝	新增节点，以保护为主，限制游客容量，以科普考察之旅为发展方向，增设水利科普游览项目	科普、考察
29	仙宫码头	对原有码头进行优化设计，提升码头景观质量，丰富码头文化	游船、览胜
30	云和湖奇雾	在紧水滩库区周边设置观景平台	游船、览胜、游赏、摄影
31	仙宫大穿越	根据现有仙宫湖景区建设要求进行保护、开发、建设，局部增设新的游赏节点	探奇、极限运动、览胜
32	水上乐园		极限运动、览胜、游赏
33	仙宫飞渡		极限运动、览胜、探险
34	仙宫钓场		垂钓、休闲、游赏
35	吉祥鱼		游赏、览胜
36	仙牛渡		游船、览胜
37	索桥		探险、览胜、摄影
38	松塔冬雾		休憩、览胜、摄影
39	聚仙岛		采摘体验、游赏、摄影、观山戏水
40	渡蛟村	根据传统特色村落发展方向，严格限制人口增长规模，加强生活污染防治	休闲、摄影

序号	景点名称	景点保护和建设内容	主要游赏项目
41	客家风情旅游度假村	完善配套设施，增加慢生活体验活动，打造渔家生活体验区。严格限制人口增长规模，加强生活污染防治	慢生活体验、休闲、垂钓、摄影
42	龙门村（龙门呈坪）	根据历史记载，恢复古时龙门记忆，打造历史文化体验村落，重现风光旖旎的江滨村寨，严格限制人口增长规模，加强生活污染防治	慢生活体验、文化寻迹、摄影、览胜、游赏
43	中心码头	对原有码头进行优化设计，提升码头景观质量，丰富码头文化	游船、览胜
44	渔舟唱晚	根据景点配置的要求，增设摄影点、休憩场所等	游赏、慢生活体验、游船、摄影
45	梓坊村（童话梓坊）	根据传统特色村落发展方向，严格限制人口增长规模，加强生活污染防治	休闲、摄影
46	龙门渔家乐	根据渔家乐主题特色村落发展方向，打造渔文化体验和渔家休闲，局部增设配套服务设施，完善旅游配套设施	休闲、食宿、垂钓、慢生活体验、游赏
47	直升机游览	新增节点，完善配套设施，提供全方位服务	极限运动、游赏、览胜
48	龙渡村	根据传统特色村落发展方向，严格限制人口增长规模，加强生活污染防治	游赏、慢生活体验、游船、摄影
49	柘后村	根据限制发展村落发展方向，严格限制人口增长规模，加强生活污染防治	休闲、摄影
50	樟坪村	根据限制发展村落发展方向，严格限制人口增长规模，加强生活污染防治	休闲、摄影
51	插花殿	根据寺庙保护要求，对其进行保护和修缮，开展祭祀等节庆活动	休闲、摄影
52	张源头村	根据聚落发展村落发展方向，严格限制人口增长规模，加强生活污染防治	游赏、慢生活体验、休闲
53	云曼酒店	根据五星级酒店的建设标准，完善酒店周边的配套服务设施，严格限制游客数量，加强生活污染防治	休闲、摄影、慢生活体验
54	垟田村	根据限制发展村落发展方向，严格限制人口增长规模，加强生活污染防治	游赏、慢生活体验、休闲
55	赤石村	根据传统特色村落发展方向，严格限制人口增长规模，加强生活污染防治	游赏、慢生活体验、游船、摄影、垂钓
56	新林村	根据聚落发展村落发展方向，严格限制人口增长规模，加强生活污染防治	休闲、摄影

（7）颐养天地

颐养天地主要位于河道中上游区域，依托河道沿线山水神秀的景观和宜人的气候环境，串联传统景点，设置养生观光游线，可开展览胜、摄影、休闲等景观游赏项目（见图11-11）。

景观风貌：钟灵毓秀、峰岩奇绝。

典型景观资源：缙云仙都景区、石门洞、诗画小舟山等。

图 11-11 仙都

特色区块：共涉及画境仙都、养生兰巨、天门慢都、翠谷仙潭四个特色区块（见表11-15）。

表 11-15　　　　　　　颐养天地

序号	特色区块	所属河道	建设区域	备注
1	画境仙都	好溪	缙云	代表性区块
2	养生兰巨	均溪	庆元	
3	天门慢都	四都港	青田	
4	翠谷仙潭	祯埠港	青田	

代表性区块画境仙都的景观游赏规划如表 11-16 所示。

表 11-16　　　　　　　　　　　　　画境仙都景观游赏规划

序号	景点名称	景点保护和建设内容	主要游赏项目
1	仙都绿道	保留景点，并结合瓯江绿道标准适当提升景观质量	骑行、文化寻迹、观山戏水、览胜
2	独峰书院	保留景点，根据现有仙都风景名胜区的要求进行保护、开发、建设，局部增设新的游赏节点、提升配套服务设施，增设游人、服务导购中心	览胜、游赏、摄影、观山戏水、餐饮、住宿
3	小赤壁		
4	倪翁洞		
5	鼎湖峰		
6	朱潭山		
7	朝天峰		
8	歇龙岩		
9	下井洞		
10	上章		
11	狐狸洞		
12	姑妇岩		
13	摩崖石刻		
14	舞兽岩		
15	醉月亭		
16	板堰		
17	仙水洞		
18	彩云洞		
19	下前湖		
20	八仙洞		
21	仙都山庄		
22	天池		
23	妙亭观		
24	清福寺		
25	笋川		
26	大肚岩		
27	彩云洞		
28	赤岩山		
29	鼎湖度假村		
30	莲花峰		
31	三奇石		

序号	景点名称	景点保护和建设内容	主要游赏项目
32	石壁潭	保留景点，根据现有仙都风景名胜区要求进行保护、开发、建设，局部增设新的游赏节点、提升配套服务设施，增设游人、服务导购中心	览胜、游赏、摄影、观山戏水、餐饮、住宿
33	仙都旅游度假村		
34	马鞍山		
35	普里庙		
36	天堂山		
37	芙蓉峡		
38	黄帝祠宇		
39	黄龙运动基地	新增景点，结合周边地形地貌特色，打造运动基地，增加周边度假、休闲配套设施	极限运动、休闲、娱乐
40	缙云黄龙青少年素质教育基地	新增景点，打造具有文化教育特色的青少年活动基地	教育、实践
41	览川花海	新增景点，结合周边景点打造大面积花海景观，增加区域游赏趣味	览胜、摄影、写生、农事体验
42	缙云黄帝仙都小镇	新增景点，提高黄帝、养生文化影响力，从戏剧、美食、度假休闲体现等多方面进行设置	休闲、度假、餐饮、住宿、娱乐、慢生活体验
43	山间幽径	新增节点，根据标准建设登山步道，设置休闲平台，提供休闲场所	探险、览胜、休闲、游赏
44	凌虚洞火山口	新增景点，结合现有凌虚洞设置，提高景点影响力，增加景点配套设施	览胜、休闲、游赏
45	地质博物馆	保留景点，增加互动体验设施与配套服务设施	互动体验、休闲、娱乐
46	九曲练溪	保留节点，新增滨水休憩与配套服务设施	休闲、漫步、观山戏水、亲水体验活动
47	济川矴步桥	根据水文化普查成果新增景点，以保护为主，增设配套服务设施	游赏、寻迹
48	板堰		
49	松洲矴步桥		
50	鼎湖峰矴步桥		
51	板堰村矴步桥		
52	梅宅村	根据产业特色型村落发展方向，努力提高产业的知名度、提高村落产业的竞争力、提升旅游服务水平	休闲、游赏、采摘体验、娱乐
53	上东方村		
54	下东方村		
55	上前湖村		
56	下前湖村		
57	沐白村		
58	周村	根据传统乡土村落发展方向，注重特色文化保护、适度发展，注重文化传播载体的搭建	游赏、慢生活体验、休闲
59	下洋村		

序号	景点名称	景点保护和建设内容	主要游赏项目
60	旅游配套服务点	新增景点，完善配套设施，提供全方位服务	休憩、交通换乘、穿梭巴士、电动观光车停靠站
61	板堰村	根据现代社区型村落发展方向，对农居房屋进行分类立面整治，并进行道路、河塘溪渠整治，无害化卫生厕所建设、古树名木保护、消防设施建设	休闲、养生、住宿、餐饮
62	田村		

（8）小城拾光

小城拾光主要位于河道中下游村镇较为集中，具有历史人文底蕴的区域，主要依托小城风光、古迹、名胜等自然人文资源，展示地域文化、人文风情。通过景观游线的打造，展现沿线绚烂的文化色彩，可开展摄影、养生、休憩等游赏项目（见图11-12）。

景观风貌：平和、悠然。

典型景观资源：庆元廊桥博物馆、青田石雕小镇等。

图11-12　松源溪

特色区块：涉及桥韵菇城、太鹤梦桥、原乡翠谷、古镇瓷韵、金滩壶镇、独山水情、留槎晴雨、石雕小镇、桑梓清岸九个特色区块（见表11-17）。

表 11-17　　　　　　　　　　　　小城拾光

序号	特色区块	所属河道	建设区域	备注
1	桥韵菇城	松源溪	庆元	代表性区块
2	太鹤梦桥	瓯江青田段	青田	
3	原乡翠谷	乌溪江	遂昌	
4	古镇瓷韵	八都溪	龙泉	
5	金滩壶镇	好溪	缙云	
6	独山水情	松阴溪	松阳	
7	留槎晴雨	瓯江龙泉溪段	龙泉	
8	石雕小镇	四都港	青田	
9	桑梓清岸	船寮港	青田	

代表性区块桥韵菇城景观游赏规划如表 11-18 所示。

表 11-18　　　　　　　　　　桥韵菇城景观游赏规划

序号	景点名称	景点保护和建设内容	主要游赏项目
1	祝家洋	根据产业特色型村落发展方向，努力提高产业的知名度、提高村落产业的竞争力、提升旅游服务水平	休闲、游赏、采摘体验、娱乐、住宿、餐饮
2	会溪村		
3	旅游配套服务点	新增景点，完善配套设施，提供全方位服务	休憩、交通换乘、穿梭巴士、电动观光车停靠站
4	庆元香菇博物馆	保留景点，提升改造，增加 3D 互动体验设施与配套服务设施	互动体验、休闲、娱乐
5	袅桥	以保护为主，设置保护景点，完善配套设施	游赏、摄影
6	咏归桥		
7	庆元廊桥博物馆	保留景点，提升改造，增加 3D 互动体验设施与配套服务设施	互动体验、休闲、娱乐
8	濛洲公园	保留景点，增设休憩空间、文化景观小品	休闲、游赏、漫步、康体健身
9	石龙山		
10	象山宝塔	以保护为主，设置保护景点，完善配套设施	游赏、摄影
11	黄象村	根据现代社区型村落发展方向，对农居房屋进行分类立面整治，并进行道路、河塘溪渠整治，无害化卫生厕所建设、古树名木保护、消防设施建设	休闲、养生、住宿、餐饮
12	吴宅村		
13	周墩村		
14	松原溪口袋公园	新增景点，结合街头绿地打造 8 处口袋公园，丰富滨水空间景观，完善配套设施	游赏、休憩、娱乐
15	香菇交易市场	保留景点，对现有市场进行提示改造，形成具有地方特色的市场，成为小城一处游玩亮点	摄影、游赏、娱乐、餐饮

（9）山居人家

山居人家位于河道上中游山区，依托于沿线梯田风光和自然山居特色，对山地进行适当的开发利用，串联各个特色村落，打造景观游线，开展摄影、野营、骑行、览胜等景观游赏项目。

景观风貌：惬意。

典型景观资源：遂昌康养小镇、双溪漂流等。

特色区块：涉及十八里翠、沙舟竹海、龙溪剑鸣、云坞古村、古村觅迹、林荫农家、苍翠双溪、文韵山村、沁凉秀湾九个特色区块（见表11-19）。

表 11-19 山居人家

序号	特色区块	所属河道	建设区域	备注
1	十八里翠	松阴溪	遂昌	代表性区块
2	沙舟竹海	宣平溪	莲都	
3	龙溪剑鸣	瓯江龙泉溪段	龙泉	
4	云坞古村	岩樟溪	龙泉	
5	古村觅迹	松阴溪	松阳	
6	林荫农家	松源溪	庆元	
7	苍翠双溪	八都溪	龙泉	
8	文韵山村	八都溪	龙泉	
9	沁凉秀湾	祯埠港	青田	

代表性区块十八里翠的景观游赏规划如表11-20所示。

表 11-20 十八里翠景观游赏规划

序号	景点名称	景点保护和建设内容	主要游赏项目
1	上坪村	根据传统特色村落发展方向，严格限制人口增长规模，加强生活污染防治	寻迹、摄影、览胜、慢生活体验
2	岭脚村	根据限制发展村落发展方向，严格限制人口增长规模，加强生活污染防治	寻迹、摄影、览胜
3	魁川村	根据集聚发展村落发展方向，严格限制人口增长规模，加强生活污染防治	寻迹、摄影、览胜
4	骆村	根据传统特色村落发展方向，严格限制人口增长规模，加强生活污染防治	寻迹、摄影、览胜、慢生活体验
5	高山拱坝	新增景点，以保护为主，限制游客容量，以科普考察之旅为发展方向，增设水利科普游览项目	科普、考察

序号	景点名称	景点保护和建设内容	主要游赏项目
6	绿道	根据郊野型绿道建设标准，连通骑行路线，并且完善绿道配套设施	骑行、文化寻迹、观山戏水、览胜、野营、游赏
7	南溪绿道驿站	根据绿道驿站建设标准，完善配套服务设施	休闲
8	水利风景区（成屏一级水库）	根据水利风景区的保护与开发要求，合理地对水利风景区进行旅游开发，严禁对其进行高强度的开发	览胜、摄影、科普、考察
9	观景台	新增景点，设置在主要观景公路一侧，提供旅游配套服务	览胜、休闲、摄影
10	风景公路	新增景点，依托现有公路，结合水利风景区，打造国家级的风景公路	览胜、游赏
11	山林徒步	新增景点，依托山体原有的山间小道，设置攀登的徒步人行道	览胜、摄影、科普、极限运动
12	汽车营地	新增景点，依托村落进行布置，根据自驾游游线，设置汽车营地，严格控制面积大小，完善汽车营地的配套设施	休闲
13	神龙谷漂流	依托现有河流特点，设置亲水体验空间，完善漂流所需的配套服务设施	极限运动
14	三宝兰村	根据传统特色村落发展方向，严格限制人口增长规模，加强生活污染防治	寻迹、摄影、览胜
15	康养小镇	新增景点，依托现有的环境资源，结合村落，打造康养小镇，严格限制开发面积，加强相关生活污染防治	康养、休闲、览胜
16	大山村	根据传统特色村落发展方向，严格限制人口增长规模，加强生活污染防治	寻迹、摄影、览胜、慢生活体验

（10）处韵乡愁

处韵乡愁主要位于河流两岸城镇较为集中的区域，依托城镇的基础设施，提炼城镇特点，结合沿线分布的窑址古迹、寻觅瓯江海上丝绸之路的印记，展现瓯江悠久的历史沿革，开展考察、科普、文化寻迹等游赏项目（见图11-13）。

景观风貌：悠久。

典型景观资源：应星楼、南明门古城墙等。

图 11-13　大港头镇

　　特色区块：共涉及南明夜月、石门怀古、忆故归乡、青冥瓷秀、侨邦漫步五个特色区块（见表 11-21）。

表 11-21　　　　　　　　　　　　处韵乡愁

序号	特色区块	所属河道	建设区域	备注
1	南明夜月	瓯江大溪段	莲都	代表性区块
2	石门怀古	瓯江青田段	青田	
3	忆故归乡	船寮港	青田	
4	青冥瓷秀	瓯江龙泉溪段	龙泉	
5	侨邦漫步	四都港	青田	

　　代表性区块南明夜月的景观游赏规划如表 11-22 所示。

表 11-22　　　　　　　南明夜月景观游赏规划

序号	景点名称	景点保护和建设内容	主要游赏项目
1	大白岩村	根据景区依托型村落发展方向，注重完善配套设施，提升道路交通质量，结合乡村自身特点开发特色乡村旅游产品	住宿、慢生活体验、考察
2	秋塘村		
3	白岩飞雨	保留景点，以保护为主，结合周边场地打造桃园景观，增加区域游赏趣味	摄影、游赏
4	一吻千年	以保护为主，在周边设置最佳摄影区，完善说明牌等配套设施	览胜、休闲、摄影
5	万象蝴蝶谷景区	已有景点，完善配套设施和科普展示牌，在周边依托蝴蝶谷景区，设置蜜源花海景观	休闲、互动体验、游赏
6	飞雨寺	保留景点，以保护为主，设置保护牌，完善配套设施	览胜、休闲、寻迹
7	圆通寺		
8	夏河塔		
9	路湾渡	保留景点，增加滨水空间，打造游船码头，设置历史展示牌	寻迹、科普
10	夏和渡		
11	路湾古樟	保留景点，增加树下休憩空间，完善基础设施，注重古树名木养护与保护	休憩、教育
12	莲都古道	新增景点，恢复森林古道，增加休憩节点，丰富绿化，完善配套设施	休闲、寻迹、游赏
13	吕埠坑古窑址	保留景点，修旧如旧，梳理周边场地，结合科普牌进行古窑景观展示，完善配套设施	科普、寻迹
14	新增旅游设施服务点两处	新增景点，完善配套设施，提供全面服务	休憩、交通换乘、穿梭巴士、电动观光车停靠站
15	冒险岛水世界	保留景点，以维持现状为主，注重控制水质污染	水上娱乐、体验
16	万象山公园	保留景点，增加休憩空间，完善配套设施	览胜、游赏、摄影、观山戏水、餐饮、住宿
17	南明山公园		
18	南明湖公园		
19	灵山风景区		
20	处州府城墙	保留景点，保护为主，完善配套设施	休闲、游赏
21	江滨景观带		
22	中岸村	根据现代社区型村落发展方向，对农居房屋进行分类立面整治，并进行道路、河塘溪渠整治，无害化卫生厕所建设、古树名木保护、消防设施建设	休闲、养生、住宿、餐饮
23	前山村		
24	开潭村		
25	圳头村		

序号	景点名称	景点保护和建设内容	主要游赏项目
26	外堀村	根据产业特色型村落发展方向，努力提高产业的知名度、提高村落产业的竞争力、提升旅游服务水平	休闲、游赏、采摘体验、娱乐
27	青林村		
28	开潭大坝	保留景点，可在周边设立水电科普展廊，展示大坝发展历程及瓯江水资源情况	科普、游赏
29	摄影文化产业园	现有景点，完善配套设施，提供全方位服务	摄影、写生、教育
30	秋塘坑	现有景点，提升道路可达性，增加游赏休憩空间，完善配套设施	观山戏水、休闲
31	小处村	根据传统乡土村落发展方向，注重特色文化保护、适度发展，注重文化传播载体的搭建	休闲、游赏、采摘体验、娱乐、住宿、餐饮

11.7 河流风景中的理想家园

瓯江是丽水的精神核心、时空主轴。丽水依水而生、因水而兴。丰富的水资源千百年来以润物细无声的方式，滋养着瓯越大地、见证着沧桑巨变。瓯江已融入丽水人民的文化精神之中，自古就是丽水发展的依托所在。

（1）瓯江千里秀水，串联着丽水的美丽山川、城镇风光，如同一幅诗画山水，是丽水城市发展的空间轴

山水资源方面，瓯江源于龙泉市与庆元县交界的百山祖西北麓锅冒尖，干流全长384km，流域面积18100km²。河流形态丰富，拥有多种河川生境类型。全市森林覆盖率达到81.7%。瓯江沿线森林、生物资源丰富，有多个生态核心板块；瓯江本身鱼类资源丰富，有鱼类111种，其中还有瓯江大鼋等世界濒危珍稀动物。流域内植物种类丰富多样，其中华水韭为世界濒危植物。瓯江流域覆盖丽水下辖县（市、区）绝大部分面积，村镇、人口和耕地等要素向沿江集中。丽水市域以瓯江为轴，一江双城，下辖各县（市）无一不是依江而建，留下众多具有典型丽水特色的文化艺术。中国第一个世界农业文化遗产——稻鱼共生系统保护湿地就位于丽水青田。

（2）瓯江千年古堰，凝聚丽水人民不畏艰险建设家园的印记，如一首治水史诗，是丽水人民不断拼搏、锐意进取的精神轴

自隋开皇九年置处州府距今已有1400多年历史，千百年来，丽水人民过急流，闯险滩，避暗礁，与瓯江作了千万次较量；而瓯江水道作为海上青瓷之路的始发地，其悠久的历史和独特的文化内涵对古代处州乃至中国的经济、文化发展产生了重大影响，造就了丽水人民开拓进取、不畏艰险建设家园的精神，是丽水城市发展与瓯江精神的精髓所在，是丽水人民的精神支柱。

（3）瓯江千古丝路，促进丽水的文化交流、区域合作，如一带丝路胜景，是链接丽水创新发展的时代轴

瓯江曾是"青瓷之路"的黄金水道，各地物产通过这条黄金水道运往世界各地，促进这一时期中国与全球文化的往来。随着丽水绿化发展的不断探索与实践，瓯江走出一条符合自身发展实际的可持续发展之路，陆续推出"瓯江溪鱼""披云水品牌""美丽瓯江""处州白莲"等一系列品牌；如今，瓯江沿线已拥有28个主导产业示范区，48个特色农业精品园，带动了沿线235个行政村的绿色发展。随着"绿色发展综合改革"及"生态产品价值实现机制"的探索不断深入，古老的瓯江将在生态文明建设中绽放耀眼的光芒。

丽水瓯江国家河川公园是一处河流风景中的理想生活体验区，一个河湖生境持续健康、水岸生活品质高、资源利用效率高、运营维护安全智慧的国家级河川公园。我们希望通过瓯江国家河川公园的建设"唤醒瓯江"：系统保护与恢复场地内的动植物资源，"唤醒"处州大地的勃勃生机；梳理与整合场地沿线自然山水景致，"唤醒"百里河山的秀美风光；挖掘与重塑两岸历史人文典故，"唤醒"海上丝绸之路的市井繁华；拓展绿色资源科学转化的途径，从而"唤醒"绿水青山的生态产品价值。

参考文献

[1] 陈波，卢山，胡高鹏，等．浙派园林学 [M]. 北京：中国电力出版社，2021.

[2] 崔嘉慧．城水耦合视角下城市新区水环境评价与优化研究——以天津滨海新区和上海浦东新区为例 [D]. 天津：天津大学建筑学院,2020.

[3] 黄铭泽．基于绿色生态理念的"产城融合"规划策略与实践——以广州市增城区为例 [J]. 住宅产业,2021.

[4] 贾子沛．武汉市城水演进耦合协调评价及优化策略研究 [D]. 武汉：湖北大学，2020.

[5] 厉泽萍，李俊杰，陈波．基于产城融合的杭州城市滨水空间规划体系研究 [J]. 水利规划与设计,2020(8):30-32+53.

[6] 厉泽萍，李俊杰，郑亨，等．基于产城融合理念的杭州运河拱宸桥段滨水空间更新模式与策略 [J]. 水利规划与设计,2020(11):29-34+52.

[7] 刘卫．广州古城水系与城市发展关系研究 [D]. 广州：华南理工大学,2015.

[8] 路杭．基于雷州传统城水关系研究的雷州城市中心水系景观规划设计 [D]. 北京：北京林业大学，2020.

[9] 吴海波．基于产城融合的生态新城规划设计策略——以霍山西部生态新城概念规划为例 [J]. 建筑与文化,2018(7):170-171.

[10] Anita Berrizbeitia. Between deep and ephemeral time:representations of geology and temporality in Charles Eliot's Metropolitan Park System, Boston (1892—1893)[J].

[11] Anthony Mitchell Sammarco.BOSTON'S BACK BAY[M].Arcadia Publishing, Charleston, South Carolina,1997:43-65.

[12] Kati V,Jari N. Bottom-up thinking—Identifying socio-cultural values of ecosystem services in local blue - green infrastructure planning in Helsinki, Finland[J]. Land Use Policy, 2016, 50:537-547.

[13] Kee Yeon Hwang.Restoring Cheonggyecheon Stream in the Downtown Seoul. Seoul Development Institute. International Workshop on Asian Approach toward Sustainable Urban Regeneration,Tokyo,09,2004.

[14] Kim Yeoun-Uk. A Study on Interaction between Leader and Follower-Focusing on MB(Former Mayor of Seoul City)'s Restoration Project of Cheonggyecheon. Department of Politcal Science, Graduate School of Chonnam National University,2009 Ph.D Thesis.p68.Studies in the History of Gardens & Designed Landscapes,2014,34: 38-51

[15] Hellstrm D,Jeppsson U,Krrman E. A framework for systems analysis of sustainable urban water management[J]. Environmental Impact Assessment Review, 2000, 20(3):311-321.

[16] Swyngedouw E,MARIA KA KA,Castro E. Urban Water: A Political-Ecology Perspective[J]. Built Environment, 2002, 28(2):124-137.

[17] R. 福尔曼,M 戈德伦 . 景观生态学 [M]. 肖笃宁 , 张启德 , 赵羿 , 译 . 北京 : 田园城市文化事业有限公司 ,1994.

[18] 傅伯杰 , 吕一河 , 陈利顶 , 等 . 国际景观生态学研究新进展 [J]. 生态学 ,2008(02): 798-804.

[19] 王立新 , 刘华民 , 刘玉虹 , 等 . 河流景观生态学概念、理论基础与研究重点 [J]. 湿地科学 ,2014,12(02):228-234.

[20] Allan J D.Landscape and riverscapes: the infuence of land use on scream ecosystem[J].Annual Review of Ecology and Systematics,2004(35):257-284.

[21] Hall M J.Urban Hydrology[M].London and New York:Elsevier Applied Science Publishers, 1984.

[22] 刘家宏 , 王浩 , 高学睿 , 等 . 城市水文学研究综述 [J]. 科学通报 ,2014,59(36):3581-3590.

[23] 董鉴泓 . 中国城市建设史 [M]. 北京 : 中国建筑工业出版社 ,2004.

[24] 蔡蕃 . 北京古运河与城市供水研究 [M]. 北京 : 北京出版社 ,1987.

[25] 吴庆洲 . 中国古代的城市水系 [J]. 华中建筑 ,1991(02):55-61+42.

[26] 杨柳 . 从得水到治水——浅析风水水法在古代城市营建中的运用 [J]. 城市规划 ,2002(01):79-84.

[27] 曾忠忠 , 李保峰 . 基于气候适应性的中国古代城市形态研究 [J]. 华中建筑 ,2014, 32(07):15-20.

[28] 马世骏 , 王如松 . 社会—经济—自然复合生态系统 [J]. 生态学报 ,1984(01):1-9.

[29] 饶正富 . 流域生态环境规划的系统生态学方法 [J].武汉大学学报 : 自然科学版 ,1991, 37(1):85-92.

[30] 蔡庆华 , 吴刚 , 刘建康 . 流域生态学 : 水生态系统多样性研究和保护的一个新途径 [J]. 科技导报 ,1997,15(5):24-26.

[31] 邓红兵 , 王庆礼 , 蔡庆华 . 流域生态学——新学科、新思想、新途径 [J]. 应用生态学报 ,1998(04):108-114.

[32] 建设部 . 海绵城市建设技术指南——低影响开发雨水系统构建（试行）[S].2014.

[33] 仇保兴 . 海绵城市 (LID) 的内涵、途径与展望 [J]. 建设科技 ,2015(01):11-18.

[34] 俞孔坚, 李迪华, 袁弘, 等."海绵城市"理论与实践[J]. 城市规划,2015,39(06):26-36.

[35] 郭红雨. 城市滨水景观设计研究[J]. 华中建筑,1998(03):85-87.

[36] 唐剑. 浅谈现代城市滨水景观设计的一些理念[J]. 中国园林,2002(04):34-39.

[37] 农英志. 城市水空间规划研究——兼谈郴州水空间与城市特色塑造[J]. 规划师, 1999(02):66-71.

[38] 段进, 邵润青, 兰文龙, 等. 空间基因[J]. 城市规划,2019,43(02):14-21.

[39] 李毅. 适应山地城市滨水区的景观设计研究[D]. 重庆:重庆大学,2012.

[40] Ann Breen,Dick Rigby.The New Waterfront:A Worldwide Urban Success Story[M]. Thames & Hudson Ltd,1996.

[41] 范殷雷. 杭州沿西湖滨水街区不同模式特色营造研究[D]. 杭州:浙江大学,2007.

[42] 游小文. 城市滨水区休闲空间规划研究[D]. 上海:同济大学,2007.

[43] 李小同. 渭河关中段滨水区游憩空间形态调查与研究[D]. 西安:西安建筑科技大学, 2016.

[44] 杜怡. 渭河关中段滨水区居住空间形态调查与研究[D]. 西安:西安建筑科技大学, 2016.

[45] 徐本营. 大尺度滨江公共空间营造的启示——以上海和广州滨江公共空间贯通工程为例[J]. 城市,2018(10):13-18.

[46] 庄少庞, 高坤铎, 王静, 等.滨水工业遗存的城市性重构与地方性塑造——东莞鳒鱼洲更新方法摘要[J]. 南方建筑,2021:1-11.

[47] 周建东, 黄永高. 我国城市滨水绿地生态规划设计的内容与方法[J]. 城市规划, 2007(10):63-68.

[48] 彭义. 城市滨水区景观空间体系建构及设计研究[D]. 长沙:湖南大学,2009.

[49] 郭榕. 西安渭河生态景观带规划设计研究[D]. 西安:西安建筑科技大学,2013.

[50] 李文竹, 梅梦月. 基于生态修复理念的中心城区滨水绿道设计策略研究——以成都市锦江河片区为例[J]. 城市建筑,2020,17(31):185-189.

[51] 冉净斐, 曹静. 中国的产城融合发展及对城市新区建设的启示[J]. 区域经济评论,2020(03):50-57.

[52] 张道刚. "产城融合"的新理念[J]. 决策,2011(01):1.

[53] 吴红蕾. 新型城镇化视角下产城融合发展研究综述[J]. 工业技术经济,2019,38(09):77-81.

[54] 刘欣英. 产城融合:文献综述[J]. 西安财经学院学报,2015,28(06):48-52.

[55] Hollis Chenery,Moises Syrquin.Patterns of development:1950-1970 [M]. London: Oxford University Press,1975.

[56] 霍华德. 明日的田园城市[M]. 金经元,译. 北京:商务印书馆,2010.

[57] Nolfi S.Behavior as a complex adaptive system:on the role of self-organization in the development of individual and collective behavior[J].Complex,2005(3):195-203.

[58] Fujita M,Krugman P R, Venables A J.The Spatial Economy:Cities,Regions and International Trade[M].Cambridge:MIT Press (MA),1991.

[59] Michaels G,Rauch F, Fedding S J.Urbanization and Structural Transformation[J]. The Quarlerly Journal of Economics,2012(127): 535–586.

[60] Goodland R J A,G Ledce. Newclassical economic and Principles of sustainable development[J].Ecological Modeling ,1987(30):19–46.

[61] 罗守贵 . 中国产城融合的现实背景与问题分析 [J]. 上海交通大学学报（哲学社会科学版),2014,22(04):17–21.

[62] 许爱萍 . 产城融合视角下产业新城经济高质量发展路径 [J]. 开发研究 ,2019(06): 65–71.

[63] 黄建中 , 黄亮 , 周有军 . 价值链空间关联视角下的产城融合规划研究——以西宁市南川片区整合规划为例 [J]. 城市规划 ,2017,41(10):9–16.

[64] 谢呈阳 , 胡汉辉 , 周海波 . 新型城镇化背景下 "产城融合" 的内在机理与作用路径 [J]. 财经研究 ,2016,42(01):72–82.

[65] 翟战平 . 区域高质量发展阶段的产城融合模式探析 [J]. 中国房地产 ,2019(23): 16–18.

[66] 王春萌 , 谷人旭 . 康巴什新区实现 "产城融合" 的路径研究 [J]. 中国人口资源与环境 ,2014,24(S3):287–290.

[67] 欧阳东 , 李和平 , 李林 , 等 . 产业园区产城融合发展路径与规划策略——以中泰（崇左) 产业园为例 [J]. 规划师 ,2014,30(06):25–31.

[68] 何立春 . 产城融合发展的战略框架及优化路径选择 [J]. 社会科学辑刊 ,2015(06): 123–127.

[69] 王丹 , 方斌 , 李欣 . 近百年来扬州市居住—工业空间关联演化及机理分析 [J]. 地理研究 ,2020,39(06):1295–1310.

[70] 邹德玲 , 丛海彬 . 中国产城融合时空格局及其影响因素 [J]. 经济地理 ,2019,39(06): 66–74.

[71] 丛海彬 , 邹德玲 , 刘程军 . 新型城镇化背景下产城融合的时空格局分析——来自中国 285 个地级市的实际考察 [J]. 经济地理 ,2017,37(07):46–55.

[72] 黄敦平 , 郭寅 , 徐馨荷 . 安徽产城融合发展水平综合评价研究 [J]. 安徽理工大学学报（社会科学版),2018,20(06):15–20.

[73] 陈妤凡 , 王开泳 . 北京经济技术开发区产城空间的演化及其影响因素 [J]. 城市问题 ,2019(05):46–54.

[74] 魏倩男 , 贺正楚 , 陈一鸣 , 等 . 产业集聚区产城融合协调性及综合效率：对河南省五个城市的分析 [J/OL]. 经济地理 ,2020:1–11.

[75] 冷炳荣 , 曹春霞 , 易峥 , 等 . 重庆市主城区产城融合评价及其规划应对 [J]. 规划师 , 2019,35(22):61–68.

[76] Lin Su. JingJing Jia (2017) Empirical research about the degree of city-industry integration: A contrast of the typical cities in China, Journal of Interdisciplinary Mathematics, 20:1, 87–100.

[77] Lu Gan, Huan Shi, Yuan Hu, et al.Coupling coordination degree for urbanization city-industry integration level: Sichuan case,Sustainable Cities and Society, Volume 58,2020,102136.

[78] Zou, D., Cong, H. Data driven based coordinated development pattern and influencing factor analysis using spatial and temporal data. Cluster Comput 22, 9991-10007 (2019).

[79] 张锋.基于系统动力学的开发区产城融合发展评价研究 [D]. 杭州 : 浙江财经大学 , 2016.

[80] 刘欣英.产城融合的影响因素及作用机制 [J]. 经济问题 ,2016(08):26-29.

[81] 张巍,刘婷,唐茜,等.新城产城融合影响因素分析 [J]. 建筑经济 ,2018,39(12):86-92.

[82] 杨娇敏,王威,巩曦曦,等.基于 DEMATEL 的新城产城融合发展的关键影响因素分析 [J]. 工程管理学报 ,2017,31(06):45-49.

[83] 舒鑫,林章悦.平衡与深化 : 产城融合视角下新型城镇化的金融支持 [J]. 商业经济研究 ,2017(18):154-156.

[84] 何继新,李原乐.产城融合下公共服务配置有效性 : 内涵、缺失与重塑 [J]. 改革与战略 ,2016,32(08):15-20.

[85] 刘焕蕊.互联网金融支持产城融合发展研究 [J]. 技术经济与管理研究 ,2016(05):70-74.

[86] 张晓伟,罗小龙,刘豫萍,等.公共服务设施在产城融合中的作用——以杭州市大江东新城为例 [J]. 城市问题 ,2016(03):36-41.

[87] 左学金.我国现行土地制度与产城融合 : 问题与未来政策探讨 [J]. 上海交通大学学报 (哲学社会科学版),2014,22(04):5-9.

[88] 徐海峰,王晓东.现代服务业是否有助于推动城镇化 ?——基于产城融合视角的 PVAR 模型分析 [J]. 中国管理科学 ,2020,28(04):195-206.

[89] 陈学峰,武农,亢跃华,等.跨座式单轨交通对中等规模城市产城融合发展促进作用的思考 [J]. 铁道标准设计 ,2019,63(06):1-6.

[90] 梁学成.产城融合视域下文化产业园区与城市建设互动发展影响因素研究 [J]. 中国软科学 ,2017(01):93-102.

[91] 唐健.促进产城融合发展的土地政策分析 [J]. 中国土地 ,2017(11):18-20.

[92] 万伦来,左悦.产城融合对区域碳排放的影响——基于经济转型升级的中介作用 [J]. 安徽大学学报 (哲学社会科学版),2020,44(05):114-123.

[93] 黄小勇,李怡.产城融合对大中城市绿色创新效率的影响研究 [J]. 江西社会科学 , 2020,40(08):61-72.

[94] 丛海彬,段巍,吴福象.新型城镇化中的产城融合及其福利效应 [J]. 中国工业经济 , 2017(11):62-80.

[95] 林章悦,王云龙.新常态下金融支持产城融合问题研究——以天津市为例 [J]. 管理世界 ,2015(08):178-179.

[96] 邹小勤,曹国华,许劲.西部欠发达地区 "产城融合" 效应实证研究 [J]. 重庆大学学报 (社会科学版),2015,21(04):14-21.